LAS PRIMERAS POBLACIONES AGRÍCOLAS JUDÍAS EN LA ARGENTINA (1896-1914)

Yehuda Levin

Las primeras poblaciones agrícolas judías en la Argentina (1896-1914)

Crisis y expansión de las colonias fundadas por
The Jewish Colonization Association

Colección UAI – Investigación

Levin, Yehuda

Las primeras poblaciones agrícolas judías en la Argentina (1896-1914): crisis y expansión de las colonias fundadas por The Jewish Colonization Association/ Yehuda Levin. - 1a ed . - Ciudad Autónoma de Buenos Aires: Teseo: Universidad Abierta Interamericana, 2017.
476 p.; 20 x 13 cm. - (UAI investigación)
ISBN 978-987-723-118-2
1. Judaísmo. 2. Agricultura. 3. Sociedad. I. Título.
CDD 296

© UAI,Editorial, 2017

© Editorial Teseo, 2017

Teseo – UAI. Colección UAI – Investigación

Buenos Aires, Argentina

Editorial Teseo

Hecho el depósito que previene la ley 11.723

Para sugerencias o comentarios acerca del contenido de esta obra, escríbanos a: **info@editorialteseo.com**

www.editorialteseo.com

ISBN: 9789877231182

Autoridades

Rector Emérito: Dr. Edgardo Néstor De Vincenzi
Rector: Dr. Rodolfo De Vincenzi
Vice-Rector Académico: Dr. Mario Lattuada
Vice-Rector de Gestión y Evaluación: Dr. Marcelo De Vincenzi
Vice-Rector de Extensión Universitaria: Ing. Luis Franchi
Vice-Rector de Administración: Dr. Alfredo Fernández
Decano Facultad de Derecho y Ciencias Políticas:
Dr. Marcos Córdoba

Comité editorial

Lic. Juan Fernando ADROVER
Arq. Carlos BOZZOLI
Mg. Osvaldo BARSKY
Dr. Marcos CÓRDOBA
Mg. Roberto CHERJOVSKY
Mg. Ariana DE VINCENZI
Dr. Roberto FERNÁNDEZ
Dr. Fernando GROSSO
Dr. Mario LATTUADA
Dra. Claudia PONS

Los contenidos de los libros de esta colección cuentan con evaluación académica previa a su publicación.

Presentación

La Universidad Abierta Interamericana ha planteado desde su fundación en el año 1995 una filosofía institucional en la que la enseñanza de nivel superior se encuentra integrada estrechamente con actividades de extensión y compromiso con la comunidad, y con la generación de conocimientos que contribuyan al desarrollo de la sociedad, en un marco de apertura y pluralismo de ideas.

En este escenario, la Universidad ha decidido emprender junto a la editorial Teseo una política de publicación de libros con el fin de promover la difusión de los resultados de investigación de los trabajos realizados por sus docentes e investigadores y, a través de ellos, contribuir al debate académico y al tratamiento de problemas relevantes y actuales.

La *colección investigación* TESEO – UAI abarca las distintas áreas del conocimiento, acorde a la diversidad de carreras de grado y posgrado dictadas por la institución académica en sus diferentes sedes territoriales y a partir de sus líneas estratégicas de investigación, que se extiende desde las ciencias médicas y de la salud, pasando por la tecnología informática, hasta las ciencias sociales y humanidades.

El modelo o formato de publicación y difusión elegido para esta colección merece ser destacado por posibilitar un acceso universal a sus contenidos. Además de la modalidad tradicional impresa comercializada en librerías seleccionadas y por nuevos sistemas globales de impresión y envío pago por demanda en distintos continentes, la UAI adhiere a la red internacional de acceso abierto para el conocimiento científico y a lo dispuesto por la Ley n°:

26.899 sobre *Repositorios digitales institucionales de acceso abierto en ciencia y tecnología,* sancionada por el Honorable Congreso de la Nación Argentina el 13 de noviembre de 2013, poniendo a disposición del público en forma libre y gratuita la versión digital de sus producciones en el sitio web de la Universidad.

Con esta iniciativa la Universidad Abierta Interamericana ratifica su compromiso con una educación superior que busca en forma constante mejorar su calidad y contribuir al desarrollo de la comunidad nacional e internacional en la que se encuentra inserta.

Dra. Ariadna Guaglianone
Secretaría de Investigación
Universidad Abierta Interamericana

Índice

Nota a la presente publicación 15
Introducción 17

Primera parte. Antecedentes **19**
1. Las actividades de la JCA en vida del barón de Hirsch 21

Segunda parte. De la reducción al crecimiento **25**
2. Crisis y reducción (1896-1899) 27
3. La reanudación de la colonización (1899-1902) 57
4. Las delegaciones de supervisión y la ampliación de la colonización (1902-1905) 73
5. Ampliación y crecimiento (1905-1914) 93

Tercera parte. Agricultura y cultura material **139**
6. Las condiciones de colonización y el trabajo de los colonos 141
7. La agricultura y las formas de producción 157
8. La cultura material y sus problemas 171

Cuarta parte. Sociedad y comunidad **193**
9. La comunidad como una sociedad periférica 195
10. Las características de la vida social 227
11. Organizaciones y dirigentes.. 275

Quinta parte. Identidad y cultura **327**
12. La dimensión psicológico-social de la comunidad 329
13. La educación y la joven generación 377
14. La vida cultural 415

Análisis y evaluación 437
Bibliografía 455

Nota a la presente publicación

El presente libro es una versión reducida y revisada de mi tesis doctoral "De la crisis al crecimiento: la colonización judía en la Argentina, fundada por The Jewish Colonization Association (JCA), 1896-1914", dirigida por la Prof. Dina Porat y presentada a la Universidad de Tel Aviv en 1998, con ampliaciones basadas en investigaciones que realicé posteriormente.

La grafía de numerosos apellidos difiere en diversas fuentes consultadas, razón por la cual es posible que se perciban algunas diferencias en el libro.

Con respecto a las zonas geográficas mencionadas, sus nombres se basan en los documentos relevantes. Desde la época investigada hasta el presente se han producido cambios en las fronteras de diferentes países y regiones, y por ello dichas zonas deben ser contextuadas en sus respectivas épocas.

Agradezco a la traductora, Irene Stoliar, la revisión lingüística del texto.

Introducción

En el siglo XIX y comienzos del siglo XX, ciertos círculos judíos expresaron su deseo de retornar a las labores agrícolas para liberarse de los aprietos económicos, sociales y civiles en que se encontraban. Aun después de la destrucción del Segundo Templo de Jerusalén hubo judíos que siguieron dedicándose a la agricultura, si bien su número descendía gradualmente ya fuera por su falta de arraigo en los países a los que llegaban, por la prohibición de comprar o arrendar tierras en el Imperio Ruso en el que se concentraba la mayor parte del pueblo judío, o bien por su traslado forzoso desde los lugares en los que se habían afincado a la "zona de residencia" (las únicas zonas en que se autorizaba la residencia de judíos), en la que se hacinaban sin posibilidades de subsistencia. Por una parte no se les permitía el acceso a la agricultura y se los constreñía a ganarse el sustento con el comercio y oficios considerados no productivos, y por la otra se los acusaba de no ser aptos para las labores del campo; además de ello, eran víctimas de pogromos y decretos restrictivos.

No obstante, hubo algunos intentos de colonización agrícola judía. El más importante tuvo lugar precisamente en Rusia a principios del siglo XIX, por el deseo del régimen zarista de poblar los territorios contiguos a las fronteras; otros se debieron a las actividades del Movimiento Sionista en la Tierra de Israel y a la fundación de la JCA, creada en 1891 por el Barón Mauricio de Hirsch.

Hacia 1880 la Argentina se encontraba en una etapa de desarrollo acelerado (arribo de numerosos inmigrantes, desarrollo de vías férreas, puertos, etc.) y se convirtió en uno de los principales exportadores de carne y granos del mundo entero, una de las razones por las que fue elegida por el barón como destino principal de las actividades de la JCA.

La estructura organizativa de la sociedad se basaba en los métodos modernos de las sociedades comerciales y económicas dirigidas por un consejo de accionistas. En este caso, el consejo y el nivel administrativo central tenían sede en París y supervisaban la comisión que representaba a la JCA en San Petersburgo, así como las demás actividades en diversos países, a través de una serie de directores de quienes dependían los administradores, los agentes y otros funcionarios encargados de poner en práctica las directivas recibidas de París.[1] El barón de Hirsch dirigió la sociedad hasta su muerte en 1896; a partir de entonces la gestión pasó a manos de un consejo integrado por representantes de las organizaciones y comunidades judías en quienes el fundador había depositado las acciones de la JCA.

El presente estudio versa sobre las colonias y los colonos durante la actividad del consejo hasta la Primera Guerra Mundial. La primera parte reseña las actividades de la sociedad hasta la muerte del barón, la segunda expone la evolución cronológica y la tercera, cuarta y quinta analizan la situación socioeconómica de los colonos y su vida comunitaria, cultural, educativa, etc., no necesariamente de manera cronológica.

---

[1] El presente trabajo no analiza las relaciones y conflictos entre los distintos estamentos de la JCA y los colonos.

Primera parte. Antecedentes

1

Las actividades de la JCA en vida del barón de Hirsch[2]

En una entrevista publicada en el periódico hebreo *Havatzelet*, el barón de Hirsch sostuvo lo siguiente:

> El propósito de estas colonias será importante y trascendental: en ellas crecerán judíos que serán campesinos y pastores como nuestros antepasados en la antigüedad, pero no en un país pequeño y limitado como en aquellos tiempos sino en una nación grande y extensa, y también en tierras hasta ahora despobladas que no habían sido aradas ni sembradas. [...] Entonces surgirá una nueva estirpe de judíos: los nombres de comerciantes, vendedores ambulantes y otros no serán ya mencionados y serán olvidados como si nunca hubieran existido; los nombres de prestamistas y usureros no aflorarán a los labios y no se podrá creer que alguna vez hubieran sido pronunciados entre judíos...[3]

Esas eran las intenciones del barón, pero numerosas dificultades obstaculizaron los comienzos de su iniciativa en la Argentina:

a. El alza de los precios de las parcelas, a diferencia de las expectativas de baja por la crisis económica de 1890 en la Argentina, tuvo cuatro consecuencias negativas: la compra de tierras de menor calidad en la periferia

---

[2] El resumen del presente capítulo se basa en Avni 1973; Norman 1985, pp. 9-37; Levin 2007, pp. 341-359.
[3] *Havatzelet*, 5.8.1893.

de la pampa húmeda, en zonas de clima errático que dificultaba la planificación racional de los cultivos; el consiguiente incremento en las deudas contraídas por los colonos; la fundación de colonias en zonas periféricas que carecían de infraestructuras de transporte, gobierno, educación, justicia y salud pública, y la falta de adecuación del ritmo de compra de tierras a la llegada de los futuros colonos. Una serie de malentendidos llevó a que los directores de la JCA en Buenos Aires se encontraran sin parcelas disponibles ante cientos de inmigrantes sin recursos. Un ejemplo de ello se percibe en el arribo de un grupo de más de ochocientas personas, muchas de ellas provenientes de Rusia, que querían llegar a la Tierra de Israel pero que se vieron demoradas en Turquía y que, con la ayuda del barón de Hirsch, embarcaron en el vapor Pampa rumbo a la Argentina. En diciembre de 1891, al llegar a Buenos Aires después de un viaje largo y agotador y comprobar que nada estaba preparado, sus ánimos se alteraron. El hacinamiento imprevisto y la certeza de que más inmigrantes se encontraban en camino llevaron a la compra precipitada de tierras menos fértiles.

b. El marco administrativo demasiado grande y costoso, que entre otras funciones estaba a cargo de la distribución de insumos a los colonos, hecho que les restaba autonomía económica y era fuente de numerosos conflictos. En ocasiones los funcionarios, que no entendían las auténticas necesidades de los colonos ni las tomaban en consideración, solían tratarlos con menosprecio.

c. La lejanía del barón de Hirsch del escenario de los acontecimientos. Se debe tomar en cuenta que una carta demoraba varias semanas en llegar de París a Buenos Aires y viceversa, y que en ese lapso la situación cambiaba. Por ello, la información recibida por de Hirsch estaba desactualizada y era fuente de malentendidos y despidos frecuentes de los directores de Buenos Aires. Fue así como durante dos años, hasta noviembre de 1893, fueron nombrados y despedidos cinco directores.

d. La heterogeneidad de quienes arribaban a las colonias: personas con alta motivación para dedicarse a la agricultura, gente de dudosa moral, algunos a quienes la iniciativa del barón había ofrecido la posibilidad de salir de Rusia pero que no tenían intención de dedicarse a las tareas de campo y para quienes las colonias eran tan solo un trampolín hacia el comercio y otras actividades. Las noticias que de Hirsch recibía sobre quienes no trabajaban esforzadamente lo indujeron a ordenar que fueran expulsados.

e. Un problema crucial radicaba en la firma de los contratos que debían regular formalmente los derechos y deberes mutuos de los colonos y la JCA. El contenido de los acuerdos y la exigencia de que los colonos los firmaran despertaron discusiones, enfrentamientos y la negativa de muchos de ellos, que llevaron a la partida de algunos y la expulsión de otros.

f. Otro problema era la reunificación de las familias, muchas de las cuales se habían separado durante la emigración: por una parte los hombres (denominados "solteros") viajaban a las colonias, y por la otra las mujeres y niños sin sustento permanecían en Rusia; en algunas ocasiones quedaban también los hijos alistados en el ejército. En esos casos se hablaba de la reunificación a breve plazo, pero por diversas razones esta no se llevaba a cabo y era origen de gran descontento.

Los problemas señalados decepcionaron a de Hirsch, que se retractó de su primera intención y decidió contentarse con un plan menos ambicioso que se basaba en la capacidad de los judíos de dedicarse a la agricultura. En 1895 resolvió enviar una delegación supervisora integrada por Segismund Sonnenfeld (director general de la JCA en París) y David Feinberg (secretario de la comisión en San Petersburgo). De Hirsch murió el 21.4.1896, mientras la delegación aún permanecía en la Argentina.

Segunda parte.
De la reducción al crecimiento

2

Crisis y reducción (1896-1899)

1. La situación en las colonias después de la muerte del barón

La imprevista noticia transmitida por el telegrama era muy preocupante y, si bien su contenido era lo suficientemente claro, los directores de la JCA en Buenos Aires se apresuraron a enviar un telegrama a París para corroborar la información. La respuesta no dejaba lugar a dudas:

> Ciertamente, el Barón falleció de manera repentina. Si fuera necesario podrán ponerse en contacto con el consejo. No habrá cambios en la conducción de la JCA, que seguirá actuando en consonancia con sus estatutos y con las intenciones del Barón. Informaremos por cable la fecha del sepelio.[4]

La noticia cundió rápidamente. Muchos periódicos publicaron notas sobre de Hirsch y su iniciativa. El día del sepelio (27.4.1896), los directivos de las grandes comunidades e instituciones judías se congregaron para oír el elogio fúnebre del gran rabino de Francia Zadoc Kahn, que señaló la pertenencia del barón al judaísmo todo y describió la perplejidad que se cernía sobre los centros judíos que se habían visto beneficiados por su infatigable actividad.[5]

---

[4] JL326, 21.4.1896, 22.4.1896.
[5] Kahn 1898, pp. 407-408; Adler-Rudel 1963, p. 67.

La noticia cobró vuelo también en la Argentina. La prensa local dedicó varias notas a la personalidad del Barón y a su iniciativa de fundar una sociedad destinada a llevar judíos a las pampas argentinas. Las sinagogas e instituciones judías de la capital, encabezadas por la Congregación Israelita Argentina, organizaron actos y plegarias por el descanso de su alma.[6]

La mala nueva conmovió sobre todo a los colonos. En las cartas enviadas a la oficina de la Alliance Israélite Universelle (AIU) en París, el maestro José Sabah describió el asombro y estupor de los alumnos en las colonias Clara y San Antonio. El periódico hebreo *Hatzefira* publicó cartas de colonos que describían las ceremonias emotivas y los sentimientos que acompañaron la recepción de la noticia. Israel David Finguermann, un colono de Clara, reseñó los discursos pronunciados por los administradores, que hacían hincapié en la gran pérdida y exhortaban a los colonos a consagrarse al trabajo. El colono Avraham Isaac Hurvitz de Moisesville informó que, al recibir la infausta noticia, todos acudieron a la sinagoga y

> allí nos conmovió el rabino Mordejai Reuben Hacohen Sinai, maestro y director del *Talmud Torá* (escuela elemental tradicional) que funciona aquí, quien con sus sentidas palabras y su lucidez nos hizo ver las dimensiones de nuestra desgracia con la muerte de ese hombre piadoso...

El día del sepelio estuvo dedicado al ayuno y la plegaria, y todos se reunieron en la sinagoga antes de la hora habitual. Después salieron a la entrada de la colonia y el

---

[6] JL326, 2.5.1896.

rabino Hacohen Sinai exclamó: "¡Dejad paso! ¡Dejad paso a nuestro padre Moisés, el Barón de Hirsch que viene a visitarnos!".[7]

Según la versión de Marcos Alpersohn de la Colonia Mauricio, el Dr. Samuel Kessel, que había llegado de París en febrero de 1896 para hacerse cargo del servicio médico en la colonia, fue quien transmitió la noticia de la llegada del barón. El rumor, verídico o infundado, elevó las expectativas de los colonos que pensaron que llegaría el padre bondadoso que pondría fin a sus sufrimientos. La amarga noticia hizo trizas sus esperanzas, situación que Alpersohn describió: "Nos vimos arrojados desde el altísimo cielo al más profundo de los abismos [...] ¡Perdimos la condición de hijos! –lloraban los colonos–. ¡Ahora caímos en manos de esa madrastra, la JCA!". Por otra parte, algunos descontentos cuya actitud había sido la presunta causa de la muerte del barón mostraron signos de arrepentimiento. Los discursos de ese tenor fueron acompañados por solemnes declaraciones de colonos que se comprometían a consagrarse al trabajo para lograr el éxito de la obra. Estas reacciones mostraban tendencias contrapuestas: desolación y desesperanza por una parte y disposición a seguir avanzando por la otra.[8]

2. El retorno a la rutina cotidiana

Cuando finalizaron los rezos, el duelo, los discursos y las declaraciones, los colonos volvieron a su rutina cotidiana:

---

[7] AA, IO, 2, 24.4.1896; *Hatzefira*, 7.7.1896, 31.5.1896, 1.6.1896; Liebermann 1959, pp. 187, 192.
[8] Alpersohn s/f, pp. 390, 396.

Fue un homenaje nunca visto en las colonias, pero poco a poco las multitudes se dispersaron, volviendo cada colono al paso lento de sus animales. Era el mes de abril y las aradas debían intensificarse para sembrar los primeros trigos.[9]

El retorno a la cotidianidad no fue sencillo. En primer lugar, quienes estaban dispuestos a mantener sus vínculos con la sociedad colonizadora debían sobreponerse al temor de que la JCA se retirara de la Argentina. Los directores de Buenos Aires eran conscientes de ello y cuando transmitieron la noticia del fallecimiento del barón de Hirsch exigieron a sus empleados que congregaran a los colonos

> para tranquilizarlos y asegurarles que los titulares de la JCA seguirían inspirándose en el espíritu del difunto barón y en su intención de que, quienes fueran dignos de ello, podrían confiar siempre en la buena voluntad de la sociedad.[10]

Se trataba de una promesa de continuidad para evitar la desmoralización e influir sobre aquellos que la JCA consideraba adecuados para retomar sus tareas.

Pero las declaraciones solo podían tener éxito a nivel psicológico y a muy breve plazo. Los funcionarios de la JCA sabían que debían emprender las acciones enunciadas en sus discursos y para ello eran necesarios una serie de procedimientos y un plan de trabajo que sacara a las colonias de la difícil situación en la que se encontraban sumidas. El primer paso consistió en reducir la deuda de los colonos en un veinticinco por ciento en casi todos sus componentes. La JCA estaba dispuesta a conceder ese beneficio solo a quienes quisieran permanecer en las colonias y lo pusieran de manifiesto firmando contratos. La decisión, que fue

---

[9] Liebermann 1959, p. 193.
[10] JL326, 2.5.1896; JL310, 22.4.1896.

tomada en la Argentina en presencia de Sonnenfeld, provenía de una propuesta enviada por de Hirsch a principios de marzo y sometida a consideración de los directores.[11]

3. La reorganización

En 1896 la JCA era propietaria de unas 200.000 hectáreas en la Argentina; en la mitad de ellas residían 910 colonos concentrados en cuatro colonias: Moisesville (91), Mauricio (187), San Antonio (44) y Clara, que abarcaba 18 subzonas (588). En aquel entonces los directores de Buenos Aires eran David Cazès y Samuel Hirsch (sin relación de parentesco con el barón), que provenían de los cuadros educativos de la AIU. Antes de morir, el barón había adoptado una serie de resoluciones destinadas a reducir drásticamente su iniciativa, a fin de dejar solo a los colonos considerados aptos, quienes recibirían los medios de producción adicionales que quedarían disponibles después de la expulsión de los "ineptos". Entre otras cosas, estas medidas estaban destinadas a brindar respuestas a un problema que preocupaba a de Hirsch: los grandes gastos que implicaba la administración ineficiente y la financiación de servicios que, en su opinión, debían ser asumidos y dirigidos por los colonos. Las propuestas de autogestión liberarían a la JCA de la necesidad de mantener tantos funcionarios en las colonias.[12]

Todos estos temas, así como la revisión de las condiciones agrícolas en las colonias, indicaban la necesidad de una reorganización de la colonización, que debería tomar en cuenta problemas que aún no habían sido

---

[11] JL363, 4.3.1896, JL326, 2.5.1896.
[12] Avni 1973, pp. 261-262.

resueltos, como la firma de contratos y los subsidios que reemplazarían a la provisión directa de insumos por parte de la JCA. El apoyo con dinero en efectivo permitiría cierta libertad a los colonos y reduciría el número de empleados dedicados a la preservación, registro y distribución de las provisiones, pero sus consecuencias fueron graves porque generaron falta de responsabilidad y de motivación en el trabajo. Otro problema era el "éxodo de la Argentina", es decir, la expulsión de los "ineptos", que incluía cuatro aspectos: a) encontrarles un destino adecuado, porque la mayoría contaban con visas de salida de Rusia a condición de que nunca regresaran y el barón había efectivizado en San Petersburgo un depósito bancario como garantía de cumplimiento de dicha condición; b) la financiación de los gastos de regreso, que el barón de Hirsch estaba dispuesto a asumir para liberarse de los elementos que consideraba nocivos; c) el temor de los directores de la JCA a que dicha emigración se tornara masiva y arrastrara también a los colonos positivos, y d) el cuarto aspecto radicaba en aquellos factores que el barón veía como la causa del fracaso y origen del tercer problema: el fantasma de la inmigración no planificada que había llevado a las colonias a personas inadecuadas y rebeldes aun antes de haberse definido las condiciones de integración. Por todo ello, a partir de ese momento actuaron con suma precaución para preparar la integración de los nuevos inmigrantes.[13]

La reorganización de Mauricio

Todas estas consideraciones fueron tomadas en cuenta en el intento de reorganización de la Colonia Mauricio, que se hallaba en curso cuando de Hirsch murió. El planificador y ejecutor de la misma era Eusebio Lapine, un ingeniero

---

[13] Ibíd., pp. 254-256.

agrónomo de Grodno (Lituania) criado en un medio rural, que había cursado estudios superiores de agronomía. El barón lo había contratado para detectar tierras para la colonización en la Argentina y en 1895 volvió a contratarlo para que analizara profesionalmente la situación de las colonias. Lapine envió informes precisos que satisficieron a de Hirsch; las conclusiones del informe sobre Mauricio, elevado al Consejo en junio de 1895, fueron la base para la reorganización de la colonia, tarea que el barón le impuso en noviembre de 1895.[14]

Lapine decidió que las parcelas de las familias tendrían medidas diferentes según el número de personas que las cultivaban, para que las tareas pudieran llevarse a cabo sin necesidad de recurrir al trabajo asalariado, que era considerado un factor sumamente negativo. Para ello estipuló que cada hombre de 15-55 años sería considerado un trabajador, y cada mujer de 10-55 años o muchacho de 10-15 años sería medio trabajador. El segundo principio de importancia, sobre el que se basaba el tamaño de la parcela, establecía un ciclo trienal porque la tierra no podía producir cereales ininterrumpidamente y debía descansar un año después de dos de cultivo. Por eso, la parcela debía ser más grande que lo que un trabajador pudiera cultivar, porque siempre había un tercio de la misma que debía quedar en barbecho. En estas condiciones definió una superficie óptima de 34 hectáreas por trabajador, dos tercios de las cuales se cultivarían cada año; según sus cálculos, un trabajador podría cultivar unas 22,7 hectáreas.[15]

Hasta aquí las consideraciones basadas en la capacidad concreta del colono de producir por medio de su trabajo y el de su familia, pero ¿la superficie calculada según

---

[14] Lapine 1896, p. 1; JL363, 11.1.1896. "Lituania" se refiere a los límites geográficos de aquella época.
[15] Lapine 1896, p. 2.

los parámetros señalados era lo suficientemente grande como para producir lo necesario a fin de afrontar los pagos anuales a los que se había comprometido con la JCA y para satisfacer las necesidades de su familia? Su respuesta tajante fue:

> <u>La agricultura por sí misma no puede garantizar la subsistencia del colono en la Argentina debido a</u> las numerosas plagas y estragos climáticos que la afectan y a los bajos precios de los cereales. <u>Es necesario que el colono tenga de qué vivir además de su parcela, para que pueda subsistir sin la ayuda de la JCA aunque la cosecha sea mala</u> [subrayado en el original, Y.L.].

De esto se desprende que Lapine no relacionaba la capacidad de subsistencia del colono con las dimensiones de su parcela y que señalaba la dependencia de factores externos sobre los que no se tenía control. ¿Cuál era la solución, si la agricultura de secano no bastaba para la subsistencia de los colonos?[16]

Lapine resolvió agrandar el potrero común de los colonos para que pudieran desarrollar una fuente adicional de ingresos que dependiera menos del clima y sus estragos. Al respecto existía un problema ideológico, porque la JCA consideraba que la cría de ganado no era una actividad agraria sino comercial y especulativa y por eso temía que afectara el proceso de adaptación de los colonos a la agricultura. No obstante, la presentación de esta decisión como una necesidad imperiosa, como un rubro que complementaría la agricultura de secano y permitiría dedicar la cosecha de cereales al pago de las deudas de los colonos a la JCA, facilitó la aceptación de esta desviación de las normas impuestas.[17]

---

[16] Ibíd., p. 3.
[17] Ibíd., p. 1; Avni 1973, pp. 235, 245.

A la vista de todo ello, Lapine definió el tamaño de la parcela para una familia muy pequeña –los padres y tal vez niños menores de diez años– en 51 hectáreas (34 hectáreas x 1,5 trabajadores) de tierra fértil que podría ser cultivada por un trabajador y medio, además de una parcela de pastoreo de 17 hectáreas. Su cálculo se basaba en 35 animales para una familia tipo (10 animales para trabajar la tierra y el resto vacas de ordeñe, engorde y cría). Asimismo, determinó que se necesitaba una hectárea de pastoreo por cabeza de ganado, por lo cual las 17 hectáreas alcanzaban para la mitad de los animales; a la otra mitad se destinaba el tercio de la parcela en barbecho. Lapine suponía que los ingresos mínimos previsibles serían de $200 (25 cabezas de ganado x $8) por trabajador y de $300 para una familia pequeña con un trabajador y medio, y estimaba que esa suma bastaría para una familia pequeña a condición de que la alimentación se basara en su propia quinta (pan, verduras, huevos, leche, etc.). Su conclusión era que la alimentación debía basarse en la producción autárquica.[18]

Después de estipular los derechos de cada colono a una parcela, Lapine se abocó a la ejecución del plan e impuso una serie de principios generales: a) tratar de otorgar parcelas contiguas, b) fijar pasos amplios entre las parcelas para que los animales pudieran desplazarse libremente sin causar daños a los cultivos de los vecinos, c) procurar que la reparcelación se llevara a cabo con traslados mínimos, porque estos eran muy costosos, d) intentar que en el curso de los traslados se crearan grupos homogéneos de familiares o vecinos en buenas relaciones, y e) definir con precisión los deberes y derechos de cada colono en su

---

[18] Ibíd., pp. 2-3.

grupo. Las normas a) y c) se referían a temas económicos y las demás, a la importancia del aspecto social para el desarrollo de la colonia.[19]

A consecuencia de la expulsión de los "ineptos" y la partida de quienes querían irse del lugar, 45 familias abandonaron la colonia, los grupos existentes se desmembraron y se crearon 33 grupos diferentes de los anteriores; en su mayoría estaban compuestos por cuatro o cinco colonos, pero había algunos más grandes según las características topográficas, la disponibilidad de tierra fértil y los requisitos previos de buena vecindad y parentesco dentro de cada grupo.[20]

Los subsidios a la colonia Mauricio fueron anulados en abril de 1895, es decir, antes de que Lapine empezara a introducir cambios, pero los pedidos de renovación continuaron. Lapine sostenía que no conocía ningún factor más desmoralizador que ese: "Es un auténtico veneno que ataca el cerebro y destruye el espíritu del colono". También afirmaba que resultaría fácil eliminar la palabra *shtitze* ("apoyo", en ídish) del vocabulario del colono, pero "muy difícil borrarla de su mente".[21]

En el rubro administrativo de la colonia se tomaron medidas destinadas a reducir los gastos, mejorar la gestión e introducir orden y disciplina. Se fijó un número limitado de días de atención al público, lo que permitió despedir a varios empleados, tornar más eficiente el trabajo de los restantes y reducir costos. Esta decisión tuvo una influencia importante sobre los colonos, porque dejaron de presentarse todos los días en la oficina y de esa manera se ahorró un tiempo valioso. Otras medidas estaban destinadas

---

[19] Ibíd., pp. 4-8.
[20] Ibíd., pp. 4, 17, 38.
[21] Ibíd., pp. 60-63.

a reforzar la confianza de los colonos; una de ellas era el registro de todos los debates, pedidos y promesas emitidas, a fin de no olvidar nada:

> Basta con que una vez no cumplas tu palabra para que el colono pierda la confianza [...] Por esa razón preferimos sentar por escrito nuestras promesas, para que no haya errores ni malentendidos.

Otra medida implementada fue la instalación de una cartelera en ídish para informar a los colonos sobre asuntos importantes, evitar la propagación de rumores de toda índole y ahorrar el tiempo de la transmisión verbal de las noticias.[22]

Con respecto a los contratos, la postura de Lapine difería de la opinión de los directores tanto en el proceso que debía llevar a la firma como en el contenido de los mismos. En el primer punto se negaba a imponer la firma del acuerdo, porque "los mismos colonos deben pedir el contrato, y solo debemos otorgarlos a quienes sean dignos de ellos. [...] De todas maneras, la firma debe ser voluntaria, la imposición solo logra lo contrario". Por consiguiente, no se ocupó de los contratos apenas llegó a la colonia sino después de que la reforma empezara a dar frutos. En este punto se pone de manifiesto otra faceta de su visión:

> Les hemos hecho firmar los contratos después de implementar el plan y solo después de haber satisfecho sus justos reclamos, y les hemos demostrado que somos dignos de su confianza.[23]

En cuanto al contenido del acuerdo se quejaba del gran espacio que este dejaba a la intervención exagerada de los funcionarios, hecho que no fomentaba la auto-

---

[22] Ibíd., pp. 71-74, 82-83.
[23] Ibíd., pp. 127-128.

gestión, y como expresión formal de la misma promovió la elección de una comisión de cinco miembros por el lapso de un año, con un método mixto: era parcialmente democrática porque primero los colonos eligieron 40 representantes de todos los grupos obtenidos a partir de la reparcelación, pero también era administrativa porque a continuación Lapine eligió entre ellos una comisión de cinco, que presidió. Explicó que había optado por una forma que diera "representación adecuada a los diversos grupos sociales y políticos y a los dos ámbitos geográficos de la colonia: Alice y Algarrobo". Los cinco miembros fueron elegidos después de que Lapine expusiera el plan de reorganización en la reunión de los 40.[24]

No todos los colonos estaban conformes con la forma de elegir la comisión ni con sus integrantes. Alpersohn señaló que el mismo Lapine

> eligió entre los colonos una comisión; la coronó con el título de representantes, para que lo ayudaran a realizar sus planes. A decir verdad él era un gran manipulador y conocía al dedillo a nuestros judihuelos. [...] También sabía que para derribar los árboles del bosque, el mango del hacha debe ser de los árboles mismos...

Aparentemente, también entre grupos de colonos había tensiones que se agudizaron en el momento de elegir la comisión. Lapine se refirió a ello y señaló que resultaba difícil convencer a los colonos de que los representantes protegerían sus intereses:

---

[24] Ibíd., pp. 75-76.

No se debe ocultar el hecho de que los judíos son personas muy difíciles en cuestiones de disciplina y que cada uno se considera el mejor, ¿por qué, entonces, no elegirlo para el cargo? [...] Es muy lamentable, pero es la verdad...[25]

Se definieron tres ámbitos de acción para la comisión: a) atención de los asuntos comunitarios, b) intermediación entre los colonos y los directores, y c) arbitraje entre los colonos. Lapine justificaba la necesidad del arbitraje señalando que no quería que los colonos apelaran a instancias oficiales por estos asuntos; en su opinión, la comisión actuaba como tribunal de justicia y los colonos estaban satisfechos de sus decisiones. Asimismo, señaló que el accionar de la comisión en este ámbito lo liberaba de la necesidad de "ocuparme de los pequeños y fastidiosos asuntos de los colonos, que me quitan mucho tiempo".[26]

Cuando Lapine asumió la conducción de la colonia había en ella 210 chacras. Hasta principios de octubre de 1896 se expulsó a 49 colonos y otros 17 estaban por partir. De todos los colonos que había en ella, 133 firmaron los contratos. En noviembre de 1896 Lapine estaba por concluir sus funciones de "reformador" en Mauricio. Aparentemente debía estar satisfecho con los resultados de su labor, pero en los últimos meses de su permanencia allí fracasó la cosecha de maíz y nuevamente surgió el interrogante de la dependencia de los agricultores del clima y los precios del mercado, y el problema de la capacidad de mantenerse aun cuando la planificación, la organización y la ejecución se basaran en la lógica, directivos honestos y colonos diligentes.[27]

---

[25] Ibíd., pp. 76-79; Alpersohn s/f, pp. 330-331.
[26] Lapine 1896, p. 75.
[27] Ibíd., p. 128; JL327, 5.10.1896.

Las colonias en Entre Ríos

En 1896 se concentraban en Entre Ríos un 70% de los colonos (a diferencia del 20% en Mauricio y un 10% en Moisesville) y tres cuartos de las tierras de la JCA en el país. Obviamente, el éxito o el fracaso en esa región eran cruciales para toda la obra y por ello se eligió a Lapine, cuya buena fama había cundido después de la misión cumplida en Mauricio, como administrador de las colonias de la provincia.[28]

A raíz de las dificultades que los colonos debían afrontar en esa región, la expulsión de los ineptos se convirtió en un abandono masivo, ya que muchos querían regresar a su tierra natal a pesar de los riesgos que implicaba infringir la prohibición de volver a Rusia. Por su parte, la JCA no podía apoyar abiertamente esos viajes para que el gobierno ruso no confiscara la garantía depositada en San Petersburgo y no obstaculizara su accionar en Rusia; por ello decidieron enviarlos en grupos de tres familias por barco. Para que la garantía depositada no fuera confiscada, las familias no eran enviadas a Rusia sino a Constantinopla y Bremen, y se les daba una suma de dinero para que pudieran cruzar la frontera rusa bajo su propia responsabilidad o acomodarse en otro lugar. Estas decisiones llevaron a un ritmo de nueve familias al mes (cada mes partían dos barcos a Constantinopla y uno a Bremen), que era muy lento para la cantidad de solicitudes y que suscitó protestas. En junio, unas sesenta personas que deseaban regresar a Rusia irrumpieron en las oficinas de la JCA en Buenos Aires. La policía las sacó por la fuerza y detuvo a 41 de ellas.[29]

---

[28] JCA, *Atlas* 1914, gráficos 1, 2; *Informe* 1896, p. 11.
[29] Ver amplia correspondencia sobre el tema en JL326 y JL363.

Poco después, a través de las agencias de viaje y las noticias que llegaban de París se supo que algunas familias habían sido autorizadas a desembarcar en Constantinopla pero no habían logrado llegar a Odesa. Durante varios meses llegaron noticias sobre los intentos de reingresar a Rusia, algunos coronados por el éxito y otros que terminaban en detenciones y expulsiones.[30]

La repatriación se puso de manifiesto a nivel demográfico: a principios de 1896 las colonias de Entre Ríos contaban con 5.756 habitantes; a fines de abril, a pocos días de la muerte del barón, el número se había reducido a 5.350. A fines de ese año solo quedaban 4.989 almas (632 familias) y el éxodo continuaba.[31] A diferencia de la situación en Mauricio, donde había condiciones propicias para el cambio, la langosta causó estragos en la cosecha y lo que quedaba resultó destruido por lluvias intensas. Cazès, que había recorrido las colonias a principios de 1897, informó que los labradores desconfiaban de la capacidad de las autoridades para ayudarlos y que numerosos colonos, no necesariamente judíos, dejaban sus tierras por la imposibilidad de pagar los compromisos que habían asumido durante la temporada. Asimismo, señaló que la mayor parte de los colonos de la JCA en la provincia aún no habían obtenido ninguna cosecha buena y que eso despertaba interrogantes sobre el deseo de la sociedad de seguir apoyándolos. La situación de los colonos era particularmente difícil porque no tenían otra fuente de ingresos fuera de la agricultura de secano, a diferencia de Moisesville y Mauricio que ya empezaban a desarrollar la cría de ganado.[32]

---

[30] Ibíd.
[31] JL327, *Tableaux Statistiques* 1896.
[32] JL329, 15.2.1897; Gianello 1951, pp. 513-514.

De lo señalado surgía con toda intensidad la pregunta sobre el futuro económico de esas colonias, pero en este caso se debía empezar casi desde el principio e invertir grandes sumas para preparar y delimitar las zonas de pastoreo como paso previo a la compra de ganado. Se trataba de un proceso que requería grandes montos y mucho tiempo. Hasta la implementación del plan, los colonos dependían casi por completo del apoyo de la JCA; además de ello, muchos colonos veteranos ya habían firmado contratos en los que se definían sus parcelas, hecho que dificultaba la solución que debería basarse en una reparcelación racional.[33]

Esa era la situación económica que Lapine encontró a su llegada al lugar. Los colonos de la JCA se concentraban en tres grupos geográficamente separados: San Antonio (28 colonos), alrededor de la estación de ferrocarril de Basavilbaso (100 colonos) y en la zona llamada Clara (488 colonos). La región estaba dividida en cuatro distritos administrativos, cada uno de ellos con un agente de la sociedad subordinado a Lapine, cuya función consistía en defender los intereses de la JCA y encargarse de implementar sus resoluciones. Los agentes eran Chertkoff, Hurvitz, Magasinier y Kuppermann; los distritos eran norte, centro, sur y el que se concentraba alrededor de Basavilbaso. Para ahorrar dinero se resolvió que en San Antonio, una colonia alejada, en lugar de un administrador se designaría un "subagente" que estaría subordinado a Lapine.[34]

---

[33] JL329, 2.1897.
[34] Ibíd.; Mellibovsky 1957, pp. 94-95; *Informe* 1897, pp. 5-6. En la correspondencia de la JCA, el apellido de las personas no siempre está acompañado por el nombre de pila.

Moisesville

En 1896 David Feinberg visitó Moisesville con Sonnenfeld y quedó impresionado por la buena voluntad demostrada por los colonos (característica que los distinguía de las otras colonias) y por la armonía que reinaba entre ellos y Miguel Cohen, el administrador nacido en Odesa. En sus palabras había cierto grado de exageración, porque se sabe que existían confrontaciones entre Cohen y algunos colonos. En Moisesville había 90 colonos (más de 800 personas), 50 de ellos fundadores, algunos que formaban parte del grupo que en 1899 había llegado de Podolia en el vapor Wesser y otros nuevos provenientes de Grodno.[35]

En aquella época Moisesville se caracterizaba por la estabilidad en la cantidad de colonos, tanto porque los directores consideraban finalizada la expulsión de colonos inadecuados como porque no había reclamos masivos de repatriación.[36]

En mayo de 1896, S. Hirsch y Cazès estimaron que los colonos de Moisesville sembrarían un promedio de 50 hectáreas de trigo y lino por familia. A principios de agosto se comprobó que los logros eran mucho mayores que lo previsto y se sembró también alfalfa y centeno; además de eso se prepararon mil hectáreas para sembrar maíz. Estos logros se destacaban en comparación con lo sembrado en otras colonias y con el área de siembra en Moisesville en los años anteriores, y los directores de la JCA en París y Buenos Aires lo veían como una demostración de arraigo, signo de esmero, modelo a emular y esperanza en el futuro éxito de la colonia. Pero en julio aparecieron mangas de langostas en las cercanías y después de algunas semanas

---

[35] Schpall 1954, p. 62; *Informe* 1896, p. 7; *Hatzefira*, 25.6.1896; *Hamelitz*, 23.6.1896; Cociovitch 1987, pp. 163-164.
[36] Ibíd., pp. 154-155, 172.

de incertidumbre se posaron sobre los campos de Moisesville; a principios de diciembre S. Hirsch estimó que la cosecha que se salvara equivaldría apenas a la cantidad de semillas sembradas y unas dos semanas después se comprobó que no se había logrado ni siquiera eso.[37]

La situación en Mosesville demostró una vez más cuán endeble era en la Argentina la subsistencia del campesino que se dedicaba solo a la agricultura de secano. Si bien existían condiciones buenas que prometían éxito, toda la inversión se había perdido, en este caso por un factor que los colonos no podían controlar. A diferencia de lo que pasaba en Entre Ríos, la situación no generó decepción porque los colonos ya habían tomado las primeras medidas destinadas a crear fuentes de sustento alternativas, como la alfalfa, menos vulnerable a la langosta, y el ganado comprado por no pocos colonos. Estas fuentes les permitieron depender menos de los cultivos de secano y les infundieron esperanzas en el futuro.[38]

Resumen

Al finalizar la primera cosecha después de la muerte del barón de Hirsch, la situación en las colonias era la siguiente:

a. No quedaron dudas de que la agricultura de secano no bastaba para el sustento de las familias y el pago de las deudas.

b. A pesar de que la reorganización en Mauricio tuvo lugar en un año bueno para la agricultura, Lapine llegó a la conclusión de que la cosecha de cereales podría cubrir solo el pago del colono a la JCA y que harían falta otros recursos para asegurarle el sustento.

---

[37] JL326, 20.5.1896, 20.7.1896; JL363, 20.7.1896.
[38] JL326, 20.9.1896, 20.7.1896; JL327, 19.11.1896, 5.12.1896.

c. En Moisesville, cuyos colonos se destacaban por la siembra en vastas extensiones, la langosta incrementó las deudas por las grandes inversiones perdidas, pero no llevó al abandono de colonos.

d. En Entre Ríos, que sufrió por la plaga de langostas pero también por las malas condiciones climáticas, la situación seguía siendo muy mala y la repatriación llegó a niveles muy altos. El control de un área tan extensa era muy difícil, y la gestión –que a fines de 1896 había sido puesta en manos de Lapine– no podía basarse en una relación directa como en Mauricio, sino en agentes. La reorganización en esa zona quedó solo a nivel teórico, constreñida por las limitaciones que obstaculizaban una solución racional, como la dificultad de concretar la reparcelación. Para mejorar la situación del transporte y la provisión de nuevos medios de sustento hacían falta recursos ingentes. El interrogante que se planteaba el consejo era decidir si apoyaba ese proceso a pesar de su costo y de la incertidumbre con respecto a sus probabilidades de éxito, o si se arriesgaba al fracaso total en una zona en la que se concentraba la mayor parte de los colonos de la JCA. La respuesta estaba relacionada con una pregunta anterior: ¿cuál era la postura del nuevo consejo de la JCA con respecto a la situación de la colonización en la Argentina en el marco general de sus actividades?

4. Las posturas de la JCA y el congelamiento de la colonización en la Argentina

En el testamento firmado en Viena el 14.1.1894, Mauricio de Hirsch ordenaba repartir equitativamente las acciones de la JCA que estuvieran en su poder al momento de su muerte entre cuatro instituciones: la Anglo Jewish

Association, que operaba según los principios de la AIU; la comunidad judía en Fráncfort del Meno; el consejo de la comunidad judía en Bruselas y la comunidad judía en Berlín. El 7.7.1896 los representantes de los accionistas se reunieron en Londres en asamblea ordinaria para elegir la comisión que fungiría durante los cinco años siguientes. En primer término fueron elegidos tres: Salomon H. Goldschmidt, tío del barón de Hirsch y presidente de la AIU; Solomon Reinach, miembro del comité de acción de la AIU, egresado de un instituto de formación docente, filólogo, arqueólogo y curador de museos conocido en Francia, y Narcisse Leven, nacido en Alemania, cuya familia se había trasladado a París en su infancia, graduado en Derecho en la Sorbona, activista judío y personalidad pública en Francia. Leven, uno de los fundadores de la AIU, fue su vicepresidente en 1883-1898 y presidente desde entonces y hasta su muerte en 1915. A ellos se agregaron Herbert G. Lousada, miembro de la Anglo Jewish Association en Londres, abogado inglés y asesor jurídico del barón, y Alfred Louis Cohen, un filántropo londinense que ayudaba a hospitales y comedores populares judíos, se interesaba en la educación y editaba plegarias y *Hagadot de Pesaj* (compilación de textos que relatan el Éxodo de Egipto y se leen la primera noche de la Pascua judía) que enviaba a los soldados judíos que combatían en la Guerra de los Bóers en Sudáfrica.[39]

Inmediatamente después de la elección del consejo, los presentes se declararon asamblea extraordinaria, en la que se resolvió modificar los estatutos a fin de permitir a las sociedades que poseían al menos 3.600 acciones la incorporación de un representante más. Asimismo, se estipuló en tres el número mínimo de asistentes necesario

---

[39] *The Jewish Chronicle*, 10.7.1896. Para la ideología, los objetivos y la forma de actuar de AIU, ver: Chouraqui 1965, passim.

para tomar decisiones en las sesiones ordinarias. En consecuencia se designó a Claude Goldsmid Montefiore, presidente de la Anglo Jewish Association desde 1895, instruido, líder del judaísmo liberal en Inglaterra y enérgico opositor al Movimiento Sionista; el gran rabino de Francia Zadoc Kahn, que representaba a la AIU; Julius Plotke, representante de la comunidad judía en Fráncfort del Meno, abogado, miembro de la AIU y del *Hilfsverein* (sociedad de ayuda para los judíos de Alemania), autor de artículos sobre la vida de los judíos en Rusia y Rumania y allegado al barón; Franz Philippson, banquero y presidente de la comunidad judía en Bruselas desde 1894 y Edmond Lachman, un asesor jurídico que representaba a la comunidad de Berlín.[40]

Como presidente del consejo de la JCA fue elegido Salomon H. Goldschmidt, pero por razones de edad presentó su dimisión y fue reemplazado por Narcisse Leven, que ejerció el cargo desde octubre de 1896 hasta su muerte en 1915, es decir, durante todo el período investigado.[41]

Según el informe anual de la JCA, los sucesores del barón de Hirsch asumieron la conducción de la misma "sin que se produjeran conmociones", pero la muerte del barón, que presidía una organización jerárquica en la cual los demás miembros del consejo no eran socios activos, trastornó las actividades de aquella. Por ejemplo, los directores de París respondieron al pedido de instrucciones enviado desde Buenos Aires a principios de mayo de 1896:

---

[40] Ibídem; Cohen 1940, pp. 12, 25; "Plotke Julius", en *The Jewish Encyclopedia*, Nueva York y Londres, 10, p. 90; "Franz M. Philippson", en *The Jewish Encyclopedia*, 9, p. 68; *Allgemeine Zeitung des Judentums*, 2.4.1909; *The Jewish Chronicle*, 2.4.1909.
[41] Grunwald 1966, pp. 41, 44; JCA, *Sesiones* I, 14.10.1896; 17.1.1897; *Informe* 1897, p. 4.

> Si bien los integrantes del consejo conocían el accionar de la JCA, no estaban involucrados en los diversos procedimientos y decisiones del Barón [...] por eso no pueden emitir instrucciones precisas de un día para el otro...

A continuación se señalaba que cuando Sonnenfeld regresara de su viaje de inspección a la Argentina, "el consejo podrá emitir nuevas instrucciones o volver a aprobar, parcial o totalmente, las ya existentes". Sonnenfeld y Feinberg regresaron a París el 22 de mayo.[42]

El consejo necesitaba tiempo para interiorizarse de todos los asuntos a los que la JCA se dedicaba, y hasta entonces dependía de los funcionarios que sabían más que él. Con respecto a las actividades en la Argentina, se creó una situación interesante, porque cuando de Hirsch murió se encontraban allí altos directivos de las tres instancias relacionadas con la colonización: Feinberg de la comisión central en Rusia, involucrado en el reclutamiento y selección de candidatos a la colonización en la Argentina, que mantenía un contacto fluido con el barón, y Sonnenfeld, director general en París, a través de quien circulaban las directivas del barón, y los dos directores de la Argentina.

Más aun, los cuatro estaban involucrados en la recopilación de información y la preparación de las propuestas en proceso de elaboración en los últimos meses y cabe suponer que eran conscientes de sus posibilidades de estipular el rumbo de desarrollo después de la desaparición del fundador de la JCA. Se puede señalar que compartían la opinión de no expandir, pero tampoco interrumpir o reducir drásticamente, las dimensiones de la colonización en la Argentina. Todos ellos habían tratado de persuadir a de Hirsch de que, a pesar de las decepciones, esa colonización tenía aspectos positivos y que se podría mejorar

---

[42] *Informe* 1896, pp. 3-4; JL363, 30.5.1896.

la situación con la ayuda del plan de consolidación. El resultado de esta concepción fue una serie de resoluciones destinadas a reducir el abandono de las colonias y afianzar la situación económica de los colonos. Con respecto a la ampliación de la colonización, creían que no se debía llevar a cabo antes de que los colonos se recuperaran. Feinberg pensaba que después de cuatro o cinco años (el lapso que en su opinión sería necesario para fortalecer lo existente) se podría colonizar como máximo 150-200 familias al año, y que entretanto se debía transferir el centro de la actividad a Rusia.[43]

Después de una primera lectura de los informes de la delegación, el consejo aceptó la postura de los funcionarios y resolvió fortalecer la situación de los colonos a través de nuevas fuentes de sustento. Asimismo, determinó que no sería prudente enviar nuevos colonos antes de que la situación de las colonias se estabilizara y fortaleciera, y que cuando las colonias prosperaran otros judíos llegarían por sus propios medios y solicitarían establecerse en las tierras de la JCA; de esa manera la colonización se desarrollaría a través de la inmigración espontánea.[44]

5. Los intentos de fortalecimiento económico y la reducción de la población en las colonias en Entre Ríos

En marzo de 1897 el consejo debía aprobar el presupuesto de la JCA en la Argentina para el año fiscal que comenzaría en abril. Los directores de Buenos Aires habían elevado un presupuesto abultado que llegaba a $1.100.000, de los cuales se asignaba más de $775.000 a Entre Ríos; $622.000

---

[43] Schpall 1954, pp. 64-65; Avni 1973, pp. 262-264.
[44] *Informe* 1896, p. 5.

formaban parte de un presupuesto especial. La mayor parte de esa suma no estaba asignada a cuestiones vinculadas con el fortalecimiento económico sino a subsidios y préstamos destinados a la compra de semillas para la temporada siguiente. El único monto en el que podía percibirse la intención de generar fuentes de ingresos adicionales eran los $100.000 destinados al desarrollo de la alfalfa en las colonias de la provincia, un tema que habría de revelarse como problemático.[45]

Eugène Tisserand, un reconocido experto en agricultura y asesor de la JCA que estudió la situación agraria de Entre Ríos y obtuvo resultados de laboratorio de muestras de suelo, dictaminó que a excepción de las tierras bajas, los campos de las colonias en esa provincia no eran aptos para el cultivo de alfalfa. No obstante, el consejo aprobó el presupuesto propuesto por los directores de la JCA en Buenos Aires porque "estamos seguros de que ustedes proponen la creación de campos de alfalfa porque conocen el tema". Fuera de esta observación, los demás incisos del presupuesto fueron aprobados tal como habían sido propuestos con el argumento de que

> el consejo ha prestado atención a las circunstancias excepcionales y a los resultados negativos que el abandono de la colonización causaría al estado de ánimo y el *esprit* de judíos y no judíos, y por ello ha accedido a efectuar un gran sacrificio económico con la esperanza de que los resultados lo justifiquen.

En esta afirmación se destaca cierto grado de confianza en S. Hirsch y Cazès y la disposición a invertir en la iniciativa a pesar de la incertidumbre sobre su éxito.[46]

---

[45] JL329, 19.2.1897.
[46] JL363, 24.3.1897.

A mediados de 1898 ya se veían en algunos lugares bellos campos de alfalfa y algunos colonos empezaron a alimentar con ella el ganado y también a venderla, situación que llevó a quienes aún no la habían sembrado a querer emular a sus compañeros. En esa etapa, los campos de alfalfa servían para alimentar a los animales de labranza. Ese año no se logró un gran avance en la conversión de dicho cultivo en una fuente importante de ingresos alternativos; los resultados obtenidos demostraban que no tenía tanto éxito como en Mauricio y Moisesville.[47]

S. Hirsch elaboró con Lapine un plan para impulsar la cría de ganado en Entre Ríos, que incluía los siguientes aspectos: a) provisión de dos vacas lecheras por hectárea de alfalfa bien cultivada, hasta un máximo de seis vacas lecheras por colono; b) provisión de veinte cabezas de ganado para cría, fundamentalmente vacas reproductoras y algunos terneros para engorde; c) compra de sementales; d) provisión de alambradas y semillas para que cada colono tuviera al menos tres hectáreas de alfalfa; e) delimitación de áreas de pastoreo bien regadas y cercadas, y f) creación de un tambo para recibir la leche en el centro de la colonia y algunas sucursales en los grupos más pequeños. La implementación del plan debía costar $410.000, es decir, $700 por colono, una suma ingente comparada con los $300 asignados para los mismos fines en Moisesville; no obstante, el consejo decidió aprobarla.[48]

Cazès recorrió la provincia en diciembre de 1899 y señaló las dificultades para implementar el plan. Entre otras cosas, la JCA había comprado ganado en abril pero este no había llegado a manos de los colonos porque los campos de alfalfa aún no producían forraje para alimentarlo, y mientras tanto la sociedad debía mantenerlo a sus

---

[47] HM134, 15.12.1898.
[48] Ibídem.

expensas. La opinión de Tisserand sobre la posibilidad de cultivar alfalfa en la zona resultó acertada y después de algunos años se comprobó también que la expectativa de vida de esta especie era menor en las colonias de dicha provincia.[49]

Los resultados no respondieron a las expectativas, pero la inversión masiva empezó a dar frutos: los campos verdes, las parvas de alfalfa después de la siega, las vacas lecheras que empezaban a dar leche y la noticia de que a fines de 1899 se había firmado un acuerdo para la creación de tres tambos que recibirían la producción lechera cuando el ganado adquirido pasara a sus manos insuflaron nuevas esperanzas en los colonos y se observó cierta mejora en su situación, pero aún no se percibían signos de una consolidación basada en la capacidad de autoabastecerse. Por el contrario, dependían de la JCA por completo y los esfuerzos para lograr un afianzamiento económico auténtico se prolongaron en los años subsiguientes.[50]

6. Moisesville y Mauricio

La decisión de apoyar el desarrollo de los campos de alfalfa en Moisesville demostró ser acertada. El clima, la tierra y la existencia de agua a poca profundidad tornaban la región en apta para ese cultivo. Entre las ventajas de la alfalfa cabe mencionar: a) la baja vulnerabilidad a la langosta y la capacidad de una rápida recuperación, b) flexibilidad en la elección de la forma de alimentar al ganado (pastoreo, segada, forraje seco después de prensado, que puede conservarse hasta la temporada siguiente), c) la posibilidad

---

[49] JL332, 8.12.1899; Winsberg 1969, p. 187.
[50] JL332, 1.12.1899.

de comercializarla como un producto en sí mismo, y d) buenos resultados para el ganado alimentado con ella. En 1899 cada colono contaba con al menos cien hectáreas en las que se segaba cinco o seis veces al año. El rendimiento de la alfalfa quedó demostrado ese año: a pesar de la sequía prolongada que dañó la vegetación de los campos de pastoreo, los rebaños de Moisesville se salvaron, éxito que permitió a algunos colonos pagar total o parcialmente la cuota anual a la JCA.[51]

Mauricio había sufrido una serie de crisis sociales y confrontamientos entre la JCA y los colonos. A raíz de la reparcelación se perdió casi toda la temporada agrícola; además, se comprobó que el tamaño de la parcela necesaria para el sustento de una familia debía ser mayor que el calculado por Lapine. La JCA trató de agregar parcelas, pero los dueños de los campos contiguos no querían venderlos. Este problema acompañó a la colonia durante mucho tiempo. No obstante, los colonos siguieron convirtiendo las parcelas antes destinadas a cultivos de secano en campos de alfalfa, que en 1899 alcanzaban a 10.000 hectáreas.[52]

A diferencia de Moisesville, en donde la alfalfa servía para cultivo, engorde y cría, en Mauricio se desarrolló la actividad lechera. El tambo inaugurado en agosto de 1899 recibía 8.000 litros de leche diarios, el doble de lo previsto. En ese entonces había en la colonia 6.452 animales, más de la mitad comprados directamente por los colonos, hecho que los directores veían como el principio de la independencia deseada. Ese año se caracterizó por dos semestres completamente diferentes: el primero fue decepcionante por la mala cosecha y los conflictos que causaron el abandono de 20 familias, mientras que en el segundo se

---

[51] *Informe* 1899, pp. 8-9, 13; HM134, 10.3.1899; JL363, 6.4.1899.
[52] *Informe* 1899, pp. 13-14; JL363, 15.12.1898, 11.8.1898.

percibió una mejoría económica debida a la inauguración del tambo, porque los ingresos continuos por la leche alentaban a los colonos. No obstante, solo unos pocos pudieron pagar la cuota anual, porque estaban agobiados por las deudas generadas en los años malos o por la compra de equipamiento y ganado en cantidades que excedían su capacidad económica, y debieron recurrir a préstamos con altas tasas de interés.[53]

Gracias al cultivo de alfalfa, la situación de Moisesville y Mauricio era mucho mejor que la de las colonias de Entre Ríos. Moisesville gozaba de más estabilidad económica que Mauricio, que difícilmente podía ser descripta como una colonia que avanzaba hacia la independencia económica sobre la base de algunos meses de éxito en el tambo. Moisesville era la única colonia cuya situación se acercaba a la deseable para su consolidación, y al mismo tiempo era la más pequeña.

7. El rechazo de nuevos colonos y la reducción demográfica

La decisión de no recibir nuevos colonos hasta que se estabilizara la situación de los que ya se encontraban en las colonias era muy difícil para las familias que, por diversas razones, se habían separado antes de inmigrar a la Argentina. S. Hirsch sostenía que no se debía apoyar directamente la llegada de los familiares, salvo casos excepcionales, por el temor de que los recién llegados fracasaran y exigieran que la JCA los repatriara a Rusia, con todas las dificultades que ello implicaba. No obstante, solicitó que se reexaminara el argumento de que antes de salir de Rusia se les había prometido ocuparse de la reunificación familiar, y

---

[53] JL363, 19.10.1899; HM134, 14.7.1899.

en caso de que fuera cierto "será justo cumplir el compromiso contraído", pero sugirió esperar hasta la finalización de la cosecha por si la misma no fuera buena y parte de quienes solicitaban la llegada de sus familiares pidieran la propia repatriación.[54]

Con estas razones se podía seguir demorando cualquier solución hasta un año agrícola fructífero, que nadie sabía cuándo llegaría. Entretanto, la separación de las familias se prolongaba varios años.

La lucha de S. Hirsch y Cazès para concretar la resolución del consejo con respecto a los nuevos colonos no se refería solo a los familiares de estos. Ya en octubre de 1896 la JCA se había referido al pedido de un grupo de familias de Botoșan (Rumania) y en una carta enviada el 12 de ese mes, los directores de la JCA en París aclararon que no se haría nada antes de conocer la opinión de los directores de Buenos Aires. S. Hirsch y Cazès aconsejaron esperar hasta que la situación económica de las colonias mejorara. Después de dos meses, los directores de París volvieron a prometer que no harían nada que contradijera la opinión de S. Hirsch y Cazès. Pedidos similares de lugares como Táurida (sur de Rusia) y de otros judíos que estaban dispuestos a financiarse el viaje recibieron la misma respuesta: "¿Para qué llevar gente a la que deberemos ayudar y tal vez enviar de regreso?". De todo lo señalado se desprende que en la época tratada fueron precisamente los directores de la JCA en la Argentina quienes insistieron en implementar con suma rigurosidad la política de no aceptar nuevos colonos.[55]

---

[54] JL326, 20.5.1896, 20.6.1896, 20.7.1896.
[55] *Sesiones* I, 15.10.1896, p. 84; JL328, 5.2.1897; JL363, 12.10.1896, 4.12.1896.

Conclusiones

Durante los primeros años de actividad del consejo de la JCA se concretaron algunos temas examinados e iniciados en tiempos del barón de Hirsch, entre los que cabe mencionar la expulsión de colonos considerados inadecuados, el fortalecimiento económico de los que quedaron y la reorganización administrativa. Estos aspectos estaban relacionados con el deseo de promover la autonomía económica, la autogestión y la asunción de la prestación de servicios comunitarios de las colonias. La aspiración a verlos concretados tropezó con numerosas dificultades: la falta de control sobre quienes querían regresar a Rusia, la reunificación de las familias, que preocupaba a muchas de ellas y que aparentemente fue una de las causas de numerosos abandonos, la desmoralización que cundió en las colonias cuando murió el barón de Hirsch y cada vez que la cosecha no era buena, y por encima de todo, la naturaleza que "se negaba" a concederles un año bueno. Además de eso, la JCA debió renunciar a la idea de que la auténtica agricultura era la de secano y que la cría de ganado era mero comercio.

Los esfuerzos de fortalecimiento, relacionados con grandes inversiones y con el incremento de la productividad laboral de los colonos, promovieron a las colonias y crearon medios de sustento alternativos, pero no bastaron para alcanzar la solidez económica deseada. En este aspecto había diferencias entre las colonias: Moisesville era la que se acercaba más al modelo ideal, mientras que Entre Ríos era la más alejada. Además de la diferencia entre las distintas regiones, en 1896-1899 tuvo lugar una reducción demográfica que habría de llevar al inicio de la nueva política que se puso de manifiesto a continuación.

3

La reanudación de la colonización (1899-1902)

En 1899 se liquidaron 50 chacras más, pero la cantidad de habitantes permaneció estable gracias al crecimiento vegetativo y a la incorporación de personas a las chacras existentes,[56] incluidos alumnos y egresados de escuelas y granjas de educación agrícola. Durante el período estudiado llegaron más de cien egresados de *Mikveh Israel* en Jaffa (Tierra de Israel), *Djedaïda* (la granja educativa creada en Túnez), *Or Yehuda* (una granja educativa creada por la JCA en Anatolia), etc.[57]

La idea de llevar familias atraídas por sus parientes, sin responsabilidad alguna por parte de la JCA, surgió ante las presiones para reunificar familias y por el temor de vaciamiento de las colonias. En la primera etapa se resolvió alentar la colonización en Moisesville y a consecuencia de ello se acordó apoyar la iniciativa –presentada como si proviniera de los mismos colonos– de enviar a Rusia un colono de Moisesville para que reclutara unas 50 familias con características adecuadas. La condición estipulada fue que ellas mismas costearan los gastos de viaje, mientras que la JCA estaba dispuesta a otorgar un préstamo de $2.000-3.000 a cada familia que decidiera establecerse en la colonia.

---

[56] HM134, 10.2.1899; JL363, 9.3.1899.
[57] Levin 1997, pp. 35-44; Levin 2005a, pp. 39-62.

Las formas de incorporación

La misión de Cociovitch

Los colonos de Moisesville designaron a Noé Cociovitch para reclutar al nuevo grupo. El 23.5.1899 le entregaron un poder firmado por más de 40 colonos para que lo presentara ante los familiares en Rusia, en el que señalaban que quienes viajaran y estuvieran dispuestos a perseverar en las arduas faenas de campo garantizarían seguridad personal a sus hijos y gozarían de libertad de culto. Cociovitch partió de Buenos Aires el 31 de mayo.[58]

Su tarea fue definida como una misión a pedido de los colonos y bajo la exclusiva responsabilidad de los mismos, pero no caben dudas de que todas las etapas de su ejecución interesaban también a la JCA. Los intereses de esta última variaban en los diferentes niveles, en particular en cuanto a las posturas relacionadas con los aspectos prácticos de la misión. En términos generales, S. Hirsch y Cazès eran más rigurosos, la comisión de San Petersburgo y Feinberg en especial trataban de ayudar y los directores de París escribieron que "la misión de Cociovitch nos interesa desde todo punto de vista", pero agregaron algunas condiciones.[59]

Después de varios meses en los que se eligió a los candidatos, Cociovitch tropezó con un obstáculo: no todos los considerados aptos para la colonización podían costearse el viaje. Después de ciertas presiones de la comisión de San Petersburgo y también por su deseo de que la misión se viera coronada por el éxito, la JCA anticipó el monto necesario pero resolvió hacerlo a nombre del banquero Hipolit Wawelberg, para que los colonos cancelaran

---

[58] Cociovitch 1987, pp. 243-247; Bizberg 1942, pp. 7-10.
[59] Ibíd., p. 19; JL363, 6.7.1899.

la deuda sin saber que ella estaba involucrada en el préstamo. La JCA logró mantener el secreto, Cociovitch recibió el dinero y pensó que había sido gracias a la intercesión de Feinberg ante Wawelberg; los viajeros vieron al banquero como su salvador y el grupo que formaron en la colonia llevó su nombre. El 12.7.1900 desembarcaron en Buenos Aires y tres días después llegaron a Moisesville en un tren especial.[60]

El grupo de Bialystok

En septiembre de 1900, unos dos meses después de la llegada del grupo de Cociovitch, viajó a París el escritor, periodista y posteriormente líder del sionismo ortodoxo Gedaliah Bublik de Bialystok, quien informó que unas 20 familias de su ciudad querían integrarse a las colonias de la JCA en la Argentina y que estaban dispuestas a cumplir las siguientes condiciones: autoorganización, costeamiento del viaje y depósito en las oficinas de la JCA del monto necesario para mantenerse hasta la obtención de la primera cosecha. Bublik se entrevistó con S. Hirsch, que a la sazón se encontraba en París, y le entregó la primera lista de candidatos; este y Cazès reaccionaron positivamente a la propuesta.[61]

Bublik y su grupo llegaron a Buenos Aires a fines de marzo de 1901 con un gran cargamento y un *shojet* (matarife ritual), se establecieron a lo largo de las vías del ferrocarril en tierras consideradas de alta calidad y dieron a su grupo el nombre de Zadoc Kahn.[62]

---

[60] Cociovitch 1987, pp. 246-247; JL363, 28.12.1899; JL6a, 1.6.1900, 2.4.1900; *Sesiones* I, 17.12.1899; JL332, 9.3.1900.
[61] JL363, 20.9.1900; JL333, 19.10.1900. Para Bublik, ver: Edward L. Greenstein,"Bublik Gedaliah", en *Encyclopaedia Judaica*, VI, p. 1435; Cociovitch 1987, pp. 249-250.
[62] JL334, 31.12.1900, 29.3.1901; *Informe* 1900, p. 12; *Informe* 1901, p. 14.

El fracaso de Blecher al emular la misión de Cociovitch

La noticia sobre la decisión de llevar familiares y amigos a Moisesville llegó a Entre Ríos y despertó el deseo de emularla. Las iniciativas destinadas a concretarla contaron con el beneplácito de Lapine, quien sostenía que la difícil situación de los judíos en Rusia los alentaba a emigrar y que "muchos colonos han pedido y piden traer a sus familiares para que se asienten junto a ellos". Asimismo, señaló que el colono Moisés Aarón Blecher de Basabilvaso había partido a Rusia en una misión privada similar a la de Cociovitch.[63]

El viaje de Blecher y las afirmaciones de Lapine recibieron una rigurosa respuesta de S. Hirsch, quien señaló que la aprobación del viaje de Cociovitch se había basado en la situación de Moisesville, pero que en las colonias de Entre Ríos no había lugar para una medida como esa antes de completar el proceso de consolidación. En París respaldaron la postura de Hirsch y no apoyaron a Blecher. Cuando Blecher se encontró con Feinberg, este le aclaró que no se podía aumentar el número de colonos en Clara antes de que lograran pagar una cuota anual o dos, y lo instó a regresar de inmediato y transmitir el mensaje a los colonos. Ante la falta de alternativa, Blecher volvió con las manos vacías. En junio de 1901 quiso repetir el intento, pero tampoco esta vez logró apoyo.[64]

Europa del Este y la presión para emigrar

Aun antes de concretarse la política de llevar familiares y amigos de los colonos de Moisesville a sus expensas y bajo su propia responsabilidad, se produjeron algunos acontecimientos que requirieron la atención de la JCA. En *Pesaj*

---

[63] HM134, 30.9.1899. Para Blecher, ver: Cociovitch 1987, p. 238.
[64] Cociovitch 1987, p. 238; HM134, 30.9.1899; JL363, 2.11.1899; JL5b, 1.12.1899; JL399, 19.6.1901.

de 1899 estalló un pogromo en Nicoláiev (Jersón, actualmente Ucrania) y los vándalos se dirigieron a las aldeas judías de los alrededores y atacaron a sus habitantes. Esa fue la demostración de que, aunque las autoridades rusas estuvieran dispuestas a permitir el accionar de la JCA en su ámbito, la igualdad civil y la seguridad personal de los judíos aún estaban lejos de lograrse. Entre otras cosas, los atacantes causaron estragos en la colonia Nahartaw y destruyeron 146 de las chacras existentes.[65]

En 1899 hubo una hambruna en Rumania que afectó a vastos sectores de la población. Además de los estragos naturales, los alborotadores atacaron a los judíos de Iaşi en mayo. Este pogromo produjo un éxodo apresurado que en 1899-1900 llevó al hacinamiento de refugiados en Viena y Londres, en tiempos en que se les cerraban diversas fronteras.[66]

Estos acontecimientos se producían mientras en los Estados Unidos, Europa Central y Occidental se agudizaba la oposición a la llegada de extranjeros, más aun si eran judíos. Los líderes de las comunidades judías en Europa se sentían afectados por una serie de hechos que indicaban la aparición de profundas fisuras en la emancipación; el más notorio era la ola de antisemitismo que cundió en Francia en 1896-1904, durante el *affaire* Dreyfus. Los sucesos en Rumania causaron estupor en las organizaciones judías y los judíos en general, precisamente cuando estos se encontraban en situación de debilidad. Algunos dirigentes de esas organizaciones trataron de alejar a los refugiados devolviéndolos a sus lugares de origen o trasladándolos a otros países.[67]

---

[65] JL4b, 24.5.1899; *Sesiones* I, 21.5.1899.
[66] Avni 1982, pp. 111-113.
[67] Dubnow 1950, pp. 165-166; Avni 1982, pp. 114-116, 135-136.

La JCA participó en la organización de la emigración de los judíos de Rumania a países definidos como "de ultramar" o "extraeuropeos" y sus oficinas en diferentes lugares suministraban información y orientación a los emigrantes.[68]

La reunión del consejo del 21-22.7.1900 estuvo dedicada a la situación de los judíos en Rumania y contó con la presencia de S. Hirsch. En ella se asignaron 3.000 pesos por cada familia de Rumania que los directores enviaran a sus colonias en la Argentina. Dos días después enviaron un telegrama a Cazès con instrucciones para anular los procesos de arrendamiento de tierras de la JCA en Moisesville y acelerar las tratativas de compra de enclaves en la región. El 26 llegaron instrucciones para empezar a construir 30-50 casas, con la explicación de que debido a las malas cosechas y las leyes restrictivas, muchas familias de Rumania habían decidido emigrar y "no podemos permanecer indiferentes ante ese desplazamiento".[69]

Esta decisión implicaba una contradicción absoluta con la colonización que se nutría de una inmigración espontánea motivada por la atracción que ejercían las colonias exitosas en la Argentina. La respuesta de Cazès fue que, por supuesto, entendía que

> los principios deben subordinarse a catástrofes como esta y que a pesar de nuestra resolución de alentar solo inmigración espontánea, faltaríamos a nuestro deber si cerráramos nuestras colonias por completo.

Pero a continuación enumeró una serie de requisitos rigurosos que deberían ser implementados al elegir a los candidatos. Sus advertencias coincidían con las de París,

---

[68] *Sesiones* II, 18.11.1900, 5.1.1901, 18.1.1902; *Informe* 1900, p. 4.
[69] JL333, 27.7.1900; JL363, 26.7.1900; *Sesiones* II, 21.7.1900.

que se referían a los mismos temas: "Solo enviaremos familias que tengan probabilidades reales de éxito y que cuenten con suficiente mano de obra", y agregaban que la elección se haría junto con S. Hirsch.[70]

A fines de 1900 se publicó la intención de colonizar al año siguiente 50 familias de Rumania en Moisesville. El proceso de toma de decisiones y la elección de candidatos, los preparativos para la colonización y los trámites de viaje se prolongaron mucho tiempo y solo en agosto se emitieron instrucciones al administrador de Moisesville, Meshulam Cohen, para que preparara las parcelas. En septiembre los directores de la capital solicitaron que se acelerara la partida para que los inmigrantes pudieran llegar a tiempo para la cosecha. El 10 de noviembre partieron 41 familias (unas 300 personas) y se informó que el número de trabajadores por familia era suficiente. El barco llegó a Buenos Aires el 10 de diciembre y al día siguiente fueron enviados a Moisesville, adonde llegaron sin equipaje ni medios de subsistencia. Meshulam Cohen les entregó insumos básicos.[71]

La inmigración espontánea de familiares

A fines de 1899 Cazès encontró en las colonias de Entre Ríos inmigrantes que habían llegado sin ayuda de la JCA, que vivían con sus familiares y que querían colonizarse. Cazès reaccionó favorablemente a condición de que no reclamaran a la JCA los gastos de viaje u otros, a excepción del terreno y la casa que la JCA les proporcionaría.[72]

---

[70] JL333, 24.8.1900; JL363, 26.7.1900.
[71] *Informe* 1900, p. 13; JL335, 23.8.1901, 20.9.1901; *Sesiones* II, 19.1.1902.
[72] JL332, 8.12.1899; JL363, 1.2.1900; *Informe* 1899, pp. 16, 22.

En marzo de 1900 se elevó un presupuesto acorde con las premisas básicas, en el que se señalaba que se debía actuar con precaución para que "este movimiento que vemos con simpatía" se lleve a cabo lentamente, logre el afianzamiento de los nuevos y no ponga en peligro los logros alcanzados. El flujo de inmigrantes continuó hasta fines de 1900; algunos fueron colonizados según el plan y otros esperaron el presupuesto del año siguiente y se prepararon para trabajar en la cosecha. En definitiva llegaron a las colonias 200 personas más de las previstas, hecho que duplicó el número de quienes querían colonizarse. Entre ellos se contaban muchos que habían llegado solos y que pensaban trabajar para financiar el viaje de sus familias, que de esa manera nutrían el movimiento continuo. El deseo de integración de estos inmigrantes es particularmente interesante porque 1900 fue un año muy difícil para los agricultores y 113 familias (560 personas) abandonaron las colonias de la JCA en Entre Ríos.[73]

Lapine recibió autorización para colonizar a quienes en su opinión eran adecuados, con las limitaciones aprobadas para el terreno y el presupuesto. Los directores de la capital señalaron que no debían precipitarse para evitar consecuencias "irritantes". Lapine exhortó a colonizar a todos de inmediato, indicó que esa era la única forma de ampliar y afianzar la colonización y agregó que si los directores pensaban que no se debía colonizar a quienes habían llegado durante 1901, debían darlo a conocer en periódicos en Rusia: "Este es el único medio de restringir la llegada". La propuesta de dar a conocer el tema a la prensa atemorizó a los directores, que la rechazaron enérgicamente.[74]

---

[73] JL333, 7.9.1900, 28.12.1900; JL397, 19.11.1900; *Informe* 1900, pp. 22, 28.
[74] JL397, 15.1.1901, 21.1.1901, 25.1.1901.

A pesar de los obstáculos, los familiares de los colonos siguieron llegando a Entre Ríos. En 1901, las dificultades agrícolas y otras causaron el abandono de muchos colonos veteranos, entre los que se destacaba un grupo de 43 familias que se trasladó al territorio nacional de La Pampa para colonizarse allí sin intervención de la JCA. Ese mismo año se establecieron en Entre Ríos 329 familias, 115 de ellas de hijos de colonos que habían salido de las chacras de sus padres, y el resto de inmigrantes de Rusia que en su mayoría eran familiares de colonos. Paradójicamente, los abandonos estaban relacionados con la llegada de nuevos colonos, porque se liberaban tierras y medios de producción.[75]

Trabajadores judíos llegados a las colonias

Paralelamente con las familias llegaron judíos que trabajaban como peones de campo o artesanos, en tareas agrícolas estacionales en los alrededores o en trabajos ocasionales, como el tendido de vías férreas; algunos consideraban la posibilidad de colonizarse. El movimiento iniciado con la llegada de individuos se convirtió en una corriente permanente durante todo el período estudiado. En 1900 había solo algunas decenas; en 1901 eran aproximadamente 340 y en 1905 llegaban a 2.196. Algunos de ellos tenían intenciones de llevar a sus familias en el futuro, pero también había familias enteras.[76]

Para la JCA se trataba de una tendencia de crecimiento positiva, porque así podría elegir a los inmigrantes que le parecieran más adecuados sin complicarse en una maraña de debates y discusiones sobre la financiación del viaje, el reclutamiento a cargo de la comisión en San Petersburgo y la asunción de la responsabilidad por su destino antes

---

[75] *Informe* 1901, p. 28.
[76] *Informe* 1900, pp. 14, 21, *Informe* 1901, p. 8, *Informe* 1904, p. 48, *Informe* 1905, p. 22.

de haber examinado la capacidad de trabajo cotidiano. Los directores de Buenos Aires temían perder el control y pidieron a Lapine que

> persuadiera a los colonos que difunden nuestra obra para que sean más cautos y no escriban a Rusia -tal como lo hacen muchos- que todos los que vengan por su cuenta serán colonizados por nuestra sociedad.[77]

En las temporadas agrícolas muertas de 1901-1902, esos colonos padecieron hambre. En la época de cosecha y trilla trabajaron arduamente para ganarse el escaso pan y ahorrar algún dinero para traer a sus familias. Sus viviendas no reunían las condiciones mínimas, al menos en el primer tiempo, y sus probabilidades de ser aceptados dependían de la administración local que no estaba obligada a colonizarlos. Cuando los directores entendieron que no se trataba de un fenómeno pasajero empezaron a autorizar presupuestos para una solución modesta del problema de vivienda.[78]

La mayor cantidad de peones judíos se encontraba en Mauricio, tanto porque allí había más trabajo asalariado como porque la colonia se hallaba más cerca de la capital. En 1901 había en todas las colonias 340 inmigrantes (5% del total de colonos) y en 1905 su número aumentó a 9.227 (24% del total de colonos). En 1901 había en Mauricio 147 (14%) y en 1905 llegaban a 804 (61% del total de colonos).[79]

---

[77] JL333, 14.12.1900; JL334, 3.4.1901; JL397, 7.1.1901; JL29a, 3.4.1901.
[78] Avni 1982, pp. 158-165.
[79] JL334, 14.3.1901; *Informe* 1901, pp. 8, 10, 18, 27; *Informe* 1905, p. 22.

El segundo viaje de Cociovitch

A principios de 1901 se decidió enviar nuevamente a Cociovitch para reclutar cien familias de parientes y conocidos. Los directores de Buenos Aires apoyaron la iniciativa a condición de que se llevara a cabo con los mismos parámetros que la anterior. Cociovitch partió de Buenos Aires el 24.5.1901 y los directores de París informaron a San Petersburgo sobre su llegada, al tiempo que expresaron la esperanza de que gozaría de su ayuda. Los reclutados deberían llegar en dos grupos, el primero de ellos en octubre; en julio se empezaron a preparar las casas.[80]

Diversos obstáculos demoraron el viaje y 29 familias partieron a la Argentina el 10.1.1902. Nuevamente surgió una discusión sobre los gastos de viaje y la solución adoptó la forma de un préstamo presuntamente otorgado por un banquero, el barón Horace de Günzburg. También en esta ocasión los colonos desconocían la verdad y durante muchos años elogiaron y recordaron con agradecimiento a los generosos banqueros que los habían salvado.[81]

En agosto de 1902 había ya unas 40 familias que habían logrado ser incluidas en la lista de pasajeros del segundo grupo. Algunos solicitaron la postergación de la partida hasta la finalización de los trámites relacionados con el viaje. Entretanto llegaron noticias de que en la administración en Moisesville se habían descubierto algunas irregularidades en la caja y en los libros contables manejados por Meshulam Cohen. Los directores de Buenos Aires se apresuraron a informar a los directores de París que interrumpieran la misión de Cociovitch para "no complicar aun más el trabajo de organización" y aceptaron que

---

[80] JL334, 31.5.1901; JL29a, 28.6.1901; JL335, 26.7.1901; Cociovitch 1987, pp. 252-253.
[81] JL29a, 16.12.1901; JL29b, 10.1.1902, 13.3.1902; JL336, 15.1.1902; JL337, 4.4.1902; *Informe* 1901, p. 15; *Sesiones* II, 19.1.1902, p. 157, 9.3.1902, p. 166.

regresara solo con quienes habían logrado completar los trámites. Cociovitch partió el 20 de agosto con un grupo de 24 familias. El 20 de septiembre llegaron a la nueva estación de tren inaugurada en Las Palmeras, no lejos de Moisesville, con un cargamento de 250 toneladas que en gran medida se había estropeado durante el viaje. Dos días después, cuando todos se encontraban ya en sus casas, se señaló que eran muy pobres.[82]

La colonización de hijos y yernos, y la fundación de Lucienville

En 1894 se colonizaron dos grupos en la zona de Basavilbaso, cada uno de ellos en dos aldeas de 24 familias. El primero, que provenía de Jersón y se llamaba Novibug, se estableció al este de la estación de tren, a lo largo de las vías que llegaban a Concepción del Uruguay; el otro, denominado Ackerman, llegó de Besarabia y se estableció al nordeste de Novibug, en la zona llamada Primero de Mayo. Los representantes de los grupos se entusiasmaron porque el lugar se encontraba en el cruce de dos vías férreas importantes y por la calidad del suelo. Cada familia recibió 50 hectáreas para cultivos de secano y otras 25 para pastoreo.[83]

Estos datos básicos ayudaron a los colonos –de origen campesino y con hijos adolescentes que eran mano de obra importante– a progresar más que las otras colonias en Entre Ríos. Después de algunos años, las hijas e hijos de los colonos se casaron y las tierras asignadas a las chacras destinadas a una sola familia resultaron escasas para la subsistencia de varias familias, más aun porque con el tiempo se comprobó que las parcelas –más grandes que

---

[82] JL29b, 17.3.1901; JL29c, 6.8.1902,18.8.1902; JL337, 25.7.1902, 1.10.1902; Bizberg 1942, pp. 43-45.
[83] Hurvitz 1932, pp. 15-17; Basavilbaso 1987, pp. 40, 41; Salomón 1987, p. 6; Liebermann 1959, pp. 102-103.

las habituales en Rusia– no eran suficientes en la realidad argentina. A fines de 1898 se acordó poner tierras y casas a disposición de los hijos y yernos para que se colonizaran por separado de sus padres. Para ello se resolvió desarrollar un nuevo grupo en tierras que estaban en proceso de compra a varias decenas de kilómetros al sur de Basavilbaso, junto a las estaciones de tren Escriña y Gilbert.[84]

Los jóvenes destinados a la colonización llamaron a la colonia que estaban por crear Lucienville, en memoria del hijo del barón y la baronesa de Hirsch. El método elegido abogaba por la creación de grupos de diez casas dispuestas a ambos lados de un camino ancho. Los campos se encontraban en tres lados de un cuadrilátero y el redil común en el cuarto. Detrás de cada casa había un terreno de cinco hectáreas para verduras y alfalfa, además de las 50 hectáreas que recibía cada colono para cultivos de secano. Con respecto a la administración, se acordó que el tamaño de la colonia no justificaba la designación de un funcionario autónomo y que la misma estaría subordinada al agente con sede en Basavilbaso.[85]

En 1899 se midieron y señalaron tres grupos de diez casas en parte de una superficie de unas 4.600 hectáreas junto a Escriña. Al principio se colonizó totalmente el primer grupo y parcialmente el segundo. Los colonos empezaron a sembrar de inmediato. El ritmo de colonización dependía de la situación de la tierra: los primeros se establecieron en tierras que habían sido preparadas antes de su compra; en los demás lugares se trataba de tierra virgen y no se podía sembrar en el año de su preparación, razón por la cual las familias habían quedado en Basavilbaso. A fines

---

[84] Hurvitz 1932, pp. 30-31; HM134, 18.11.1898; JBEx4, 30.12.1898.
[85] JL363, 26.1.1899, 6.4.1899; HM134, 10.3.1899, 5.5.1899.

de 1900 vivían en ese lugar 23 familias, en 1901 también se afincaron en Lucienville inmigrantes que habían llegado espontáneamente y a fines de ese año había 89 familias.[86]

Resumen

El consentimiento para colonizar los grupos de Cociovitch y los oriundos de Bialystok no provenía de una modificación general de los lineamientos de la JCA sino de la visión de Moisesville como un lugar económicamente promisorio. Además de esto, cumplían otros dos requisitos importantes para la JCA por la experiencia del pasado con otros grupos: por una parte, la iniciativa se debía a los colonos y en caso de fracaso no podrían presentar reclamos; por la otra, la promesa de que tendrían sustento en la primera época.

El grupo que Blecher trató de organizar no fue aprobado porque la situación económica de su colonia estaba lejos de lo deseable. En el momento de la toma de decisiones, los argumentos presentados por Lapine con respecto a la situación de los judíos en Europa y los reclamos de unificación familiar no fueron considerados relevantes. En esa etapa se tomaban en cuenta fundamentalmente la situación del lugar receptor, se rechazaba la solución de los problemas sociales y no se creía que en la Argentina hubiera remedio para los judíos oprimidos, salvo que llegaran a Moisesville.

En esta postura se pusieron de manifiesto fisuras cuando empezaron a buscar destinos de inmigración para los judíos de Rumania, pero aun después de haber deci-

---

[86] Hurvitz 1932, pp. 31-32; JL332, 6.10.1899, 8.12.1899; JL397, 16.11.1900, 1.3.1901; *Informe* 1899, p. 21; *Informe* 1900, pp. 23, 28; *Informe* 1901, pp. 26-27.

dido abrir las colonias a estos refugiados por la sensación de urgencia, la atención del tema y los trámites tomaron mucho tiempo. La llegada del grupo que se asentó en Moisesville simbolizó el acuerdo a aceptar judíos expulsados de sus países de origen aunque no contaran con los medios requeridos. Las normas que se mantuvieron a pesar de eso fueron que se los recibiera en una colonia consolidada y que se aceptara a familias en las que hubiera suficiente mano de obra.

La inmigración de individuos y de familias a sus propias expensas y bajo su responsabilidad interesó a S. Hirsch y Cazès por varias razones: a) se adecuaba a la idea de que los recién llegados debían inmigrar a título privado, porque el reclutamiento de grupos implicaba el peligro de que algunos incitadores los instaran a rebelarse. Más aun, para los directores de la Argentina el reclutamiento en Rusia era "sospechoso" y objetivamente resultaba difícil examinar las condiciones del candidato. b) La compra de los billetes de viaje a cargo de los inmigrantes servía a la JCA de garantía con respecto a la seriedad de sus intenciones. c) El derecho a colonizarse era otorgado solo después de que el candidato fuera considerado adecuado por los funcionario locales. d) No se prometía nada al candidato y su viaje se efectuaba bajo su propia responsabilidad y la de sus familiares en la colonia. e) La JCA confiaba en la ayuda mutua de los familiares. También los inmigrantes anteriores se verían beneficiados, porque necesitarían menos trabajadores asalariados. f) La JCA retenía el control sobre el ritmo de implementación, según el presupuesto asignado y la cantidad de tierras disponibles.

El bienio 1900-1901 fue un tiempo de cambios en la composición de la población de las colonias de Entre Ríos: cientos de familias las abandonaron y las que llegaron por su propia voluntad evitaron el vaciamiento de las mismas.

La situación de Lucienville, la colonia más sureña en la provincia, era diferente: había sido fundada por hijos de los colonos de Basavilbaso y por eso no hubo un crecimiento en el número de colonos en la provincia, sino solo un incremento en el número de chacras y campos cultivados. El método de colonización, las condiciones del lugar y las características de los colonos hicieron que esta colonia se distinguiera positivamente de las otras en Entre Ríos.

A partir de todo esto cabe concluir que en aquellos años los colonos llegaban a las colonias de diferentes maneras; aparentemente, cuando se abrieron las compuertas fue difícil detener el flujo que se nutría de presiones externas y necesidades internas. Se puede destacar el hecho de que los grupos organizados llegaron a Moisesville, mientras que a las demás colonias llegaron individuos: a las de Entre Ríos arribaron fundamentalmente familiares y a Mauricio, una mayoría de inmigrantes. También en este aspecto había diferencias entre las diversas provincias.

4

Las delegaciones de supervisión y la ampliación de la colonización (1902-1905)

1. Delegaciones de supervisión, cambios personales y reanudación de la colonización

Los procesos de consolidación y los cambios introducidos en las colonias se vieron acompañados por titubeos con respecto a la mejor forma de dirección y control. Cabe suponer que la eficacia de la supervisión que el consejo quería implementar desde París sobre las obras de la JCA en el mundo dependía de la recepción de información fluida y confiable y de la posibilidad de orientar a sus representantes para que actuaran según sus deseos, condiciones que resultaba difícil lograr en la Argentina. El contacto se mantenía fundamentalmente a través de cartas enviadas por encomiendas postales en barcos que partían en fechas fijas. Los telegramas eran más rápidos pero también más caros y aun la JCA, con sus abundantes recursos, los usaba solo en casos de urgencia. A veces recurría a códigos para reducir el costo, pero el proceso de codificación y desciframiento podía dar lugar a confusiones y por telegrama no se podían enviar informes detallados.[87]

Esta situación obligó a la JCA a designar directores que gozaban de la confianza del consejo, con instrucciones precisas para que pudieran actuar sin control permanente,

---

[87] JL365, 21.7.1904; JBEx7, 4.11.1904.

porque también la posibilidad de enviar supervisores era problemática. Los directores de París eran conscientes de la inestabilidad y los daños que resultaban del frecuente reemplazo de directores de la capital argentina en tiempos del barón de Hirsch. Las sustituciones solían empezar con el envío de una delegación supervisora cuyos integrantes, en su totalidad o parcialmente, se convertían en directores locales. S. Hirsch y Cazès habían asumido sus funciones de ese modo y temían ser destituidos de manera similar. Por eso, al principio el consejo se abstuvo de enviar una delegación de esa naturaleza.

A principios de 1898 y por los magros resultados de la cosecha, los miembros del consejo decidieron buscar un experto que residiera en la Argentina y que conociera bien sus características para encomendarle una visita a las colonias y la elaboración de un pronóstico sobre el futuro agrícola, comercial e industrial de las mismas. A tales fines solicitaron a Alfred Louis Cohen que encontrara la persona adecuada.[88]

A partir de ese momento se entabló una nutrida correspondencia sobre la supervisión con S. Hirsch y Cazès, que se sintieron ofendidos y expusieron una serie de objeciones: "Se debe recurrir a la paciencia y sostener los procedimientos existentes. [...] Se debe poner fin a los cambios demasiado frecuentes en los métodos y en el personal..." (el subrayado es mío, Y.L.). Asimismo señalaron que un supervisor externo "no tiene la responsabilidad que asume alguien que pertenece a la sociedad [...] Escribirá bellos informes y propondrá cambios cuyas repercusiones nadie podrá saber". También agregaron que ellos mismos podían promover innovaciones pero que lo harían cuando llegara el momento en que estas fueran deseables y que

---

[88] JL456, 10.9.1897, 13.2.1898, 11.7.1898; *Sesiones* I, 6.2.1898, 17.4.1898.

solo por su sentido de la responsabilidad no se habían apresurado a proclamar reformas cuyo éxito no estaba asegurado.[89]

En agosto de 1901 llegaron a París noticias sobre unas 500 personas que habían abandonado las colonias de Entre Ríos entre diciembre de 1900 y junio de 1901; lamentablemente, entre los que partían se contaban colonos con éxito. Los directores de París se apresuraron a informar a Narcisse Leven: "Nos preguntamos si el desplazamiento ha llegado a su fin con esto".[90]

En 1901 Lapine se encontraba de vacaciones en Europa y fue invitado a varias sesiones del consejo, en las que se discutió la posibilidad de crear una colonización en Brasil. Su presencia fue aprovechada también para analizar la colonización en Entre Ríos. En esa época el consejo se ocupaba de los procedimientos necesarios para controlar todas sus obras a través de un examen minucioso del presupuesto de ingresos y gastos previstos para 1902.[91]

En enero de 1902 Philippson presentó al consejo el presupuesto de la JCA en la Argentina, que incluía una propuesta general de cambios basados en el supuesto de que los logros alcanzados permitían el avance hacia la "emancipación" de los colonos. Sugería el recorte de gastos y funcionarios administrativos, la autogestión a través de representantes de los colonos que ocuparían el lugar de los funcionarios de la JCA y la reducción de sus deudas, para que pudieran asumir los gastos locales. En principio, el consejo aceptó sus propuestas y decidió que Sonnenfeld y A. Auerbach –nacido en Fráncfort, inspector en las escuelas de la JCA y en sus cajas de préstamo en Galitzia (región histórica dividida actualmente entre Polonia

---

[89] JL329, 18.5.1898.
[90] JL335, 12.7.1901, 20.9.1901; JL474, 28.8.1901.
[91] *Sesiones* II, 16.6.1901, 12.10.1901, 20.11.1901.

y Ucrania) y Rusia e involucrado en el reclutamiento de los colonos rumanos llegados a Moisesville– viajarían a la Argentina para sentar las bases de los cambios requeridos. Se decidió también que Auerbach permanecería más tiempo para supervisar la implementación de la reforma y revisar la contabilidad.[92]

En marzo se acordó que los enviados viajaran a fines de abril o principios de mayo y que se inspiraran en el plan de Philippson y en un cuestionario preparado por Alfred Louis Cohen. Este contenía una parte pública dedicada a datos físicos, etc., y otra confidencial, que entre otras cosas investigaba la posibilidad de manejarse con un solo director en la capital. Estas decisiones aspiraban a recortar los gastos administrativos. S. Hirsch y Cazès señalaron que los cambios frecuentes generarían perturbaciones y caos en un lugar en el que se había logrado imponer orden y se asombraron de que la resolución hubiera sido adoptada antes de oír sus opiniones, hecho que consideraron "una reprimenda y desconfianza en nuestro valor y capacidades". Añadieron también que esa situación dificultaría notoriamente su tarea y que "sería preferible para ustedes y para nosotros que nos reemplacen".[93]

A pesar de la rotunda oposición de S. Hirsch y Cazès, los emisarios llegaron a Buenos Aires en la primera mitad de junio y analizaron los pasos necesarios para simplificar la administración y aliviar la carga de gastos generales. En la capital encontraron funcionarios no muy interesados en su trabajo; los empleados de la sección de correspondencia copiaban textualmente las cartas de los directores, lo que resultaba en un trabajo mecánico e ineficiente. La

---

[92] Ibíd., 19.1.1902, 8.3.1902, 3.5.1902; HM135, 2.4.1902 (Instrucciones a los delegados Sonnenfeld y Auerbach). Para Auerbach, ver: Goldman 1914, p. 18; Cociovitch 1987, pp. 251, 254.
[93] *Sesiones* II, 19.1.1902; JL336, 28.2.1902, 11.3.1902, 14.3.1902.

relación con los representantes de la JCA en las colonias era endeble y los delegados encontraron algunos administradores demasiado independientes que no cumplían las instrucciones con precisión y que demoraban meses en atender las quejas recibidas, que a veces quedaban sin respuesta. Oyeron hablar de empleados en las colonias que se aprovechaban de los colonos, los engañaban y los trataban despóticamente, señalaron la falta de supervisión central, las visitas escasas y demasiado breves a las colonias y la imposibilidad de deshacerse de funcionarios negligentes por la dificultad de encontrarles reemplazantes. Señalaron también que los directores desconocían las acciones arbitrarias de los funcionarios subalternos aunque era su obligación saberlo.[94]

En Mauricio pronosticaron una "prosperidad" económica basada en la variedad de cultivos, la inmunidad a la plaga de langostas y el desarrollo de la cría de ganado. Sonnenfeld describió los inicios de la autogestión en la colonia y la reducción del número de empleados. Después de esa visita alentadora se dirigieron a Basavilbaso y Lucienville, que estaban en proceso de expansión. Sonnenfeld celebró la iniciativa de crear una cooperativa y elogió al agente que dirigía el lugar. Cuando viajaron a Clara comprobaron que Lapine, que controlaba lo que sucedía en las colonias de la provincia, no había logrado llegar a un entendimiento con los colonos. Después de señalar que tal vez había sido un error comprar la mayor parte de las tierras de la JCA en esa provincia, Sonnenfeld analizó los problemas específicos de la agricultura en ella y expresó la necesidad de incrementar las zonas de pastoreo en poder de los colonos.[95]

---

[94] JL337, 30.5.1902; HM135, *Informe* Sonnenfeld, 9-10.1902 (*Informe delegación* 1902).
[95] Ibídem.

A continuación se dirigieron a Moisesville, considerada la colonia más exitosa. El aspecto de sus campos de alfalfa les causó buena impresión, pero cuando revisaron la caja manejada por Meshulam Cohen comprobaron que faltaban unos $17.000. Al conocerse la situación, S. Hirsch y Francisco Gros, el contable principal de la JCA en la Argentina, viajaron a Moisesville para obligar a Cohen a renunciar a su cargo, y S. Hirsch asumió la dirección temporaria de la colonia. A medida que la revisión avanzaba, más graves parecían los hechos perpetrados por quien era visto como uno de los mejores administradores de la JCA. Cohen confesó el fraude en las ventas y compras de ganado a nombre de personas inexistentes, la no emisión de recibos y la falta de registro del dinero recibido de los colonos, así como la entrega de anticipos a los colonos a cambio de sus firmas en recibos en blanco.[96]

Cohen explicó que debido a la mala cosecha y a pesar de la oposición de los directores de la capital, había concedido anticipos a los colonos para ayudarlos a subsistir, y que había encubierto el hecho con registros falsos porque el dinero no había sido reintegrado. También sostuvo que no había tomado para sí ni un solo centavo y que en algunas ocasiones había cubierto el déficit de la caja con su propio dinero. No obstante, firmó una carta de renuncia, se declaró responsable de todo el daño que pudiera causarse y puso su ganado y su alfalfa como garantía para cubrir el faltante.[97]

En la revisión de las cuentas con los colonos surgió un problema grave porque las acciones de Cohen ponían en duda la veracidad de los datos sobre los que se basaba el cálculo de la deuda. Gros se apresuró a entregar a cada colono un extracto de su cuenta, se encargó de que

---

[96] JL337, 25.7.1902, 7.8.1902.
[97] JL337, 25.7.1902, 30.7.1902, 7.8.1902.

todos recibieran explicaciones en ídish y a continuación los invitó a exponer sus argumentos. Cuando los reclamos resultaban justos, las sumas se acreditaban en sus cuentas, y en la cuenta de Cohen se acreditaron los montos de los anticipos ratificados por los colonos aunque hubieran sido entregados sin la autorización de la JCA. En aquellos casos en los que el testimonio de Cohen contradecía las afirmaciones del reclamante y nadie demostraba que Cohen tenía razón, se aceptaba la versión del colono. Hubo algunos casos en los que el reclamo del colono no era tomado en cuenta porque se descubría que era falso. Cohen dejó la colonia el 24 de agosto y se trasladó a la capital.[98]

Mientras tanto, Cazès transmitió a Sonnenfeld su deseo de dejar el cargo en la Argentina y seguir prestando servicios a la JCA en otro país. El consejo aprobó su pedido a fines de diciembre y estipuló que sus funciones finalizarían el 30.6.1903. A principios de 1903, S. Hirsch solicitó una licencia por motivos de salud e informó que no podría seguir ejerciendo su cargo durante mucho tiempo.[99]

El retiro de S. Hirsch y Cazès requería el nombramiento de nuevos directores. En diciembre de 1902 el consejo nombró a David Veneziani como secretario del directorio de la JCA en la capital para que gradualmente asumiera el cargo de Cazès. Veneziani, un ingeniero ferroviario judío nacido en Francia, que en su juventud había vivido en España, era hijo de Emanuel Veneziani (uno de los asesores del barón de Hirsch) y llegó a Buenos Aires el 16.2.1903. Cazès partió de la Argentina el 17 de abril y S. Hirsch quedó solo al frente de la dirección hasta su retiro.[100]

---

[98] Ibíd., 19.9.1902, 12.12.1902.
[99] JL365, 8.1.1903, 5.2.1903; *Sesiones* II, 27.12.1902.
[100] JL365, 8.1.1903, 30.4.1903; HM135, 20.2.1903; *Sesiones* II, 27.12.1902. Para Veneziani, ver: *Informe* 1903, p. 8; Leibovich 1946, pp. 70-71.

Walter Moss, contable principal de la JCA en París, fue designado vicedirector de S. Hirsch a principios de enero de 1904, hasta la finalización de tareas del mismo. Se resolvió que S. Hirsch capacitaría a Moss y a Veneziani hasta su retiro, fecha en que los dos empezarían a codirigir la colonización. Para resaltar la equiparación de sus cargos, se asignó a cada uno un salario anual equivalente a 20.000 francos. S. Hirsch viajó el 23.6.1904 y a partir de entonces Moss y Veneziani quedaron a cargo de la JCA en la Argentina.[101]

2. La evolución después de la visita de Sonnenfeld y Auerbach

Dados los elevados gastos de administración, uno de los asuntos que preocupaban a los emisarios era la autogestión. Su conclusión fue que solo algunos colonos estaban maduros para ella, en especial en Mauricio, donde en su opinión se podía reducir la cantidad de funcionarios y hacer participar a los colonos en los gastos comunitarios. No veían cómo implementar estas reformas en Entre Ríos y Moisesville por la presencia de numerosas familias nuevas, algunas de ellas aún sin contratos. En Moisesville también hacía falta un cambio en la conducción para elevar la moral de los colonos después de la conmoción causada por el despido de Cohen. Puesto que en esa etapa aún no se podía pasar a la autogestión, sugirieron el envío inmediato de funcionarios adecuados, con la esperanza de lograr una reducción en los gastos.[102]

---

[101] JL365, 24.2.1904, 21.4.1904; JBEx6, 29.6.1904; *Sesiones* III, 13.2.1904; *Informe* 1904, pp. 7-8; *Informe* 1913, p. 3.
[102] *Informe* delegación 1902.

Asimismo, los emisarios estudiaron las posibilidades de ampliar la colonización. No les pasó desapercibido el hecho de que después de once años había solo 1.100 familias en las colonias, es decir que se había integrado un promedio de cien familias por año. En su opinión, la realidad demostraba que decenas de miles de judíos oprimidos no podían ser transferidos de golpe a un país libre y por eso sostuvieron que no se podía enviar grupos de Rusia y Rumania hasta que se afianzara la situación económica y moral en las colonias, se opusieron al método de elección de los grupos en Europa y señalaron que era preferible reclutar colonos entre los parientes e inmigrantes que trabajaban en las colonias. Hicieron referencia a un proceso que debía integrar el saneamiento de la dirección, la creación de comisiones de colonos e inversiones, hasta que se pudiera llegar a la autogestión.[103]

El consejo aceptó las recomendaciones y resolvió apoyar el afianzamiento económico de las colonias otorgando anticipos para la próxima temporada de cosecha, a fin de evitar que comerciantes avispados se aprovecharan de los colonos forzados a comprarles a crédito hasta recibir el pago por la cosecha. No menos importantes eran las resoluciones destinadas a mejorar la situación en el futuro, entre las que cabe mencionar la aprobación de la compra de campos junto a Mauricio (cuyo desarrollo se veía dificultado por la falta de tierras), la ampliación de las parcelas de los colonos en Entre Ríos y la asignación de un presupuesto para las alambradas y traslados que deberían realizarse por los cambios en las parcelas.[104]

El deseo de tomar en consideración a los colonos se puso de manifiesto en las resoluciones relacionadas con sus obligaciones. Por ejemplo, se expresó disposición

---

[103] Ibídem.
[104] *Sesiones* II, 8.11.1902.

a separar la deuda por los gastos de colonización de la deuda por anticipos y préstamos corrientes, y a reclamar el reintegro de la cuota anual por gastos de colonización solo en años de buena cosecha. No obstante se decidió no modificar los contratos, por lo cual la resolución revistió el carácter de una "bonificación" que la JCA estaba dispuesta a conceder. Asimismo, a fin de ayudar a los colonos en Entre Ríos, se estipuló que aquellos que demostraran buena voluntad abonando cinco cuotas anuales seguidas gozarían de un descuento en el precio de la parcela y en el total de sus deudas con la JCA.[105]

3. La autogestión y sus repercusiones en el ámbito administrativo

Cuando Philippson elevó las propuestas que incluían el envío de una delegación a la Argentina, confiaba en que se podrían reducir los gastos de administración transfiriendo parte de la gestión a los colonos, pero la visita disipó esa suposición y Sonnenfeld exigió funcionarios de alto nivel que debían ser capacitados en Europa, por lo cual no hubo ningún ahorro. Además de ello, Lapine –cuya desconexión de los colonos fue percibida por los miembros de la delegación– solicitó poner fin a su misión y pasar a otro cargo en la JCA. La finalización de su trabajo y la destitución de Meshulam Cohen dieron lugar a una severa crisis en el nivel más alto de los funcionarios locales en las colonias.[106]

Arthur Bab, un judío de origen alemán designado administrador en Moisesville en 1896, fue transferido a Mauricio el año siguiente debido al fracaso del administrador que sucedió a Lapine. Cuando Bab dejó Mauricio, las

---

[105] Ibídem.
[106] Ibíd.; *Informe* delegación 1902.

medidas de autogestión permitían suponer que las tareas del representante de la JCA serían menos complejas, y León Sidi, contable de la colonia, fue nombrado administrador de la misma. Sidi, nacido en 1879 en Bulgaria, había estudiado en la escuela agrícola *Mikveh Israel* y por sus méritos fue enviado a París para completar estudios avanzados de agronomía. En 1899 llegó a la Argentina junto con otros egresados de escuelas agrícolas para impartir capacitación agrícola en las colonias.[107]

La reorganización en las colonias en Entre Ríos era complicada por la dificultad de encontrar una persona adecuada que pudiera manejar un área tan extensa. Este obstáculo ya había sido abordado en tiempos de Lapine con la creación de una colonia separada y dirigida por un administrador subordinado directamente a la capital, que incluía los grupos del sur de la provincia: Basavilbaso, Lucienville y sus alrededores. El nombre de Lucienville fue asignado a toda la colonia, y en 1902 había en esa zona unos 180 colonos. Asimismo existía la intención de separar San Antonio –que contaba con 50 chacras florecientes gracias a la abundancia de campos de pastoreo y la cercanía al puerto de Colón junto al río Uruguay– del conjunto de colonias en el centro de la provincia, con unos 460 colonos, que siguió llamándose Clara y se mantuvo bajo la supervisión de un administrador auxiliado por dos agentes.[108]

Para administrar Lucienville se nombró a León Nemirowsky, un agrónomo judío de Rusia que era agente en las colonias del sur de la provincia y que había empezado a prestar servicios en la JCA en 1897, y Veneziani fue designado administrador provisional en Clara. El 25.3.1903 Lapine transfirió precipitadamente la administración de

---

[107] Para Bab, ver: JL363, 12.10.1896; Bab 1902. Para Sidi, ver: JL337, 14.11.1902; Gabis 1957, pp. 393-394; ASC, J41/459 (ficha del alumno Juda Sidi).
[108] JL337, 16.4.1902; HM135, 17.4.1903; *Informe* 1902, p. 12.

Basavilbaso (el nombre de la estación de tren se usaba a veces para designar a toda Lucienville) a Nemirowsky y la de Clara y San Antonio a Veneziani, que permaneció algunos meses en el lugar y recurrió a la ayuda de Adolfo Leibovich, contable de Clara, y de su auxiliar Benjamín Mellibovsky.[109]

La permanencia de Veneziani le permitió estudiar la situación de la colonia y de la agricultura en la región, conocimiento que habría de resultarle útil más adelante, cuando fungía como director en la capital, pero esto implicó también una desventaja: en aquel entonces S. Hirsch estaba solo en Buenos Aires y por eso no pudo orientarlo en su futuro trabajo. Todo esto convirtió en urgente la designación de un administrador para Clara y a mediados de 1903, el Dr. A. Landau, hermano del director de una escuela agrícola en Galitzia, fue contratado a prueba por un año. En julio de 1903 llegó a la Argentina y fue enviado a Clara de inmediato.[110]

Todos los cambios iban acompañados de desorden, perturbaciones y descenso en el nivel profesional de los agentes en las colonias, hasta un punto tal en que parecían de un nivel inferior al de los funcionarios en la capital, cuya inadecuación a las tareas asignadas había sido señalada por Sonnenfeld y Auerbach. Por ello, S. Hirsch solicitó el envío de "agentes esforzados, prácticos, ordenados y consecuentes". La adaptación de Bab a Moisesville resultó particularmente ardua y durante mucho tiempo tuvo dificultades para identificar a los colonos. En diciembre de

---

[109] JL337, 16.4.1902; HM135, 20.2.1903, 27.3.1903, 3.4.1903; *Sesiones* II, 27.12.1902. Para Nemirowsky, ver: JL333, 20.4.1900; Mellibovsky 1957, pp. 108-109. Para Mellibovsky, ver: Mellibovsky 1957, pp. 91, 94. Para Leibovich, ver: Leibovich 1946, pp. 15, 35, 39-41; Gabis 1957, pp. 351-352.

[110] JL365, 23.4.1903, 28.5.1903, 25.6.1903, 20.8.1903; HM135, 11.6.1903, 24.7.1903; Mellibovsky 1957, p. 104; *Sesiones* III, 7.6.1903.

1903 S. Hirsch se quejó de deficiencias en la labor de Bab y Nemirowsky, y los directores de París propusieron reconsiderar la autogestión de las colonias.[111]

La inestabilidad se mantuvo en 1904. Nemirowsky regresó a Rusia en julio, Sidi lo reemplazó en Lucienville y Eli Crispin, uno de los egresados de *Mikveh Israel* que habían llegado a la Argentina en 1896 para colonizarse, en Mauricio. Landau, considerado inadecuado para el cargo, regresó a Europa al cabo de un año y Adolfo Leibovich ocupó su lugar. Todos estos cambios se produjeron al tiempo que la JCA debió –en contraposición con las recomendaciones de Sonnenfeld– interrumpir el proceso de saneamiento y reanudar el impulso a la colonización.[112]

4. La situación de los judíos en Europa del Este y la ampliación de la colonización

El pogromo de Kishinev empezó en los últimos días de *Pesaj* de 1903 y puso fin a la interrupción de la colonización que se había estipulado para alcanzar el afianzamiento aun antes de que la JCA hubiera logrado estabilizar su plantel de funcionarios. El 7 de junio se acordó ampliar la obra en la Argentina y enviar a Cazès a Kishinev para entrevistar familias que querían integrarse a la iniciativa. La JCA pidió a los directores de Buenos Aires que evaluaran la cantidad de chacras que se podrían crear en 1903 y 1904. El 28 y 29 de junio Lachman participó en nombre de la JCA en un encuentro de asociaciones judías en Berlín, que debatió asuntos relacionados con los judíos en Besarabia. Su informe al consejo se cruzó con el del Rabino Zadoc Kahn

---

[111] HM135, 9.1.1903, 28.1.1903; JL365, 29.10.1903, 10.12.1903, 24.12.1903; JBEx6, 22.1.1904.
[112] JL365, 9.6.1904; *Informe* 1904, p. 34.

sobre pedidos que había recibido de familias de Kishinev que querían colonizarse en la Argentina. En la reunión se señaló que la JCA tenía tierras en las que estaba dispuesta a colonizar candidatos adecuados y que se encargaría de reclutar un grupo.[113]

La intención era reclutar dos grupos. Uno estaba integrado por judíos de Kishinev y sus alrededores, gente urbana con recursos económicos para solventar el viaje a la Argentina. Los integrantes del otro grupo, campesinos judíos de Jersón, Yekaterinoslav y Besarabia, fueron definidos por Cazès como "los mejores elementos". Los directores de París debían elegir de una lista que les sería entregada por la comisión en San Petersburgo a aquellos candidatos que contaran con recursos para pagarse el viaje o a quienes no los tuvieran, pero fueran campesinos en sus lugares de procedencia. De esto se desprende que la experiencia agrícola del candidato pasó a remplazar a la cobertura de los gastos de viaje, que anteriormente había sido presentada como garantía de la voluntad del futuro colono.[114]

Los directores de la JCA en París escribieron a la Argentina aun antes de que el consejo adoptara la decisión sobre el cambio previsible y expresaron que el método de elección de candidatos a la colonización entre quienes llegaban a la Argentina por su propia iniciativa era preferible, pero muy lento, y agregaron que puesto que se trataba de impulsar la obra, sería necesario "continuar durante algunos años con el reclutamiento de colonos en Rusia", sin interrumpir la elección de candidatos *in situ*. También informaron que pensaban enviar grupos de 15-20 familias cada 6-8 semanas para que los directores locales pudieran

---

[113] *Sesiones* III, 7.6.1903; Dubnow 1950, pp. 234-235, JL365, 11.6.1903.
[114] Ibíd., 6.8.1903, 5.11.1903; JL474, 9.8.1903; *Sesiones* III, 31.10.1903.

preparar su colonización y recalcaron que la experiencia adquirida por la JCA influiría sobre la elección, para no repetir los errores del pasado.[115]

Ese impulso requería volver a ocuparse de los funcionarios. Los directores de la capital pidieron que se enviara a jóvenes dinámicos tal como lo aconsejaba el informe de Sonnenfeld, pero los de París respondieron que no sabían dónde encontrarlos porque siempre sería necesario un período de aprendizaje, que podrían recibir en la Argentina.[116]

En 1903 abandonaron las colonias menos de una docena de colonos, hecho que fue considerado como un signo de estabilidad. En 1904 se colonizaron 100 familias elegidas en el sur de Rusia, 75 hijos de colonos y 30 inmigrantes que trabajaban en las colonias; 502 inmigrantes llegaron a las colonias. En 1905 deberían haber llegado 100 colonos de Rusia, pero solo la mitad logró emprender el viaje debido a la revolución de 1905 y el agravamiento de la situación de los judíos. A diferencia de ello, creció el número de quienes llegaban por iniciativa propia y la cantidad de chacras en las colonias llegó a 1.251.[117]

El flujo de inmigrantes y colonos acentuó uno de los principales obstáculos al crecimiento de las colonias: la escasez de tierras. En los años de congelamiento se interrumpió la compra de tierras a excepción de algunos enclaves pequeños. La JCA tenía campos despoblados que entretanto habían sido arrendados y con la reanudación de la colonización, los directores de Buenos Aires empezaron a ocuparse del tema. Al principio, cuando algunos colonos abandonaban las colonias quedaban tierras libres para los recién llegados, pero el problema se agravó cuando el

---

[115] JL365, 19.10.1903.
[116] Ibíd., 12.11.1903; JBEx6, 17.12.1903.
[117] *Informe* 1903, pp. 9, 11; *Informe* 1904, pp. 9, 10, 13; *Informe* 1905, pp. 19-20.

número de los que llegaban superó al de los que se iban. En 1900 empezó un proceso acelerado de compra que incrementó los campos de la JCA de 200.000 hectáreas en 1896 a más de 460.000 en 1904. Entre estas adquisiciones se destacaba un área muy extensa en el límite entre la provincia de Buenos Aires y el territorio nacional de La Pampa.[118]

5. Los cambios geográficos y la compra de tierras de Leloir

Desde principios del siglo y hasta 1905 se produjeron cambios geográficos en las colonias de la JCA en la Argentina. Moisesville, que era la más pequeña, creció por la derivación de colonos a ella; en el sur de Entre Ríos se destacaba el grupo de pequeñas colonias que se convirtieron en la colonia independiente Lucienville; Mauricio pasó a ser la colonia más pequeña por la escasez de tierras, a pesar de la compra de dos predios contiguos a ella: La Esperanza (7.000 hectáreas), arrendado por varios años, razón por la cual no podía ser usado para colonización inmediata, y Santo Tomás (9.450 hectáreas), destinado a la colonización de los hijos de los colonos.[119]

A fines de 1903 la JCA era propietaria de unas 360.000 hectáreas; solo 190.000 estaban pobladas. La mayor parte del área despoblada se encontraba en la provincia de Entre Ríos, especialmente al norte de Clara, que por eso era la reserva "natural" para la continuidad de la colonización. En esa zona se encontraban Palmar, Santa Isabel, Berro, San José y Ojeda. Hasta ese momento no se había

---

[118] JL397, 16.11.1900; JL334, 3.4.1901; JL335, 12.7.1901. Para la adquisición de tierras, ver: *Informe* 1900, pp. 12-13, 20, 23-24, 28-29; *Informe* 1903, pp. 16-17, 23, 28, 34; *Informe* 1904, pp. 8, 11-12; *Sesiones* II, 28.1.1900; 22.7.1900; 29.9.1900; 24.2.1901; 8.11.1902.

[119] *Sesiones* II, 22.7.1900, 8.11.1902; *Informe* 1900, p. 20; *Informe* 1902, p. 225.

efectuado ningún estudio exhaustivo de la adecuación de esa región para el cultivo de cereales y la JCA se limitaba a dar en arriendo esas tierras para pastoreo. En ese entonces la JCA estipuló para los contratos de arriendo condiciones que le permitían iniciar la medición y estudio de las tierras durante el arriendo y revocar los acuerdos con poca anticipación. Estas condiciones, que se cumplían a expensas de los montos que los arrendatarios estaban dispuestos a pagar, afectaron los ingresos de la JCA.[120]

Para evitar los contratiempos padecidos por las colonias más antiguas, los directores de París sugirieron que grupos pequeños de colonos confiables realizaran intentos concretos de bajo costo. S. Hirsch se opuso porque pensaba que el experimento tomaría mucho tiempo y porque las condiciones climáticas eventuales podrían llevar a conclusiones incompatibles con las posibilidades reales de las tierras en la región. Asimismo, afirmó que se trataba de un trabajo para expertos.[121]

Una serie de cosechas afectadas por mangas de langostas y condiciones climáticas adversas volvieron superflua la discusión. Las tierras de la JCA en Entre Ríos demostraron no ser muy promisorias para la agricultura, a excepción de la zona de Lucienville. Las miradas de la JCA se dirigieron a regiones más al sur, en las que la aparición de langostas era menos frecuente. Sus suposiciones se vieron corroboradas por los éxitos agrícolas en Mauricio, y en consecuencia empezaron las búsquedas y estudios. El autor del informe anual de 1904 elogió la calidad de los

---

[120] *Informe* 1903, pp. 16-17; *Informe* 1904, p. 11; JL365, 29.10.1903.
[121] Ibíd., 24.12.1903; JBEx6, 11.12.1903, 22.1.1904.

campos de la provincia, la regularidad de las lluvias y la proximidad a los importantes puertos de Buenos Aires y Bahía Blanca.[122]

En enero de 1904 las oficinas de la JCA en Buenos Aires recibieron una oferta de venta de 90.000 hectáreas a unas decenas de kilómetros de la estación de tren en Carhué, 350 kilómetros al norte de la ciudad portuaria de Bahía Blanca y a 500 kilómetros de la capital. La oferta de Leloir, dueño de esos campos, de $25 por hectárea pareció razonable y generó en los funcionarios de la JCA la esperanza de que podrían concretar su deseo de comprar tierras buenas y baratas en la provincia de Buenos Aires. Por ello se apresuraron a enviar a Lapine, que en esos momentos examinaba otras dos propuestas, para que recorriera los campos de Leloir y estudiara sus características. Su informe señaló la prioridad de estas tierras sobre otras, pero los directores de París pensaron que se trataba de un estudio muy superficial. Paralelamente se interesaron por los planes de empresas británicas de ferrocarriles que operaban en la zona, de tender vías férreas hasta las tierras de Leloir, y examinaron la disponibilidad de tierras para ampliar sus propiedades en la región, tanto para la futura colonización como para persuadir a las compañías de ferrocarriles sobre la conveniencia de invertir allí.[123]

Mientras tanto se comprobó que las dimensiones de esas tierras superaban las estimaciones preliminares. El campo de Leloir era un bloque de unas 100.000 hectáreas, en su mayor parte (70%) en la provincia de Buenos Aires y el resto en el territorio nacional de La Pampa. En opinión de la JCA se podrían crear en ellas unas 500-600 chacras; este dato, junto a la publicación de la noticia del tendido

---

[122] HM135, 10.7.1903; JBEx6, 25.5.1904; JL365, 7.1.1904, 28.2.1904, 14.4.1904, 23.6.1904, 13.7.1904, 6.10.1904; *Informe* 1904, p. 11.

[123] JL365, 7.1.1904, 4.2.1904, 14.4.1904; JBEx6, 25.2.1904; *Informe* 1904, pp. 11-12.

de vías hasta esa región convencieron a la JCA de realizar estudios adicionales, pero la información sobre el desarrollo de las vías férreas aumentó en un tercio el precio propuesto por el dueño de las tierras. Después de las tratativas con los representantes de Leloir, parte de las cuales tuvieron lugar en Buenos Aires, los directores de París se encontraron con el propio Leloir y en octubre de 1904 el consejo de la JCA aprobó la compra a $33 la hectárea.[124]

Conclusiones

En 1896-1897 los directores de París se abstuvieron de emprender acciones que afectaran el estatus de los directores de la Argentina. Prueba de ello es que no tomaron ninguna medida importante sin una consulta previa con S. Hirsch y Cazès, quienes lograron proseguir con los lineamientos de consolidación económica y congelamiento de la integración de colonos definidos en tiempos del barón de Hirsch. Parecería que, al menos en esta etapa, gozaban de la plena confianza de los directores de la JCA. El temor de los miembros del consejo a emprender una serie de destituciones (tal como hiciera el barón) les impidió enviar supervisores que informaran sobre lo que se hacía, actitud que afectó su capacidad de control.

A partir de 1898 el consejo empezó a interesarse por la idoneidad de sus representantes en la Argentina, a raíz de las noticias y publicaciones que planteaban interrogantes, los indicios de reanudación de la colonización y los altos presupuestos requeridos para ella. Los problemas de comunicación debidos a la distancia imponían la

---

[124] JBEx6, 17.8.1904, 26.8.1904; JBEx7, 4.11.1904, 29.12.1904; JL365, 9.6.1904, 25.8.1904, 13.10.1904; *Informe* 1904, p. 8; *Sesiones* III, 2.7.1904.

necesidad de enviar representantes que vieran la situación con sus propios ojos e informaran al consejo, y también la de reducir los costos administrativos. Los directores de Buenos Aires rechazaron todos los reclamos al respecto, mencionaron la inutilidad de esa medida y sostuvieron que no se debía solucionar los problemas de la colonización con cambios personales, sino con una política conservadora y perseverante.

A pesar de esa oposición, Sonnenfeld y Auerbach fueron enviados a la Argentina. En su visita descubrieron fallas severas en la administración de las colonias y en las oficinas en la capital y para enmendarlas exigieron la sustitución gradual de algunos funcionarios por otros de más alto nivel profesional. Esta necesidad, junto a la conclusión de la delegación de que a breve plazo no se podría imponer la autogestión en todas las colonias, el retiro de S. Hirsch y Cazès y la destitución de Meshulam Cohen llevaron a la incapacidad de concretar la intención de ahorro en los gastos generales.

El reemplazo de los directores de la capital y las colonias produjo una situación caótica que se puso de manifiesto en el escaso control de los funcionarios locales sobre lo que sucedía. La consiguiente insatisfacción condujo a una serie de sustituciones que generaron inestabilidad en tiempos del ingreso de los nuevos directores Veneziani y Moss.

Paralelamente, los pogromos llevaron al consejo a decidir la compra de tierras y la ampliación de la colonización, aun renunciando a las premisas anteriores. La llegada a las colonias de cientos de colonos nuevos y miles de inmigrantes puso a Veneziani y Moss al frente de la obra en tiempos de ampliación y desarrollo, que prosiguieron casi hasta las vísperas de la Primera Guerra Mundial.

5

Ampliación y crecimiento (1905-1914)

1. La creación de la colonia Barón Hirsch

A principios de 1904 la oficina de la JCA en Rusia recibió pedidos de grupos organizados para colonizarse en las tierras de la asociación en la Argentina. Uno de ellos se había formado en Novibug (Jersón) y sus integrantes estaban dispuestos a asumir los gastos de viaje y los costos de la colonización, y a administrar la colonia por sí mismos. Feinberg estimó que cada familia contaba con 4.000 rublos (unos $5.000) y en abril anunció el inminente viaje a la Argentina de los representantes del grupo, Yankl Meerson e Israel Katlarewsky. Los directores de París solicitaron a los de la Argentina que ayudaran a los delegados a estudiar las condiciones y las tierras disponibles que la JCA podría asignarles. Razones burocráticas demoraron la partida de los dos representantes y en junio partió el tercero, Pierre Löwenstein, que se presentó en la oficina de la JCA el 26 de julio, después de haber visitado Mauricio.[125]

Inmediatamente después del encuentro recorrió otras colonias. Katlarewsky y Meerson llegaron a Buenos Aires el 21 de agosto acompañados por sus familias. Los directores les mostraron en mapas las tierras que podrían recibir en Santa Fe y Entre Ríos; los representantes preferían la provincia de Buenos Aires pero aceptaron recorrer las zonas propuestas.

---

[125] JBFx6, 13.4.1904, 15.6.1904; JL365, 16.5.1904, 19.5.1904, 16.6.1904. Según Bizberg 1945, p. 38, un peso era equivalente a 0,80 rublos.

Entretanto, Löwenstein informó a los directores que después de revisar los costos había llegado a la conclusión de que el dinero con que el grupo contaba no bastaría y que en su opinión necesitarían préstamos como los demás colonos, es decir, unos $3.000 por chacra. Moss y Veneziani propusieron aprobar la colonización a condición de que se concretara en tierras de Santa Isabel y que se mantuviera la propuesta original de autogestión. París acordó con esta postura y recalcó el hecho de que la JCA "no tenía tierras disponibles en la provincia de Buenos Aires".[126]

Löwenstein y Meerson partieron a París el 25 de agosto con el plan de colonización de su grupo. Mientras estaban en viaje, el consejo resolvió comprar las tierras de Leloir y los directores de París instruyeron a sus representantes en la Argentina que lo mantuvieran en secreto para que la gente de Novibug no pidiera colonizarse allí, y agregaron que esos campos debían reservarse para unas 600 familias pudientes porque la tierra en Buenos Aires era cara y, aparentemente, el consejo no volvería a comprar tierras como esas.[127] Mientras tanto, la situación en Novibug cambió y el grupo decidió que sus representantes serían Moisés Tcherni y Löwenstein, que viajaron a París y lograron convencer al consejo para que les permitiera colonizarse en las tierras de Leloir.[128]

El contrato firmado en París entre los representantes y la JCA estipulaba en sus seis artículos iniciales que cada familia debería depositar en Rusia 2.000 rublos. Las que ya habían llegado a la Argentina podrían efectuar el depósito allá, a condición de que los representantes informaran que habían sido recibidos en el grupo. Se acordó que

---

[126] JBEx6, 29.7.1904, 26.8.1904, 31.8.1904; JBEx7, 14.9.1904, 23.9.1904; JL365, 25.8.1904, 22.9.1904.
[127] JBEx7, 28.9.1904, 28.9.1904; JL365, 29.9.1904, 13.10.1904, 20.10.1904.
[128] JBEx7, 9.2.1905; JL365, 27.10.1904, 22.12.1904; JL30b, 29.11.1904; *Documentos*, 18.2.1905.

las familias se establecerían en los campos de Leloir, en parcelas de 150 hectáreas cuyo precio sería fijado por la JCA. El grupo podría elegir el área de colonización, definir la manera de parcelarla entre sus integrantes y la forma de colonizarse (en aldeas o de otra manera) y la JCA se comprometió a anticipar $300 a cada familia para la construcción de la casa.[129]

Los artículos séptimo y octavo estipulaban que el grupo asumiría la construcción de las viviendas, el tendido de las alambradas y la compra de animales y herramientas. Si así lo desearan, la JCA pondría a su disposición un agente que los ayudaría a concretar la colonización y a tomar contacto con el entorno, pero dicho funcionario no tendría atribuciones de supervisión. El grupo era totalmente autónomo y debía satisfacer todas sus necesidades comunitarias sin intervención de la JCA. Los tres artículos siguientes (los últimos) se referían a las relaciones de la JCA con las familias y determinaban que los colonos se comprometían a saldar la deuda durante 20 años a partir del tercer año de la fecha de colonización, con un interés del 5%. Después de pagar 12 anualidades, podrían recibir los títulos de propiedad, no antes de firmar un compromiso individual de no transferir sus tierras a no judíos.[130]

Löwenstein viajó a Leloir en febrero de 1905 con un mapa en el que se había señalado la ubicación de la estación de tren y las parcelas arrendadas hasta 1908. Además de esas áreas, estaba facultado a elegir la ubicación de un bloque continuo de 7.200 hectáreas (48 parcelas) para su grupo. A principios de marzo regresó a la capital y transmitió los detalles de su elección. La JCA puso a disposición del grupo al agente Moisés Guesneroff, un egresado de *Mikveh Israel* que se había colonizado en Clara a fines del siglo XIX, para que los ayudara en sus

---

[129] Verbitsky 1955, p. 42.
[130] Ibíd. p. 43.

primeros pasos. Más adelante se comprobó que esa había sido una decisión acertada y los colonos lo recordaban con agradecimiento.[131]

Los primeros llegaron al lugar en la temporada de arada y empezaron a trabajar de inmediato, por lo que postergaron la construcción de las casas y alquilaron un gran depósito para vivir en él. Las familias, incluidos los niños, se hacinaron en condiciones físicas y sanitarias sumamente difíciles. Quienes habían recibido las parcelas más alejadas construyeron en ellas tinglados y dormían allí. En junio ya habían comprado las herramientas y animales necesarios para los cultivos, pero junto a esta buena noticia se comprobó que la calidad del forraje natural no era buena; por ello se pospuso la compra de vacas lecheras, se perdió un ingreso previsto y surgió el temor de que si no se encontraba una solución al problema del forraje para los animales de trabajo, no podrían dedicarse a los cultivos.[132]

A principios de 1905 se formó –según el modelo de Novibug– el grupo de Bogidarowka (Jersón), compuesto por dos partes llamadas A y B; al frente de la primera estaban los representantes Aarón Brodsky y Abraham Mirensky, y de la segunda, Mordehe Sepliarsky y David Kaminsky. Los dos primeros llegaron a la capital el 30 de mayo acompañados por un candidato del grupo, viajaron a Leloir y eligieron un bloque de tierras contiguas a las del grupo Novibug. Los representantes del otro grupo llegaron a la Argentina el 15 de julio y viajaron a Leloir, pero como surgió una disputa entre los representantes de la parte B sobre la elección y el valor de las tierras, se postergó la realización de los preparativos para la colonización y en la capital temieron que eso llevara a la disolución del grupo.[133]

---

[131] Ibíd. p. 60; JBEx7, 20.2.1905, 2.3.1905, 9.3.1905.
[132] Ibíd., 11.5.1905, 1.6.1905, 29.6.1905; 18.7.1905; Verbitsky 1955, pp. 69-70.
[133] JL30c, 25.4.1905; JBEx7, 25.5.1905, 1.6.1905, 8.6.1905, 22.6.1905, 29.6.1905, 20.7.1905, 10.8.1905, 17.8.1905, 5.10.1905; JL30d 14.9.1905.

El ritmo de colonización era lento; por eso, cuando los directores de Buenos Aires recibieron noticias sobre la creación de grupos nuevos, propusieron esperar hasta el afianzamiento de los ya existentes, pero se retractaron cuando llegaron noticias sobre el estallido de nuevos casos de violencia contra judíos en Rusia. Cientos de familias se dirigieron a la JCA para inmigrar a la Argentina, al tiempo que los representantes de Novibug informaban que muchos miembros del grupo estaban por emprender viaje. En enero de 1906 desembarcó un grupo de Piatichatka (Rusia), cuyo representante Iser Merpert había llegado a Buenos Aires en abril, fecha en la que se supo sobre un nuevo grupo, esta vez de Kilia (Ucrania), sobre cuyos representantes no había información clara.[134]

La JCA aceptó incrementar el número de familias del grupo. Entre los que se incorporaban había familiares de los integrantes de los grupos, que se encontraban en Rusia y temían por la situación allá, e inmigrantes judíos, en su mayoría provenientes de Rusia, que habían arrendado tierras fundamentalmente en el sur de la provincia de Buenos Aires y cuyos contratos de arriendo estaban por expirar. Hacia fines de mayo de 1906 se habían marcado 80 parcelas para Novibug, 45 para Bogidarowka A, 36 para Bogidarowka B (que se volvió a fundar), 11 para Kilia y 29 para Piatichatka; un total de 201 parcelas de 150 hectáreas, es decir, más de 30.000 hectáreas. Los funcionarios de la JCA estimaban que deberían agregar unas 20.000 hectáreas de reservas de tierras para estos grupos.[135]

Los grupos recibieron en un comienzo los nombres de sus lugares de procedencia, pero más adelante los reemplazaron por nombres judíos: Novibug pasó a ser Moisés Montefiore, Bogidarowka se convirtió en Barón Hirsch y Piatichatka optó por llamarse Cremieux. Posteriormente se crearon colo-

---

[134] JBEx7, 5.10.1905, 7.12.1905, 28.12.1905, 18.1.1906, 1.2.1906; JL31a 1.2.1906, 9.4.1906, 25.4.1906; JL72(10), 4.4.1906; JBEx8, 10.5.1906, 7.6.1906.
[135] JBEx7, 11.1.1906, 22.2.1906, 12.4.1906; JBEx8, 22.2.1906, 12.4.1906, 7.6.1906.

nias independientes integradas por inmigrantes judíos que habían trabajado algunos años como aparceros y jornaleros y que habían logrado ahorrar las sumas necesarias para abonar el depósito. Entre ellos se destacaba el grupo de Philippson, cuyos miembros provenían de Villa Alba, y el de Leven, cuyos miembros habían llegado de Médanos. Todos estos nombres pasaron a ser secundarios después de la asamblea general de colonos realizada en diciembre de 1907, en la que decidieron conferir el nombre de Barón Hirsch a la colonia que se estaba gestando en las tierras de Leloir. En 1908 se compró un área de 10.000 hectáreas que lindaba con la colonia, hecho que incrementó la capacidad de integrar grupos independientes.[136]

2. De regreso a Entre Ríos

En 1904-1906 se produjo un notorio crecimiento de la inmigración judía a la Argentina. Muchos buscaban, y encontraron, trabajos estacionales en las colonias agrícolas (no solo judías) dispersas por el país, pero preferían las de la JCA por el origen común, el idioma compartido y la esperanza de colonizarse en ellas. En 1906-1907 había más de 500 familias como estas, que eran una reserva para la colonización de la cual la JCA elegía a sus colonos.[137]

En 1906 el consejo debatió un antiguo problema que preocupaba a muchos colonos. Cuando la calidad de la tierra en la parcela recibida no era buena, aunque su superficie fuera idéntica a las de otros colonos o aun si habían pagado un precio más bajo, el ingreso previsible por su

---

[136] JBEx7, 9.11.1905, 23.11.1905, 22.12.1905, JBEx8, 3.5.1906, 1.11.1906; HM135, 2.4.1908; JL346 19.12.1907; JBEx9, 27.8.1908, 10.9.1908, 22.10.1908, 4.3.1909, 5.11.1908, 26.11.1908, 21.1.1909, 25.3.1909, 17.6.1909; *Sesiones* IV, 11.4.1908; *Informe* 1908, p. 15.
[137] *Informe* 1906, p. 50; *Informe* 1907, p. 19; Weill 1936, pp. 28-29; HM135, 9.5.1907; JL367 6.6.1907.

cultivo no permitía la subsistencia ni el desarrollo de una chacra aceptable. El consejo resolvió que se debía tomar en cuenta la calidad de la tierra y otorgar parcelas mayores a quienes habían recibido 150 hectáreas que incluían tierras no aptas para cultivos, o parcelas más grandes, equiparables a una parcela estándar de tierra buena. En aquel entonces se estudió la posibilidad de agrandar las parcelas de otros colonos que todavía no habían recibido 150 hectáreas, y empezaron a oírse con mayor intensidad pedidos de miembros de la segunda generación que querían colonizarse. A todo esto se sumaba el aumento de inmigrantes que querían colonizarse y que desde hacía años esperaban en condiciones difíciles en las colonias en las que trabajaban. Todo eso elevó a la orden del día la compra de tierras. Ante la falta de alternativa, las miradas se dirigieron nuevamente a la provincia de Entre Ríos: las tierras ubicadas al nordeste de Clara se concentraban en cuatro bloques separados, que en parte habían sido adquiridos a diferentes dueños en varias compras, y por eso estaban compuestos por parcelas que llevaban nombres diferentes.[138]

La primera zona propuesta para colonización fue López, junto a la estación de tren Jubileo, porque el acuerdo de arriendo estaba por finalizar. Se suponía que esa área de más de 5.000 hectáreas era adecuada para la cría de ganado y no para cultivos de secano; por eso debía proveerse una parcela más grande que la habitual (150 hectáreas) y asegurar que los candidatos contaran con medios suficientes para comprar el ganado. Simón Weill, un agrónomo nacido en Francia, hijo de un rabino y funcionario de la JCA en Entre Ríos que fue enviado a verificar la calidad de la tierra, sostuvo que debían realizarse estudios exhaustivos. Entretanto se resolvió colonizar 50 familias

---

[138] *Sesiones* IV, 17.3.1906; JBEx8, 12.4.1906, 24.5.1906.

al oeste de San Antonio y se encomendó a Leibovich la supervisión de los preparativos para la colonización. Weill concluyó que esas tierras eran aptas para pastoreo y cultivos y que por eso las parcelas podían tener las dimensiones habituales.[139]

Como esos campos se encontraban cerca de San Antonio y la administración de Clara tenía dificultades para controlar tanto el número creciente de colonos como las zonas cada vez más alejadas del centro (San Miguel, Carlos Calvo, Hambis y otras), se reflotó la idea de convertir a San Antonio en un centro administrativo independiente dirigido por Weill, que controlaría también las zonas de colonización definidas ese año. La separación fue aprobada en febrero de 1907.[140]

Paralelamente prosiguió el estudio de otras zonas. Leibovich informó que la tierra en López era similar a la del norte de Clara y que allí había algunas parcelas buenas y otros lugares con tierra mala, que requería la concesión de una parcela más grande. En octubre ya se habían establecido la mayoría de los colonos en López y parte en Berro y algunos habían empezado la primera arada. El ritmo de colonización en esos lugares y en algunas parcelas al norte era rápido. Los candidatos destinados a la colonización, en su mayoría inmigrantes que trabajaban en la provincia de Entre Ríos, solían presentarse en sus parcelas para ayudar en las tareas. La actividad era intensa y a fines de año se aprestaban a poblar la colonia Santa Isabel.[141]

---

[139] Ibíd., 7.6.1906, 27.9.1906, 22.11.1906, 20.12.1906. Para Simón Weill, ver: *Guía de la agricultura argentina*, Buenos Aires 1965, pp. 424-425; Mellibovsky 1957, p. 111; JL399, 15.4.1905.
[140] JBEx8, 8.11.1906, 14.2.1907.
[141] JL367, 31.1.1907; JBEx8, 20.12.1906, 3.1.1907, 21.2.1907, 15.4.1907; HM135, 18.4.1907, JL346, 3.10.1907, 21.11.1907, 28.11.1907; *Informe* 1907, pp.98-100.

3. La fundación de Santa Isabel

Las 13.600 hectáreas de esta colonia fueron compradas en 1901 a $10 la hectárea. En aquel entonces esa región cercana al río Uruguay era considerada como el rumbo futuro de la colonización en la provincia por las ventajas que implicaba la proximidad al río, pero la colonización se posponía año tras año porque se desconocía la calidad de las tierras y el tren aún no llegaba a la región. En ese momento fue tomada en consideración porque se podían demarcar de inmediato 50 parcelas. El resto del área incluía tierras bajas y anegadizas que eran aptas para pastoreo, y bosques que deberían ser talados antes de entregar las parcelas a los colonos. Se esperaba que hasta el inicio de la colonización en 1908 hubiera 60 parcelas preparadas. En mayo se completaron todas las tareas de la colonización planeada para ese año en otras regiones de la provincia y los agrimensores y diversos contratistas quedaron disponibles para trabajar en Santa Isabel.[142]

Para esta colonia se eligió a inmigrantes que trabajaban en Lucienville y Clara, muchos de ellos provenientes de las colonias judías en el sur de Rusia, entre los que había desertores del prolongado servicio militar en Rusia y fugitivos de la guerra con Japón. Además de los conocimientos agrícolas con que contaban, habían adquirido experiencia local y estaban decididos a obtener tierras y cultivarlas aunque no se hicieran previamente estudios profundos. Por eso, algunos jefes de las familias destinadas al lugar llegaron a él antes de la partida de los arrendatarios, empezaron a cavar para examinar la calidad de la tierra y participaron en las tareas preparatorias. A cada familia se asignó un monto máximo de $3.000 y los colonos que contaban con herramientas y ganado recibieron una suma

---

[142] JL346, 15.8.1907; JBEx9, 4.6.1908, 18.6.1908, 31.7.1908, 24.9.1908, 8.10.1908; *Sesiones* II, 24.2.1901; *Informe* 1901, p.32.

menor. En noviembre concluyó la construcción de las casas y a fines de 1908 casi todo estaba preparado. Hasta esa fecha se habían colonizado 46 familias (275 almas).[143]

En el período estudiado aumentó el número de colonos e inmigrantes en las colonias:

Población en las colonias en 1906-1914 (fines de diciembre)[144]

Año	Colonos			Inmigrantes	
	Almas	Familias	Colonos	Almas	Familias
1906	9.187	1.673	1.321	2.787	507
1907	10.147	1.830	1.448	3.065	546
1908	11.492	2.118	1.678	4.279	757
1909	13.407	2.436	1.975	5.954	1.054
1910	14.289	2.572	2.103	6.826	1.205
1911	15.661	2.819	2.265	4.477	800
1912	17.414	3.135	2.527	6.626	1.385
1913	18.900	3.382	2.655	7.748	1.609
1914	19.133	3.438	2.649	5.149	1.040

Esta situación de crecimiento gradual, que permitía la planificación e implementación por vías racionales, concretaba las aspiraciones de la JCA, más aun porque los candidatos viajaban a la Argentina por sus propios medios

---

[143] JBEx9, 30.7.1908, 8.10.1908, 19.11.1908, 3.12.1908, 17.12.1908, 31.12.1908; *Informe* 1908, pp. 3, 54; Liebermann 1959, p. 100; Gorskin 1951, pp. 9, 123.
[144] *Informe* 1906, p. 50; *Informe* 1907, p. 19; *Informe* 1908, p. 54; *Informe* 1909, p. 50; *Informe* 1910, p. 51; *Informe* 1911, p. 132; *Informe* 1912, p. 57; *Informe* 1913, p. 31; *Documentos*, 16.12.1915.

y llegaban a las colonias por la atracción que estas ejercían. La gran cantidad de trabajadores rurales le permitía elegir a los que consideraba más adecuados; por ejemplo, en marzo de 1908 los directores de París señalaron que los 150 inmigrantes colonizados ese año habían sido elegidos entre 302 candidatos adecuados.[145]

No obstante, la presencia en las colonias de numerosos inmigrantes que esperaban a sus familias hasta el momento en que se les permitiera colonizarse tenía consecuencias negativas. A principios de 1909 Moss encontró en Lucienville (una colonia relativamente pequeña) 200 familias integradas por 1.250 personas que en su mayoría dormían al aire libre y temió que la situación llevara a la propagación de enfermedades. La impresión de Nandor Sonnenfeld, hijo del director general de París que en 1910 viajó a la Argentina en representación de la JCA, fue especialmente negativa e informó de ello al consejo, que decidió construir decenas de casas provisorias. Los problemas de vivienda, atención médica y educación de los hijos de los inmigrantes fueron consecuencias colaterales del crecimiento de la población temporaria y la mejor solución –al menos para quienes la JCA consideraba adecuados– era acelerar su colonización; pero ¿dónde?[146]

Las reservas de tierras de la JCA en la Argentina se redujeron después de la inclusión de los campos en el norte de Entre Ríos en el área de colonización y de la ampliación de las parcelas en las otras colonias. En aquellos años, parte de los agentes y funcionarios se dedicaban a examinar cientos de miles de hectáreas en todo el país y a ellos se sumaban otras personas consideradas expertas en la agricultura local, abogados y asesores jurídicos. Cualquier

---
[145] JL367, 19.3.1908.
[146] JBEx9, 18.2.1909, 25.2.1909, 4.3.1909, 8.4.1909, 29.4.1909, 13.5.1909; Avni 1982, p. 162.

zona en la que se veía alguna posibilidad concreta era estudiada por varias personas para garantizar cierto grado de objetividad, pero estos esfuerzos no solían dar frutos.[147]

4. La colonia de inmigrantes Narcisse Leven

A principios de 1908 se reanudaron las tratativas que la JCA había entablado en el pasado para comprar unas 35.000 hectáreas en el territoro nacional de La Pampa. Esos campos ubicados junto a la estación de tren Bernasconi, unos 100 kilómetros al sur de la colonia Barón Hirsch, ya habían sido examinados en 1906. El consejo rechazó la propuesta, ya fuera por los resultados del estudio o porque no se había llegado a un acuerdo por el precio, pero ahora, cuando numerosos inmigrantes esperaban colonizarse, la JCA reexaminó nuevas propuestas elevadas por los dueños de esas tierras. Después de varios meses de negociaciones se acordó la compra de esos campos y otros contiguos (46.500 hectáreas en total), con la intención de colonizar en la mitad del área unas 150 familias de inmigrantes en 1909.[148]

Crispin, que estaba en Moisesville, fue enviado para preparar la colonización y en noviembre se le unió Veneziani. Sus estudios comprobaron que las condiciones para mediciones y demarcaciones eran muy favorables porque el terreno era llano y permitía un trabajo rápido, pero no se encontraron en la zona contratistas que pudieran fabricar y suministrar a breve plazo los tres millones de ladrillos necesarios para construir las casas. A fin de encontrar una solución hablaron con algunos contratistas para construir

---

[147] JL346, 8.8.1907, 29.8.1907, 5.12.1907, 19.12.1907; JBEx9, 30.4.1908, 14.5.1908, 21.5.1908, 28.5.1908, 9.7.1908.
[148] JBEx8, 14.9.1906, 25.10.1906; *Sesiones* IV, 20.10.1906, 23.5.1908, 27.6.1908; HM135, 9.1.1908, 20.2.1908; JBEx9, 9.7.1908, 23.7.1908.

casas con un método que no requiriera ladrillos, utilizando estructuras firmes de madera; el techo y dos paredes se cubrían con chapas acanaladas y las demás paredes con adobe. Después de comparar precios y comprobar la confiabilidad de los contratistas, se eligió a uno que se comprometió a construir los edificios sin revoque (que estaría a cargo de otro) hasta el 10 de agosto.[149]

A fines de mayo y en junio se efectuaron varias perforaciones en una parcela y se encontró agua de buena calidad a 17-31 metros de profundidad, algo que no era sorprendente porque ya se había cavado a esa profundidad, por ejemplo en Santa Isabel. En dos perforaciones realizadas en julio se llegó a 45 metros y en la tercera a 73 metros; en todas las otras en ejecución se había llegado ya al menos a 40 metros sin encontrar indicios de agua. Se trataba de una sorpresa desagradable porque los informes de 1906 hablaban de profundidades mucho menores. Hasta fines de diciembre se comprobó que 30 pozos llegaban a profundidades de 35-90 metros. Como en esos casos no se podía extraer agua manualmente, se solicitó un presupuesto para instalar bombas mecánicas operadas por molinos de viento. Debido a la falta de comprensión de la gravedad del problema y las dificultades para convocar el consejo, la autorización se emitió solo en marzo de 1910.[150]

Hacia fines de año había 122 familias (720 almas) y se informó la creación de una comisión de seis representantes para la atención de asuntos comunitarios y la representación de los colonos ante los administradores. A fines de 1910 se habían colonizado 225 familias. En 1911 los colonos de Bernasconi eligieron el nombre de Narcisse Leven para su colonia.[151]

---

[149] JBEx9, 29.10.1908, 26.11.1908, 3.12.1908, 28.1.1909, 8.4.1909.
[150] JBEx9, 3.6.1909, 15.7.1909, JBEx10, 26.8.1909, 2.12.1909; *Sesiones* V, 12.3.1910.
[151] JBEx10, 19.8.1909, 21.10.1909, 16.12.1909; *Informe* 1909, p. 50; *Informe* 1910, p. 51; JBEx11, 11.5.1911.

5. La colonización en el norte

Continuación de la búsqueda de tierras

En el debate sobre el presupuesto anual realizado a principios de 1910, el consejo notó que la reserva de tierras de la JCA –a excepción de las parcelas de la colonia Barón Hirsch y algunos miles de hectáreas dispersas en otras colonias- estaba por ser aprovechada al finalizar la colonización de Narcisse Leven. El consejo señaló la necesidad de encontrar tierras que pudieran ser usadas de inmediato y permitieran la colonización en 1911. Durante 1910 prosiguieron los estudios intensivos y en enero de ese año el consejo resolvió estudiar la posibilidad de asignar a la nueva colonización parcelas más pequeñas que las habituales. En mayo se envió a Nandor Sonnenfeld a la Argentina para que estudiara el problema con la ayuda de un agrónomo y verificara la situación de los inmigrantes.[152]

Otra propuesta se refería al aprovechamiento por medio de recuperación, drenaje y riego, de tierras de escaso valor por su ubicación o características. Ya en 1904 se había propuesto drenar en Moisesville tierras bajas que se inundaban después de las lluvias. El consejó señaló que si esta acción lograba buenos resultados se podría sembrar alfalfa y contentarse con parcelas más pequeñas, y advirtió que si no se hacía esto y no se compraban tierras, en 1911 se verían forzados a "permanecer sentados de brazos cruzados o a asignar parte de las tierras en Barón Hirsch a la colonización habitual".[153]

---

[152] JL367, 9.6.1910, *Documentos*, 25.6.1910.
[153] JBEx7, 24.3.1910, 19.5.1910, 21.7.1910, 11.8.1910; JBEx10, 21.4.1910, 23.6.1910; *Informe* 1908, p. 26; *Informe* 1910, pp. 42-43.

Ese mismo año se ofrecieron a la JCA más de 40.000 hectáreas en la colonia Dora, creada por la Sociedad Agrelo en la provincia de Santiago del Estero, cerca de la estación de tren Dora de la línea Buenos Aires-Tucumán, a $83 la hectárea. En un sector de 12.000 hectáreas se hicieron tareas de riego aprovechando el agua del río Salado. Más de la mitad de esos campos eran cultivados por su dueño con ayuda de arrendatarios y peones y una parte había sido vendida a colonos permanentes. Los trabajos previstos estaban destinados a agregar unas 13.000 hectáreas regadas. En opinión de los directores de la capital, esa mejora permitía asignar parcelas mucho más pequeñas.[154]

A partir de ese momento la JCA entabló tratativas prolongadas y agotadoras con Agrelo, que aprovechaba la urgencia de la JCA a fin de estipular como condición para cerrar el trato plazos cortos que no alcanzaban para realizar estudios exhaustivos. Los directores de Buenos Aires apoyaban la compra y enviaron a París cuatro informes que elogiaban el lugar; allí notaron que parte de los mismos se basaban en recomendaciones de expertos contratados por el vendedor, razón por la cual dudaron de ellos y ordenaron la realización de estudios encargados por la JCA. Estos expertos recomendaron la compra, pero en París pensaban que algunos informes eran superficiales y transmitieron los datos al consejo agrícola de la JCA, que propuso enviar su propio experto para realizar otro estudio. Como el vendedor se negó a prorrogar el plazo, se resolvió no concretar la compra; no obstante, se acordó enviar un experto que colaborara en los estudios, informara a los directores de París y aliviara a los directores de la Argentina. En febrero de 1911 se designó a Akiva Öttinger, un agrónomo al

---

[154] JL367, 12.5.1910, 29.9.1910, 6.10.1910; JL352, 27.9.1910.

servicio de la JCA que había trabajado en distintos países (incluida la Tierra de Israel), como supervisor de tierras en la Argentina.[155]

La compra de Dora

Cuando las tratativas para comprar el campo fracasaron, se propuso comprar primero una parte pequeña para estudiar la adecuación de las tierras, el clima de la región y los dispositivos de riego. Cazès y Louis Oungre, un judío belga que en junio de 1910 fue contratado como asistente de los directores de la JCA en París, habían llegado en marzo y se basaron en esta idea para negociar con Agrelo la compra de 3.000 hectáreas regadas y desbrozadas, listas para la colonización inmediata.[156]

La transacción incluía dos tipos de tierras; el primero de ellos constaba de 800 hectáreas en cinco campos pequeños y dispersos junto a las vías del tren en una zona definida como "agrícola". Una parte estaba regada y desmalezada, lista para la colonización inmediata; en la otra todavía no había concluido la tala de árboles, pero el vendedor se comprometió a finalizarla en tres meses. El segundo grupo estaba formado por 2.200 hectáreas corridas junto al río Salado, que en opinión de Veneziani eran muy fértiles. En esa zona aún no habían terminado los trabajos y debían construirse 16 kilómetros de terraplenes junto a la orilla para evitar la inundación de los campos cuando había creciente. El costo previsto era bajo en comparación con el valor de la tierra, pero el problema consistía en que no se podría empezar a trabajar hasta que el agua bajara. Crispin fue enviado desde Narcisse Leven para dirigir

---

[155] Ibíd., 6.10.1910, 17.11.1910; JL367, 8.12.1910, 22.12.1910; *Sesiones* V, 17.12.1910, 11.2.1911.
[156] JBEx11, 6.4.1911, 12.4.1911, 4.5.1911, 11.5.1911.

la colonización y allí quedó Amram Elmaleh, egresado de la escuela agrícola de la AIU en Djedaïda. Raphail Saban, egresado de *Mikveh Israel*, fue nombrado como su asistente.[157]

En julio se firmó el contrato de compraventa, que incluía la opción de comprar el resto de las tierras hasta una fecha determinada. De inmediato empezaron a colonizarse las parcelas ubicadas en el sector agrícola. Para no perder tiempo se ordenó a Crispin la construcción de depósitos destinados a almacenar alfalfa (la primera cosecha planeada), para que los colonos pudieran vivir allí hasta que las casas estuvieran terminadas y pudieran dedicar todo su tiempo a los cultivos. Los depósitos eran grandes y su costo ($900) equivalía a un tercio del presupuesto de colonización por familia. En las casas encargadas a un costo de $400 faltaba el revoque a cargo de los colonos; también en este caso algunos inmigrantes que se encontraban en Moisesville, relativamente cerca de Dora, sentían prisa y propusieron ayudar en las tareas. El vendedor terminó la tala de árboles en septiembre, y a mediados de noviembre concluyó la colonización de las parcelas en la zona agrícola. Los trabajos junto al río avanzaban a otro ritmo. A principios de octubre se terminó de demarcar las parcelas de 29-40 hectáreas, según la calidad de la tierra y otras condiciones. En 20 de ellas se podía empezar a arar y sembrar, pero en otras había problemas relacionados con inundaciones porque aún no se había empezado a construir el terraplén debido a las lluvias intensas y la demora en la baja del agua junto al río.[158]

---

[157] JBEx11, 18.5.1911; *Sesiones* V, 9.4.1911.
[158] JBEx11, 22.6.1911, 13.7.1911, 20.7.1911, 3.8.1911, 10.8.1911, 24.8.1911, 7.9.1911, 21.9.1911, 5.10.1911, 19.10.1911, 26.10.1911, 16.11.1911.

El retraso trastornó el cronograma de terminar el trabajo antes de que empezara el invierno; además de eso, se vio que el terraplén debía ser más largo y que se necesitaba un canal de drenaje de 45 kilómetros para evacuar el exceso de agua que lo superaría. Como se había empezado más tarde de lo previsto, surgió una gran competencia para la contratación de obreros precisamente en la temporada de cosecha, en la que el costo de la mano de obra subía. Más aun, estos peones exigían un pago extra por los trabajos que debían hacer hundidos en agua y barro. Todos entendían la dificultad, que obligó a la JCA a pagar cualquier precio; así fue, por ejemplo, que para el desplazamiento de un metro cúbico de tierra no se pagó $0,30 como se había supuesto al principio, sino $0,60-0,80.[159]

En febrero de 1912 la JCA debía responder si tenía intenciones de concretar la opción de compra del resto de la propiedad. En enero Crispin había elevado un informe que describía la situación de los 65 colonos ya establecidos y que sostenía que "no debe asombrar que los resultados no sean satisfactorios", porque todo se hacía de prisa y en condiciones no deseadas. Después de la reseña de cultivos y cosechas llegó a la conclusión de que una familia que se colonizara en una parcela regada de 35-40 hectáreas podría prosperar. En cuanto a la compra, hizo referencia a varios aspectos, como el precio de la tierra y la necesidad de talar árboles y efectuar trabajos de nivelación y drenaje, pero no los consideró un obstáculo para la adquisición. Su propuesta era que, para reducir gastos, los trabajos de desbrozo estuvieran a cargo de los colonos. A diferencia de él, Öttinger envió un informe minucioso que evaluaba

---

[159] Ibíd., 26.10.1911, 23.11.1911, 7.12.1911, 21.12.1911, 28.12.1911, 4.1.1912.

las probabilidades de éxito de la colonización en Dora y detallaba los puntos importantes que dificultaban la toma de una decisión positiva.[160]

En su opinión, las ventajas del lugar incluían un clima benigno para cultivos y personas, tierra buena pero difícil de labrar, transporte cómodo, opciones para cultivar diversas especies de regadío y la posibilidad de asignar parcelas pequeñas. Señaló solo dos inconvenientes, si bien importantes: el primero, los trabajos de desbrozo, que costarían $2,5 millones, y el segundo, el problema del agua, que tenía dos aspectos: el alto costo de los trabajos de ingeniería (algo que la JCA había experimentado al construir el terraplén) y la autorización para extraer agua del río. El gobierno provincial había otorgado la concesión a Agrelo y lo que no estaba suficientemente claro era si el contrato de compraventa lo obligaba a que esta se cumpliera no solo en el momento de la venta sino también a continuación. Este punto ponía en duda la conveniencia de la compra, más aun porque ya había demandas legales de colonos (no de la JCA) porque Agrelo desviaba el agua a sus campos y se las negaba a ellos. El terraplén construido por la JCA alrededor de los campos de sus colonos para que esas tierras no se inundaran durante la crecida no aseguraba el suministro regular de agua. Aparentemente, este fue el punto decisivo y el consejo resolvió no comprar el resto de los campos. De hecho, esta decisión determinó que Dora fuera la colonia más pequeña de la JCA. A fines de 1911 contaba con 63 chacras y en 1912 el número creció a 83, con lo que se completó la colonización de la mayor parte de la tierra.[161]

---

[160] JL355, 18.1.1912, 22.1.1912, 15.1.1912.
[161] Ibíd., 19.1.1912, 29.2.1912; JL427, 7.5.1914; Mellibovsky 1957, p. 141; *Sesiones* VI, 24.2.1912; *Informe* 1911, p. 132; *Informe* 1912, p. 57.

Los alrededores de Santa Isabel y el norte de Clara

Como ya se ha señalado, a principios de 1910 la JCA temía que al finalizar la colonización en Narcisse Leven no le quedaran tierras suficientes para 1911. Mientras tanto creció el número de inmigrantes en las colonias y no había solución para el problema de la falta de tierras. En 1910 no se compró ningún área significativa y a fines de año se propuso reclutar a inmigrantes para que se colonizaran en tierras de la JCA en Brasil. La JCA estaba dispuesta a ayudarlos cubriendo los costos de traslado y la convocatoria tuvo resultados positivos solo a mediados de 1912. De hecho, la colonización en Narcisse Leven avanzaba lentamente y quedaban 60 parcelas cuya colonización había sido pospuesta para 1911. Tanto estas como las tierras de la pequeña colonia Dora (compradas a mediados de año) y algunas parcelas dispersas en otras colonias fueron utilizadas para la colonización en 1911, y el problema de falta de parcelas se postergó un año. Entretanto quedaron disponibles tierras arrendadas en el norte de Entre Ríos, en Palmar y Yatay, cerca de Santa Isabel y San José. Después de la realización de estudios se comprobó que la zona era apta fundamentalmente para cría de ganado y se marcaron unas cien parcelas. Según el plan, en 1912 se colonizarían unas 60 familias en Palmar y Yatay. Al igual que en Dora, el tendido de alambradas y la construcción de casas avanzaban lentamente por la escasez de obreros, pero una vez superado el obstáculo se empezó a colonizar el lugar y 83 familias se colonizaron al norte de Clara hasta fines de 1912. En Clara se poblaron otras 40 parcelas.[162]

---

[162] JL352, 22.12.1910; JBEx11, 28.10.1911, 2.11.1911, 21.9.1911, 23.11.1901; JL356, 23.5.1912; *Sesiones* V, 11.2.1911, p. 131; JL355, 8.2.1912, 15.2.1911; *Informe* 1912, p. 57.

Montefiore

En noviembre de 1911 se propuso a la JCA la estancia La Criolla de 25.000 hectáreas en la provincia de Santa Fe, cerca de la estación de tren Portalis en la línea Santa Fe-Tucumán, y de las estaciones Ceres y Selva en la línea Buenos Aires-Santiago del Estero. Esa línea pasaba también por Dora, al norte de los campos propuestos, y por las estaciones Monigotes y Palacios al sur de Moisesville; por lo tanto, la estancia se encontraba entre esas dos colonias. Öttinger concluyó que la tierra y el agua permitían cultivar alfalfa y señaló que convendría comprar también dos campos limítrofes de iguales características, para llegar a una superficie de 29.000 hectáreas.[163]

La zona padecía de plaga de langostas pero como no se pensaba cultivar cereales sino alfalfa, no se consideró que fuera algo grave. Veneziani estimó que durante la parcelación no se perderían áreas y que en 1912 se podrían colonizar 100 familias en parcelas de 75 hectáreas. Las tratativas fueron rápidas y en abril se firmaron los contratos, Simón Weill fue designado administrador y la colonia recibió el nombre de Montefiore. El esquema de colonización incluía la entrega de diez vacas lecheras para que pudieran subsistir hasta la cosecha de alfalfa y una estructura con techo de cinc y ladrillos para construir las casas; los colonos deberían levantar las paredes por sí mismos. Se les entregaron pocas herramientas porque se suponía que contaban con medios para completar el inventario.[164]

En agosto ya se habían reclutado 11 inmigrantes en Moisesville y a partir del 15 de octubre la JCA estaba dispuesta a reclutar una diez familias por semana. En 1912

---

[163] JBEx11, 9.11.1911, 16.11.1911, 23.11.1911; JL355, 12.1.1912, 18.1.1912, 25.1.1912, 27.1.1912.
[164] JL355, 29.2.1912, 4.4.1912, 18.4.1912, 25.4.1912; JL356, 9.5.1912, 30.5.1912, 20.6.1912, 4.7.1912, 25.7.1912.

se colonizaron 91 colonos en Montefiore y hasta 1913 su número creció a 208. Ese año debía realizarse la primera cosecha, pero resultó escasa y además de eso, mangas de langostas asolaron la región y causaron estragos en la alfalfa tierna. La JCA se negó a juzgar las probabilidades del lugar según esos resultados y confió en que los ingresos obtenidos del ganado, las aves de corral y los acarreos realizados en la región les permitieran sobrevivir hasta la próxima cosecha.[165]

6. Las primeras cooperativas en las colonias

A principios del siglo XIX surgieron en Inglaterra asociaciones cooperativas de productores apoyadas por asociaciones gremiales y se realizaron intentos de crear una asociación de consumidores. Una de ellas, fundada en 1844 en Rochdale (Yorkshire), sentó los principios que en parte sirvieron de modelo para las asociaciones creadas en otros países: a) adhesión libre y voluntaria, b) control democrático, c) distribución de ganancias según el alcance de las compras de los miembros, d) interés limitado sobre el capital, e) neutralidad política y religiosa, f) pago al contado, y g) estímulo a la educación.[166]

El movimiento cooperativo llegó a la Argentina con los inmigrantes europeos. Hasta 1900 se habían creado unas 500 asociaciones de este tipo, pero solo unas pocas lograron sobrevivir. Al igual que en Europa, sus actividades económicas precedieron a la legislación oficial, que

---

[165] Ibíd., 29.8.1912, 11.9.1912, 10.10.1912; *Informe* 1912, p. 13.
[166] Rivera Campos 1961, pp. 51-63; Lucca de Guenzelovich 1988, p. 5; Bursuck 1961, pp. 169-170, 173.

empezó a desarrollarse lentamente en 1889, cuando al Código de Comercio se agregaron artículos relacionados con el tema.[167]

También en las colonias de la JCA se fundaron asociaciones; las más importantes por su alcance y la duración de sus actividades surgieron en Lucienville, Clara y Moisesville en 1900, 1904 y 1908 respectivamente.

La Primera Sociedad Agrícola Israelita de Lucienville

La primera asociación cuya existencia se prolongó fue creada en 1900; ciertamente no se trataba de la primera creada en el sector agrícola en la Argentina, pero por lo visto era la primera que enfatizó en sus estatutos la actividad productiva agrícola. El 12 de agosto se reunieron en el grupo Novibug en Lucienville, en la casa del colono M. Embón, 15 colonos – entre ellos Moshe Aarón Blecher que estaba involucrado en el intento de llevar colonos de Rusia a la Argentina (véase el tercer capítulo), el maestro Alter Bratzlavsky y el administrador León Nemirowsky– y crearon "La Primera Sociedad Agrícola Israelita" (a continuación *Farein* [sociedad, en ídish], tal como la llamaban sus socios), cuyos objetivos eran difundir conocimientos de agricultura entre sus miembros, realizar experimentos prácticos con cultivos variados y hacer todo lo necesario para adquirir productos a bajo precio.[168]

Los estatutos establecían dos clases de miembros: ordinarios (colonos y personas contratadas por la JCA) y extraordinarios (no podían ser considerados miembros ordinarios pero se interesaban por la agricultura y querían beneficiar a la sociedad). Se prohibía el ingreso de

---

[167] Penna, 1991, pp. 1-2; Schopflocher 1955, pp. 75-78; Bursuck 1961, pp. 161-162.
[168] Kaplan 1955, pp. 167-189; Bursuck 1961, p. 163; Hoijman 1961, pp. 55-57; ASAIB, APSAI, 12.8.1900, p. 1.

ex colonos. Los miembros ordinarios podían votar y ser votados para fungir en cargos, los demás tenían voz en las asambleas generales; las dos clases de miembros debían abonar la cuota social. Se resolvió que quien pagara la cuota social hasta el 1.1.1901 sería considerado miembro, que quien no lo hiciera necesitaría la aprobación de la asamblea general para ser aceptado y que la entidad sería dirigida por una comisión integrada por un presidente, un secretario, un tesorero y dos vocales. Los elegidos fueron el colono M. Friedlander (presidente), Nemirowsky (secretario) y Salomón A. Freidenberg (tesorero); más adelante se incorporaron Manuel Kossoy (prosecretario) y Alter Bratzlavsky (síndico).[169]

En sus primeros pasos, la sociedad efectuaba compras conjuntas de repuestos para las segadoras, bolsas para la cosecha e hilos para atar las gavillas. En la asamblea realizada en el mes de fundación del *Farein* se describieron las plagas y enfermedades que atacaban al ganado y las formas de tratarlas, temas acordes con los objetivos definidos en los estatutos, pero el *Farein* no se conformó con ello sino que llegó a un acuerdo con el proveedor de maquinaria agrícola para que en la temporada de siega pusiera a su disposición un mecánico, analizó los acuerdos de seguros contra incendios que protegían las cosechas y la venta conjunta de cereales. La tendencia a exceder los objetivos declarados se destacaba en la resolución de organizar durante la festividad de *Sukot* (Fiesta de las Cabañas) celebraciones acordes con una entidad comunitaria y no precisamente con una cooperativa.[170]

---

[169] Ibíd., 25.10.1900, pp. 37-38; 6.3.1901, pp. 41-42; Hoijman 1961, pp. 45-46.
[170] ASAIB, APSAI, 12.8.1900, pp. 1-5; Greiss 1950, pp. 34.

En la primera mitad de 1901 el *Farein* creó una caja de ahorro y préstamo conducida por su comisión directiva, en la que cada socio debió depositar $10. En agosto la caja contaba con $500; de esta manera, el *Farein* extendió sus actividades también al ámbito del ahorro y crédito.[171]

Sonnenfeld visitó la colonia a mediados de 1902, percibió la formación de una sociedad cooperativa y la consideró un paso positivo hacia la implementación de la autogestión. Señaló que estaba bien dirigida y que podía ser de ayuda para la JCA. En agosto, al finalizar su segundo año de existencia, el *Farein* publicó un informe en español, firmado por Friedlander y Nemirowsky, que señalaba que su objetivo consistía en mostrar lo que se podía lograr cuando se actuaba sobre una base cooperativa y que los colonos tenían la intención de crear un almacén cooperativo para comprar en él los insumos necesarios.[172]

El Fondo Comunal de Clara

En 1904 se comprobó que las deudas de los colonos de Clara a los comerciantes a quienes compraban provisiones ponían en peligro su futuro. En la reunión de colonos del 29 de agosto, convocada por iniciativa de la JCA, se resolvió

> fundar un fondo de socorros mutuos por acciones, con el objeto de ayudarse mutuamente entre los colonos con préstamos necesarios durante el año y principalmente durante la cosecha, y para poder obtener a precios convenientes los artículos coloniales como ser bolsas, hilo, aceite de máquina, etc.

Se trataba de un capital inscripto de mil acciones, a $10 cada una. Los colonos y funcionarios de la JCA podían comprar todas las acciones que quisieran y las

---

[171] ASAIB, APSAI, 7.4.1901, pp. 52-53; 12.8.1901, p. 56.
[172] JL397, 29.10.1901; *Informe* 1902, p. 11; ASAIB, *Primera memoria*, pp. 13, 14.

ganancias previstas se repartirían en forma proporcional a la inversión efectuada. Para facilitar la participación se debía pagar $3 en efectivo y el saldo hasta fines de diciembre. El "banco", tal como se mencionaba al Fondo Comunal en el acta de la reunión, prometía reintegrar la inversión después de recibir una notificación con 15 días de anticipación, y un interés cuya tasa concordaba con la del Banco de la Nación. Después de la venta de las primeras mil acciones se convocaría una asamblea para definir los estatutos de la comisión directiva.[173]

El 21 de noviembre se reunió la asamblea que definiría los estatutos. Hubo muchos participantes y por eso solo se debatieron los principios básicos y se impuso a la comisión directiva el estudio del tema en detalle. El estatuto completo fue aprobado en la asamblea del 1.2.1905. La elección de la comisión satisfizo a la JCA: el administrador Leibovich (presidente); Dr. Noé Yarcho, médico de la colonia (vicepresidente); el contable local de la JCA, Benjamín Mellibovsky (tesorero y secretario) y once vocales; Moss y Veneziani fueron nombrados miembros honorarios. Hasta entonces se habían inscripto 340 socios con un total de 800 acciones. Tres días después, la comisión debatió la provisión de bolsas e hilos y las garantías requeridas para asegurar los anticipos; como el capital pagado hasta esa fecha no alcanzaba para cubrir todos los pedidos, se resolvió acceder solo a los de los más necesitados.[174]

El Fondo Comunal amplió rápidamente su radio de acción y se convirtió en una de las cooperativas más exitosas. La participación de la JCA en la creación y dirección del mismo contribuyeron a su consolidación y desarrollo, pero también hubo algunos efectos colaterales no deseados. La identidad entre la comisión directiva del Fondo y la administración en todos sus niveles –desde los directores

---

[173] JL399, 7.9.1904; JBEx7, 12.10.1904; Leibovich 1946, pp. 73-74; Gabis 1957, p. 44.
[174] JL399, 28.11.1904, 6.12.1904; Mellibovsky 1957, pp. 106-107; Gabis 1957, pp. 43, 48.

hasta los funcionarios de menor jerarquía que usaban las mismas oficinas– generó la sensación de que en la colonia no se haría nada sin la JCA, y desató una lucha destinada a separar las oficinas del Fondo de las de la JCA.[175]

La Mutua Agrícola de Moisesville

La Mutua Agrícola (a continuación, "La Mutua") fue fundada el 5.1.1908 sobre la base de un capital de acciones. Aparentemente, la convocatoria fue precedida por una gira de estudios de varios colonos, entre ellos Cociovitch, por las cooperativas creadas en Entre Ríos. En esa asamblea se eligió la comisión directiva: Noé Cociovitch (presidente), Abraham Gutman (secretario), Jacobo Faber (tesorero), A.I. Hurvitz e Hirsch Kaller (comisión controladora). Asimismo, se resolvió que la comisión estaría integrada también por representantes designados por los diversos grupos que integraban la colonia. En la primera reunión de la comisión directiva a principios de febrero se resolvió solicitar a los directores de la JCA en Buenos Aires que influyeran sobre Crispin (el administrador de Moisesville) para que no se negara a ser miembro de la comisión directiva de La Mutua.[176]

El capital básico inscripto constaba de cinco series, cada una de mil acciones de $10. Tanto Moss como Veneziani compraron diez acciones para demostrar su confianza en La Mutua y fueron designados miembros honorarios junto con David Feinberg. El primer año La Mutua tenía 369 socios, en su mayoría colonos que habían comprado 12.890 acciones; el segundo año compraron 18.840 acciones y las ganancias llegaron a $8.370. La gestión se regía

---

[175] Ibíd., pp. 51, 53, 54-60.
[176] MHCRAG, AMA, 1, 4.2.1908, p. 1; Lucca de Guenzelovich, 1988, pp. 6-7; HM135, 16.1.1908.

básicamente por los principios cooperativistas de Rochdale y rápidamente La Mutua empezó a ocuparse de otros asuntos, como el mantenimiento del cementerio, la implementación de servicios médicos, la compra de insumos, etc.[177]

Otras asociaciones cooperativas

En el período estudiado, en Mauricio se crearon comisiones de colonos, como la que fundara Lapine durante la reorganización, pero generalmente no perseveraban en su accionar.[178]

M. Guesneroff, que entretanto había sido designado agente en Barón Hirsch, convocó en agosto de 1907 una asamblea de colonos y les explicó las ventajas de la autoprovisión y la comercialización sin intermediarios; a continuación se resolvió crear una cooperativa. En noviembre se aprobaron los estatutos y los socios compraron 600 acciones de una serie de 1.000 a $10 cada una. Su primera actividad consistió en implementar un seguro contra granizo, que era una de las principales causas de daños en la región, pero esta asociación no operaba y en 1910 se creó La Sociedad Cooperativa Agrícola Barón Hirsch (a continuación "La Sociedad Agrícola"). La misma se basaba en un estatuto inspirado en el del Fondo Comunal, pero con algunas diferencias como el hecho de que la responsabilidad de cada socio estaba limitada al valor de sus acciones. La comisión directiva estaba integrada por Moisés Tcherni

---

[177] MHCRAG, AMA, 1, 16.2.1908; La Mutua, *Estatutos*, p. 2; Merkin 1939, pp. 276-277; Lucca de Guenzelovich, 1988, p. 7.
[178] Ver por ejemplo: JBEx7, 2.3.1905; HM135, 23.5.1907; *Informe* 1908, p. 13; *Informe* 1909, pp. 11, 39.

(presidente), Aarón Brodsky (vicepresidente), Arthur Bab, en aquel entonces colono (secretario), Judel Abrashkin (tesorero).[179]

En Narcisse Leven se creó en 1910 La Unión Cooperativa Agrícola de Bernasconi (a continuación, "La Unión"), con un capital propio de 1.000 acciones de $10 cada una. Todos los miembros de la comisión, excepto su presidente Zvi Umansky, eran funcionarios de la JCA. También en este caso se copió parte del estatuto de Clara, pero la pobreza generalizada de la colonia influyó sobre la forma de actuar de la asociación: en 1911, cuando el peligro de hambruna amenazaba a sus socios, recibió un préstamo de harina de otras cooperativas.[180]

En diciembre de 1912 se reunieron los colonos de Montefiore y eligieron una comisión provisional presidida por Simón Weill para redactar los estatutos de una asociación agrícola. El 19 de enero se aprobó el estatuto de La Asociación Agrícola Montefiore (a continuación, "La Asociación Agrícola") y se eligió la comisión directiva: Mauricio Payevsky (presidente), Isaac Greiss, contable de la JCA en el lugar (secretario y tesorero), Simón Weill (síndico). Se informó sobre las buenas relaciones entre los miembros de La Asociación Agrícola y la JCA. Además de sus funciones específicas, la cooperativa se dedicaba a organizar la vida social y cultural. La Asociación Agrícola se basaba en un capital social de 250 acciones de $100 cada una. Hacia fines de 1914 tenía 210 socios accionistas y el capital desembolsado llegaba a un total de $4.245.[181]

---

[179] *Informe* 1907, pp. 109-110; *Informe* 1911, pp. 122, 124; Verbitsky 1955, pp. 105-118; Barón de Hirsch *Estatutos*, pp. 2-4, tapa. Para Moisés Guesneroff, ver: Levin 1997, passim.
[180] Shojat 1961, p. 185; *Informe* 1911, pp. 130-131; *Informe* 1912, p. 27; *Sesiones* V, 11.11.1911; VI, 26.10.1912, p. 52.
[181] JL357, 19.12.1912; JL428, 4.12.1914; *Informe* 1913, p. 29; *Sesiones* VI, 9.5.1914.

En mayo de 1912 se resolvió crear en Dora la asociación "El Progreso Agrícola" (a continuación, "El Progreso"). La asamblea general realizada el 17 de junio eligió a la comisión directiva integrada por Samuel Levin (presidente), Isaac Patolsky (secretario) y Amram Elmaleh, agente de la JCA en el lugar (tesorero). También esta asociación se basaba en acciones y cada socio se comprometía a comprar cinco acciones de $10 cada una. La misma dejó de operar en mayo de 1914 por falta de recursos financieros. A fines de ese año, Isaac Starkmeth (a quien nos referiremos más adelante) comprobó que salvo dos colonos, todos eran miembros de la asociación, que todos habían pagado por una sola acción y que todo el capital llegaba a $790. Starkmeth sostuvo que la gestión administrativa era inadmisible y que hasta ese momento no se había regularizado la situación jurídica de la asociación. A continuación convocó a la comisión directiva y la convenció para que contratara un contable que regularizara las cuentas e hiciera un esfuerzo para reiniciar las actividades de la asociación.[182]

La ampliación de la acción cooperativa fuera del ámbito local

Las colonias de la JCA en Entre Ríos fueron pioneras del movimiento cooperativo en las colonias de la asociación en la Argentina y también fueron las primeras en buscar la forma de trascender el marco local. Miguel Sajaroff, un ingeniero colonizado por su propia cuenta en Clara y elegido presidente del Fondo Comunal, propuso en junio de 1910 crear una entidad central que se encargara de proteger los intereses agrícolas, sociales y culturales, así como otros temas que interesaban a las colonias de la JCA. Ya en 1909 había expuesto esta idea junto con otros dos socios

---

[182] JL356, 23.5.1912, 27.6.1912, 8.8.1912; JL357, 31.10.1912; HM136, 28.10.1912; JL428, 1.12.1914.

del Fondo ante los directores de la JCA en la capital; en esta ocasión y con el respaldo de una iniciativa similar de la cooperativa de Barón Hirsch, sugirió recorrer todas las colonias de la JCA a fin de difundir la idea. Cabe mencionar que la misma había sido elevada en 1909 en Mauricio, pero su intención básica era luchar contra la JCA y la iniciativa fracasó tanto por la inestabilidad de la asociación como por la falta de apoyo de las otras colonias.[183]

Después de una gira de 16 días se resolvió convocar en la capital a los delegados de las cooperativas y se hicieron presentes representantes del Fondo Comunal, el *Farein*, La Sociedad Agrícola y el médico de San Antonio; Mauricio envió solo observadores. Los representantes de La Unión de Bernasconi no asistieron debido a dificultades económicas y los de La Mutua no lo hicieron por razones imprevistas no explicitadas. Al frente de la reunión estaban el Dr. Noé Yarcho (presidente honorario), Miguel Sajaroff (presidente), Samuel Hurvitz (vicepresidente) y Arthur Bab (secretario). Después de los debates se resolvió crear La Confederación Agrícola Argentino-Israelita (a continuación, "La Confederación"), que estaría abierta –con el acuerdo de sus confederadas– a cualquier sociedad agrícola judía; su sede estaría en la capital y haría lo necesario para obtener la personería jurídica.[184]

Sus objetivos eran amplios e incluían el deseo de defender los derechos de las entidades, tomar contacto con agrupaciones agrarias en la Argentina y en el exterior, constituirse en una agrupación oficial que representara a sus socios ante el gobierno y la JCA, recopilar información detallada sobre los mercados para posibilitar una comercialización rentable de la producción y lograr el abarata-

---

[183] Gabis 1957, p. 218; JBEx10, 2.9.1909; JL367, 14.7.1910, 8.9.1910; *Documentos*, 24.9.1910, I, p. 92.
[184] JBEx11, 17.8.1911; JL352, 17.11.1910, 25.11.1910; Gabis 1957, pp. 219-221.

miento de los medios de producción y consumo. Otros artículos ampliaban notoriamente los ámbitos de acción de La Confederación y aspiraban a fundar un banco agrario y obtener créditos a largo plazo, organizar la producción y el consumo sobre una base cooperativa en el amplio sentido de la palabra, ocuparse de la colonización de la población excedente en las colonias y fomentar el amor a la tierra entre los inmigrantes, crear servicios de atención médica y respaldar moral y materialmente el desarrollo de escuelas en las colonias, fundar un vocero oficial para difundir publicidad y convertirse en tribuna libre para los asuntos de interés de las entidades asociadas en La Confederación, desarrollar entidades mutuas de seguros, alentar la creación de granjas experimentales y difundir el saber que se obtuviera en ellas. Un artículo especial hacía referencia a la creación de una comisión de arbitraje entre las entidades confederadas.[185]

La reunión impuso a los representantes la preparación de estatutos y entretanto se eligió una comisión directiva provisional cuyos miembros eran los mismos que presidían la reunión, más otros ocho. En 1911 se realizó la segunda convención en la capital y en 1912 tuvo lugar el tercer congreso en la colonia Barón Hirsch. Entre otras cosas se resolvió abrir una oficina en la capital, que sería dirigida por Isaac Kaplan, miembro de La Confederación. Esta decisión no se concretó y la entidad tuvo una vida breve: la crisis económica de aquellos años, los objetivos demasiado ambiciosos en comparación con las posibilidades de las entidades confederadas y la idea cooperativista que todavía no había sido asimilada por una parte de los

---

[185] JL352, 25.11.1910; Gabis 1957, pp. 219-221.

colonos fueron la causa de ello. No obstante, la idea se preservó y periódicamente se realizaban encuentros para adoptar posturas conjuntas en diversos asuntos.[186]

En sus primeras etapas de organización no existía en las cooperativas fundadas una orientación netamente cooperativista, pero con el tiempo tendieron a ampliar sus actividades en tres ámbitos: a) cooperativo, según los principios antes mencionados; b) comunitario, incluida la preocupación por las necesidades sociales y culturales; c) municipal, que entre otras cosas incluía el mantenimiento de caminos y puentes, condiciones sanitarias, etc. Por ello, en los primeros años resultaba difícil llamarlas "cooperativas", características que fueron adquiriendo con el paso del tiempo. Todas estas asociaciones quisieron regularizar su situación formal y para ello solicitaron la adjudicación de la personería jurídica (grupo de personas asociadas conforme a la ley que, al igual que los individuos, tiene derechos y obligaciones y puede ser parte en un juicio o procedimiento jurídico).

7. El surgimiento de aldeas en la zona de las colonias

¿Colonización urbana o chacras separadas?

La mayor parte de los colonos de la JCA que llegaron a la Argentina vivían en Rusia en marcos comunitarios en pueblos y aldeas. Cabe suponer que aspiraban a trasladar ese estilo de vida social a su nuevo lugar y que las probabilidades de concretar sus anhelos les daban cierta sensación de seguridad, pero en la Argentina cultivaban grandes superficies con métodos extensivos y generalmente cada colono vivía en su parcela. Las parcelas rectangulares formaban

---

[186] Kaplan 1955, pp. 185-186; Gabis 1957, pp. 221-222; Bursuck 1961, p. 164.

parte de un mosaico de amplias dimensiones y las chacras distaban entre sí varios kilómetros. Desde el punto de vista económico, las ventajas de este sistema radicaban en la proximidad al campo, pero la distancia afectaba la seguridad personal del colono y su familia y resultaba difícil mantener una vida social. Aunque en algunos lugares surgieron pequeños pueblos a la vera de la estación de tren, fundamentalmente servían para comercializar la producción y no para desarrollar la vida social en la región. Los encuentros de carácter religioso o nacional, como la Navidad o el Día de la Independencia, eran eventos aislados y después de ellos todos regresaban a la rutina y la soledad.[187]

La contraposición entre los deseos de colonizarse en aldeas y el método implementado en la Argentina se ponía de manifiesto en enfrentamientos y discusiones. Para demostrar que tenían razón, los querellantes presentaban ejemplos de la vida de los colonos germanorrusos que vivían en la Argentina y opiniones de diversos expertos en agricultura. El mismo barón de Hirsch había elegido un método mixto que básicamente consistía en que el colono viviera en su tierra, pero las casas se construyeron en grupos de cuatro que se encontraban en los vértices compartidos de los campos para aliviar la sensación de aislamiento. El redactor del informe anual de 1902 señaló que en los 20 centros de la JCA en Entre Ríos había grandes diferencias con respecto al número de chacras agrupadas en cada centro y agregó que sería deseable probar todos los métodos.[188]

---

[187] Tartakower 1959, p. 167; Elkin Laikin, 1980, pp. 135-136; Scobie 1967, p. 62; Eidt 1971, pp. 95-96.
[188] Avni 1973, 198-200, 202-204; *Informe* 1902, p. 12.

La mejora en el método de grupos fue lograda disponiendo las parcelas de manera tal que el lado más corto se encontraba junto al camino principal. De esta manera se acortaban las distancias entre los grupos, se obtenía un acceso cómodo a las casas y se mejoraban las relaciones internas en la colonia. La hilera de grupos de casas se llamaba "línea" y varias líneas ordenadas numéricamente eran una colonia o grupo. Entre otras cosas, con este método fueron dispuestos los grupos Zadoc Kahn y Bialystok en Moisesville, Santa Isabel en Entre Ríos y Santo Tomás en Mauricio.[189]

Los grupos independientes que se colonizaron en la zona de Leloir prefirieron el criterio social y optaron por establecerse en aldeas de 10-25 casas. Esta resolución afectaba a quienes recibían las parcelas más alejadas de la aldea. Cazès recorrió las colonias en 1907 y concluyó que la elección del método de colonización había sido apresurada y según el método usual en Rusia, sin tomar en consideración la experiencia acumulada en la Argentina y sostuvo que las colonias en las que se habían creado aldeas tenían menos éxito agrícola y que muchos de aquellos que se habían colonizado de esta manera (incluidos algunos colonos en Barón Hirsch) se habían radicado en chacras separadas.[190]

La oposición de la JCA implicaba también una faceta ideológica, porque esta temía que los centros fueran un semillero que convirtiera a los colonos en comerciantes, proletarios o especuladores. Esto no significa que la sociedad colonizadora se opusiera a la creación de aldeas, pues estas cumplían una función económica como centros de

---

[189] JL29d, 22.11.1903; Gorskin 1951, pp. 17, 55; ver listas de líneas en *Las Palmeras* 1990, pp. 27-29, 66.
[190] HM135, 23.5.1907; Gabis 1955, pp. 197; Verbitsky 1955, pp. 42-43; Winsberg 1963, pp. 16-17.

comercio y distribución, como proveedoras de servicios para el mantenimiento de depósitos y maquinaria agrícola y como sede de las instituciones estatales, provinciales y municipales. De allí que la JCA se opusiera a la colonización en aldeas y aceptara la creación de pequeños centros urbanos por parte de individuos que llegaran a ellos gracias a la iniciativa privada y a las ventajas económicas que les esperaban allí por la creación de talleres, comercios, etc., en el centro de las colonias en desarrollo.[191]

El alquiler de terrenos y edificios

En la primera etapa se alquilaron construcciones a los comerciantes que proveían insumos básicos a los colonos, generalmente por un lapso limitado (un año) para examinar sus cualidades antes de prolongar los contratos. Así fue como Lapine, que había llegado para asumir la administración de las colonias en Entre Ríos, solicitó que se acelerara la prolongación del contrato de alquiler de un comerciante en Domínguez, porque la no renovación impedía que los colonos se aprovisionaran de insumos sin los cuales no podrían efectuar la cosecha. Lapine prometió construir varios depósitos y alquilarlos a algunos comerciantes, y contó con el apoyo de S. Hirsch y Cazès: "Estamos dispuestos a aceptar a cualquier comerciante serio y honesto".[192]

Además de su importancia para las colonias, el desarrollo de las aldeas era una fuente de ingresos para la JCA. En 1901, cuando los artesanos que querían construir un taller mecánico y una vivienda contigua en Basavilbaso se dirigieron a Nemirowsky, este les propuso un alquiler mensual de $15-20 y la construcción del edificio solo después de recibir el anticipo por los seis meses primeros.

---

[191] JL326, 20.8.1896, Hurvitz 1932, p. 112.
[192] JL314, 10.11.1896, 14.11.1896; 6.12.1984.

Su propuesta de condicionar el inicio de la construcción al pago anticipado estaba destinada a asegurarse de que la JCA no invertiría en una propiedad cuya productividad no estaba garantizada. La demanda de construcciones en alquiler creció y, paralelamente, en los balances de la JCA aparecían los ingresos por alquileres, detallados según las aldeas.[193]

En 1906-1907 aumentaron las solicitudes de los inmigrantes que empezaron a llegar a las colonias y alquilaban edificios para vivienda o talleres. También había mucha actividad en las colonias nuevas como Barón Hirsch; el centro urbano creado en Rivera empezó a crecer después de la construcción de la estación de tren y el consejo de la JCA invirtió en ella $10.000.[194]

La venta de terrenos y edificios

En 1907, a raíz de la visita de Cazès a la Argentina, se produjo un cambio en la política de la JCA con respecto a la venta de terrenos en el centro de las aldeas. En su informe, Cazès recomendaba respaldar la creación de estaciones de tren en todos los lugares posibles y vender los terrenos lenta y cautamente, a fin de evitar complicaciones. Las razones que exponía para justificar el cambio consistían en la posibilidad de facilitar la vida de los colonos y permitir a los inmigrantes que llegaban al país la radicación en dichos centros, en los que "gracias a la proximidad de nuestras colonias se les garantizará una vida religiosa". El consejo se reunió el 14.9.1907 y aprobó la propuesta.[195]

---

[193] JL397, 22.9.1901; JL365, 8.12.1904.
[194] JBEx8, 15.11.1906, 21.2.1907; JL367, 16.5.1907; JL346, 18.7.1907, 15.8.1907; *Sesiones* IV, 25.5.1907.
[195] JL367, 22.8.1907; *Documentos* 14.9.1907, pp. 14-15; *Informe* 1907, pp. 44, 53, 86; *Informe* 1911, pp. 28-30; *Sesiones* IV, 14.9.1907.

Las instrucciones emitidas ordenaban dividir las reservas conservadas alrededor de los centros en parcelas de una hectárea separadas por calles, y subdividirlas en terrenos de dimensiones tales que pudieran responder a diversas necesidades. Para que el valor de los terrenos subiera, ordenaron vender primero un terreno de cada parcela y alquilar temporariamente el resto. La venta se abonaba en efectivo y el precio se fijaba por metro cuadrado, y se estipuló que no se llevaría a cabo por medio de una licitación pública ni por reserva anticipada porque "queremos elegir a los compradores" a fin de beneficiar a las colonias. Se adjuntó la lista de los oficios requeridos en comercio, tareas manuales y agricultura y se señaló que no había oposición a que algunos colonos se contaran entre los compradores. Si bien la resolución estaba destinada a atraer judíos a dichos centros, se expresó la disposición a aceptar también extraños, comerciantes y artesanos honestos que no tuvieran intenciones de especular con las tierras; con el tiempo se comprobó que aumentaron las ventas de terrenos a no judíos. Los compradores debían comprometerse a no vender sus terrenos durante cinco años y el contrato solo entraba en vigencia después de su aprobación por los directores de París.[196]

La venta a colonos y sus hijos fue autorizada para no discriminarlos, pero se consideraba que, en la medida de lo posible, no debía convertirse en norma porque en opinión de los directores podría llevar al descuido de los campos y la especulación. En 1910 se vio que la venta de terrenos había promovido el desarrollo de varias aldeas, entre las que se destacaba Moisesville-centro, cuyos habitantes llegaban a 2.000, y la creciente demanda obligaba a la JCA a mensurar parcelas adicionales. Los centros más

---

[196] JL367, 19.9.1907, 14.11.1907; *Sesiones* IV, 14.9.1907; Bar Shalom 2014, passim.

desarrollados en Entre Ríos fueron Clara y Basavilbaso, y en Buenos Aires el pueblo de Rivera. En 1912 se empezaron a vender terrenos en Virginia, en el ejido de Moisesville, y en 1913 las ventas se redujeron por la escasa cosecha. En 1908-1913 se vendieron 373 terrenos.[197]

Los grupos de casas construidas por los colonos según el sistema de aldeas eran una forma de asegurar el contacto social, el culto y la defensa mutua. Con la excepción de las oficinas de la JCA, no eran centros comerciales, administrativos y de provisión; estos se desarrollaron posteriormente en forma de pueblos que nacieron fundamentalmente junto a las estaciones de tren. Entre los habitantes de las aldeas y los colonos había relaciones económicas y mutua dependencia. Algunos pueblerinos tenían familiares entre los colonos y otros eran excolonos; la mayoría provenían de una misma unidad étnica que fue consolidándose a nivel social y cultural en el marco de las colonias y sus centros.

8. El final de una época: la crisis

La crisis financiera

En junio de 1913 el consejo debatió la situación financiera de la JCA. No era esa la primera vez que enfocaba el tema: a lo largo del tiempo, los gastos superaban los frutos de sus inversiones. En julio de 1913 se resolvió reducir drásticamente sus actividades; entre otras cosas, el consejo decidió dejar de comprar tierras, aumentar los sueldos cada tres años y colonizar en 1914-1916 solo 50 familias al año. En enero de 1914 analizó el presupuesto anual y volvió a

---

[197] JBEx11, 13.7.1911, 12.10.1911; JL356, 18.7.1912, 22.8.1912; JL357, 17.10.1912, 19.12.1912; JL351, 19.5.1910.

aprobar la política estipulada; asimismo, resolvió colonizar chacras nuevas en Montefiore para evitar los gastos organizativos superfluos que ocasionaría una colonización dividida. Un mes después Öttinger terminó sus funciones en la Argentina porque se interrumpió la búsqueda de tierras y se anuló el cargo. El informe anual de actividades de la JCA en 1913 fue elevado al consejo en junio de 1914, Leven propuso medidas a adoptar en el próximo presupuesto, el consejo redujo a 35 el número de familias a colonizar en 1915 y formuló el deseo de que diez de ellas financiaran sus propios gastos de colonización.[198]

El estallido de la Primera Guerra Mundial en 1914 complicó aun más la situación financiera. En un telegrama enviado el 1 de agosto, los directores de París solicitaron a los de Buenos Aires la reducción de gastos al mínimo indispensable, el control de los procedimientos y el cumplimiento de las resoluciones. Asimismo, se temía que los presupuestos reducidos que habían sido aprobados no pudieran ser transferidos a la Argentina. Según los cálculos de los directores de Buenos Aires, los montos necesarios para cubrir los gastos indispensables hasta fines de ese año concordaban con lo que París había puesto a su disposición, pero la transferencia del dinero se dificultaba porque la JCA era una sociedad registrada en Inglaterra y vinculada a un banco alemán. Finalmente se encontró la forma de hacerlo a través de un banco norteamericano, pero la JCA aconsejó que se basaran solo en el dinero de la recaudación local, por si se cortaba el contacto.[199]

Para que el dinero previsto hasta fines de año alcanzara, se pospuso la colonización de 39 inmigrantes de los 50 que habían sido aprobados para ese año, se resolvió

---

[198] *Sesiones* VI, 6.1.1912, 10.1.1914, 27.6.1914; *Sesiones* V, 24.4.1909, 22.1.1910; JL494, 21.1.1914, 12.3.1914, 2.7.1914; JL427, 19.2.1914.
[199] JL494, 5.8.1914; JL428, 25.8.1914, 29.8.1914, 1.9.1914, 3.9.1914; 17.9.1914.

reducir la administración y se consideró la posibilidad de transferir las escuelas a los gobiernos provinciales para ahorrar una parte importante de los presupuestos. Las dos medidas primeras fueron recibidas con beneplácito por los directores de París, pero la tercera fue rechazada hasta la finalización de la contienda.[200]

La crisis en la dirección

Además de la crisis económica, en 1912-1914 se percibió una crisis en la dotación de agentes y administradores en las colonias, en parte debida a la situación económica. La resolución de debatir los aumentos de sueldos cada tres años mientras los precios de los insumos básicos subían constantemente llevó a muchos funcionarios a renunciar a sus cargos. Las constricciones económicas indujeron a la JCA a preferir a agentes antes que a administradores en las diversas colonias: el sueldo de un agente era mucho más bajo y no había necesidad de mantener un plantel de empleados y asistentes cuyo costo era alto. El traslado del administrador Weill de Lucienville a Montefiore fue aprovechado para reemplazarlo por un agente y para simplificar las tareas, pero el ahorro conllevaba inconvenientes porque el nivel de los agentes no siempre era convincente y la supervisión era indirecta y lejana. El deseo de ahorrar y la desconfianza con respecto a expertos externos llevó a imponer al plantel existente el cumplimiento de toda clase de misiones, como la agotadora tarea de recorrer las enormes extensiones propuestas a la JCA. La ausencia de administradores perjudicó a las colonias.[201]

---

[200] JL427, 20.8.1914; JL494, 4.9.1914, 15.9.1914; JL428, 17.9.1914.
[201] JL356, 30.5.1912, 5.6.1913, 19.6.1913.

Eli Crispin, que estaba a cargo de Dora, renunció a principios de 1912 por razones de salud, solicitó colonizarse en Moisesville y fue reemplazado por Elmaleh, enviado desde Narcisse Leven porque se pensaba que su presencia allí no era crucial. Guesneroff, agente en Barón Hirsch, solicitó retirarse en marzo y colonizarse, y fue sustituido por Vitalis Haïm Bassan, uno de los egresados de *Mikveh Israel* que durante varios años había fungido como agente y que en los últimos años administraba Moisesville.[202]

La inestabilidad cundía también entre los directores de la capital. Gros, que durante 19 años había sido el contable principal de la JCA, se retiró a fines de 1911 y fue reemplazado por Leibovich. En mayo de 1912 Veneziani salió de vacaciones por seis meses y Leibovich y Moss quedaron al frente de la JCA en Buenos Aires. En julio, mientras Veneziani estaba aún en el exterior, Moss solicitó vacaciones por motivos de salud; su pedido fue denegado pero se aprobó su nueva solicitud de viajar en enero de 1913. Veneziani regresó en noviembre y fue enviado en misión a Brasil, de donde regresó en diciembre. Moss partió en enero y Leibovich lo reemplazó junto a Veneziani.[203]

Entretanto, Veneziani renunció a su cargo en septiembre, pero fue persuadido para postergar la renuncia y tomarse vacaciones. Viajó en octubre, cuando Moss regresó de sus vacaciones, pero en noviembre se comprobó que el estado de salud de Moss se había agravado. El 2 de diciembre Leibovich envió a París un telegrama al respecto y señaló que Moss no podía esperar hasta el regreso de Veneziani. La partida de Moss dejaba a Buenos Aires sin directores autorizados y por eso París aceptó permitirle el regreso solo después de que transfiriera la firma autorizada

---

[202] JL355, 14.3.1912, 21.3.1912, 25.4.1912.
[203] Ibíd., 4.1.1912, 11.1.1912, 22.2.1912; JL356, 9.5.1912, 25.7.1912, 26.9.1912; JL357, 31.10.1912, 14.11.1912, 12.12.1912; *Sesiones* V, 11.11.1911.

a su reemplazante. Pero Moss, cuyo estado era grave, debió partir en enero de 1914, antes de la llegada del reemplazante. Leibovich y Jacques Brunschwig, un funcionario que era sobrino de S. Hirsch, quedaron al frente de la dirección en Buenos Aires.[204]

Los frecuentes viajes de Moss y Veneziani a Europa afectaban la capacidad de acción de la JCA en la Argentina. El 27.11.1913 el consejo resolvió que I. Starkmeth, un ingeniero de origen ruso que dirigía la JCA en la Tierra de Israel, se integrara a los directores de Buenos Aires. En octubre habían decidido incorporar a Weill a los directores de la capital con el cargo de supervisor, pero la toma de funciones se postergó porque el agente Adolfo Hirsch, que dirigiría Montefiore en su lugar, debía esperar en Clara hasta el regreso de Sidi de su misión en Brasil. Starkmeth llegó el 2 de febrero, Veneziani regresó en marzo y Moss falleció el 15 de ese mes.[205]

Resumen

En 1905-1914 se duplicó el número de familias de colonos gracias a los obreros judíos que se colonizaron; a pesar de que cientos de ellos se convirtieron en colonos, el número de inmigrantes se triplicó y aun más. Los candidatos adecuados a los criterios de la JCA superaban las capacidades de incorporación aun en caso de que se encontraran tierras aptas y presupuestos para la colonización. La elección de las tierras era uno de los factores más importantes que influían sobre el éxito económico de cualquier colonia.

---

[204] JL426, 13.9.1913, 16.10.1913, 23.10.1913, 2.12.1913; JL494, 19.1.1914, 22.1.1914.
[205] JL426, 6.11.1913, 5.12.1914, 13.3.1914, 23.4.1914; JL494, 16.4.1914; *Sesiones* VI, 27.9.1913. Para Adolfo Hirsch, ver: Shojat 1953, pp. 55-56; *Sesiones* VII, 23.12.1917.

La calidad de la tierra y el agua, la detección de esta a determinada profundidad, la frecuencia de las lluvias, el régimen de vientos y otras características climáticas determinaban los cultivos más convenientes para cada lugar, pero no menos importancia tenía la ubicación de la tierra: el valor de un predio en el que se podía obtener una buena producción pero que año tras año era atacado por la langosta era dudoso. Lo mismo cabía decir con respecto a una zona en la que aún no se habían desarrollado los medios de acceso, o que estaba alejada de la estación de tren más próxima. En esos casos, la pérdida de tiempo, los gastos extra por transporte y las dificultades de comercialización significaban una carga pesada para los colonos. Otros factores que debían ser tomados en cuenta para la compra revestían carácter jurídico, como los acuerdos de arriendo con arrendatarios que vivían en esas tierras y la fecha prevista de su partida, el examen de regularidad de los títulos de propiedad de los vendedores y el estudio de las dimensiones de la propiedad y las instalaciones que había en ella. La concreción de estos procedimientos requería mucho tiempo, pero era de gran importancia.

Las delegaciones de estudio examinaban diferentes lugares, pero finalmente lo que primaba en la elección de un sitio u otro era el precio de la tierra. Durante el congelamiento de la colonización casi no se compraban tierras, pero ante su revocación la JCA volvió a interesarse en la compra de campos.

Las formas y características de la colonización en 1905-1914 guardan relación con el intento de afrontar la complejidad de una ecuación que diera respuesta a un interrogante simple, pero crucial: ¿el pago anual al que se había comprometido el colono, incluidos los costos relacionados con la tierra, era proporcional a los ingresos previstos por esa tierra, con todas sus ventajas e inconvenientes?

El ritmo de la colonización era fijado por las relaciones mutuas entre cuatro aspectos: la presión de los inmigrantes judíos que se encontraban en las colonias, la disponibilidad de tierras, la situación económica de la agricultura en la Argentina en general y en la zona de las colonias en particular, y la capacidad financiera y organizativa de la JCA. El proceso se detuvo a fines de esa época por razones económicas y financieras, y si bien la guerra complicó aun más la situación, no debe verse en ella la razón principal para la interrupción de la colonización. Precisamente cuando más se necesitaba una autogestión independiente y organizada, en momentos de peligro de interrupción del contacto con París, el sistema administrativo en la Argentina se vio inmerso en una situación que afectaba la capacidad de la JCA de administrar sus colonias.

En el transcurso de esos años se crearon cuatro colonias nuevas en tierras recientemente compradas y algunas otras más pequeñas, fundadas en reservas de tierras. Las colonias creadas en tierras nuevas padecían de los mismos inconvenientes que las anteriores, pero diferían mucho entre sí. Barón Hirsch, fundada por grupos independientes, y Narcisse Leven, cuyos colonos fueron reclutados entre los inmigrantes, sufrían por el clima inestable y la baja calidad de la tierras; en la planificación de Montefiore se descuidó por completo la concepción estipulada por el barón a principios de la colonización, que veía los cultivos de secano como la agricultura auténtica. El precio de la tierra no permitía asignar una superficie lo suficientemente grande para los cultivos, más aun porque en esa zona el trigo estaba en peligro por la plaga de la langosta.

La tendencia a asignar parcelas pequeñas se hizo más evidente en Dora, en donde se crearon chacras pequeñas que se dedicaban a agricultura intensiva de regadío.

Paralelamente a los sucesos antes descriptos surgieron aldeas y se crearon cooperativas. Ni unas ni otras gozaron del apoyo de la JCA en sus primeros pasos, pero finalmente esta logró superar sus recelos y tomó parte activa tanto en la formación y dirección de las asociaciones como en la venta de terrenos y casas en las aldeas. También estos rubros padecieron la crisis que caracterizó a aquellos años previos a la Primera Guerra Mundial.

Tercera parte.
Agricultura y cultura material

6

Las condiciones de colonización y el trabajo de los colonos

El primer encuentro del colono con su parcela solía ser un día de fiesta y a veces se realizaban celebraciones. El primer contacto con la tierra dejaba su impronta sobre él porque en ese momento habría de concretarse parte de los anhelos que lo habían llevado a la Argentina y a las colonias del barón de Hirsch; pero se trataba tan solo del punto de partida hacia un camino largo y arduo que dependía de muchos factores, entre ellos la calidad de la tierra, la idiosincrasia del colono y las relaciones entre ambos.[206]

1. Las condiciones geográficas, climáticas y regionales básicas

Estas condiciones constituían la base y el marco de la colonización agrícola y la vida material de los colonos. La fama de la Argentina como país agrícola se debía, entre otras razones, a la pampa húmeda, pero sería un error suponer que las características de esta región (cuya superficie supera a la de España) son uniformes. Esta afirmación rige para las clases de tierras, el nivel de fertilidad, el relieve del suelo, el régimen de precipitaciones y vientos, la presencia de agua en el lugar, la aparición de plagas, las distancias a los puertos de exportación, etc. Las ventajas agrícolas de

---

[206] Bizberg 1945, pp. 31-32, 35, 38.

la pampa húmeda disminuían a medida que aumentaba la distancia al centro de la misma: el clima era menos moderado y más versátil y las distancias a los puertos importantes aumentaban. En su gran mayoría, las colonias de la JCA fueron creadas en los confines de la pampa húmeda, hecho que determinó de manera considerable el tipo de agricultura y los métodos de producción implementados en ellas. Es obvio que las condiciones básicas en esas zonas eran menos favorables que en el centro de la pampa; no obstante, había grandes diferencias entre un lugar y otro.[207]

Las colonias en Entre Ríos

Las tierras de estas colonias eran generalmente fértiles, pero duras y difíciles de labrar. La superficie no era plana sino ondeada y escabrosa, lo que dificultaba el cultivo racional de grandes extensiones. Esos campos podían ser arados con más facilidad cuando estaban húmedos, pero en días de lluvia el agua que anegaba las zonas ubicadas entre las cuchillas y que fluía por los cauces impedía el acceso a las parcelas. Además de eso, las precipitaciones no eran regulares y los años de sequía eran tan esperables como los de inundaciones o lluvias benéficas. Las napas subterráneas se encontraban a 10-33 metros de profundidad, pero no había dispositivos de riego y esa agua servía fundamentalmente para las personas y animales. Las mangas de langostas aparecían con frecuencia.[208]

Las colonias de la provincia estaban dispersas por un área extensa y por eso cada una tenía características propias. La tierra en los grupos del este (Palmar, Yatay y Santa Isabel) era menos pesada y, por consiguiente, más fácil de

---

[207] Kühn 1930, pp. 15, 24, 27, 29-30, 51-60; Scobie 1967, p. 21; Bizberg 1945, p. 34.
[208] Kühn 1930, pp. 72-73; *Informe* 1902, p. 8; *Informe* 1906, p. 39; *Informe* 1907, pp. 64-65. Ver *Informe* del ingeniero Eugenio Schepens en: Hurvitz 1941, pp. 65-66.

labrar, pero los colonos se veían afectados por la distancia a las vías del ferrocarril. Estos grupos estaban cerca de Colón y Concordia, a orillas del río Uruguay, con puertos que, si bien se encontraban en proceso de construcción y mejoras, no podían albergar buques transatlánticos por la escasa profundidad del río. La colonia Lucienville se encontraba en un lugar bueno en cuanto al transporte, porque en su centro estaba la estación de trenes de Basavilbaso, en el cruce de dos importantes vías férreas.[209]

Moisesville

Esta colonia fue fundada en una llanura con algunas zonas bajas, cuya tierra relativamente arenosa facilitaba la ejecución de las tareas agrícolas. La presencia de minerales en los campos de la colonia compensaba su fertilidad mediocre y la napa de agua próxima a la superficie mejoraba las probabilidades de los agricultores. El clima era generalmente moderado, pero inestable, y la langosta era un peligro concreto para los cereales, las hortalizas y parte de los árboles. Las dos vías férreas que cruzaban los campos de la colonia la acercaban a los puertos de Rosario y Buenos Aires y a los mercados del norte.[210]

Montefiore

Su tierra se parecía a la de Moisesville pero tenía menos zonas bajas; también las características climáticas eran similares. El agua era potable, aunque un poco salobre. Los ataques de langostas eran frecuentes y los mosquitos molestaban a los seres humanos y agotaban al ganado. Las

---

[209] *Informe* 1911, p. 81; *Informe* 1913, p. 22; Bucich Escobar 1934, p. 349; Kühn 1930, p. 76. Ver resultados analíticos de seis muestras de tierras de Entre Ríos, *Informe de S. Lavenir en* JL401, 17.6.1904.
[210] Avni 1973, p. 154; Cociovitch 1987, p. 110.

vías férreas no pasaban por la colonia sino por sus proximidades y las estaciones de tren se encontraban a varias decenas de kilómetros de ella.[211]

Dora

Esta colonia se encontraba en la región agrícola de la provincia de Santiago del Estero, en la que se habían realizado tareas de aprovechamiento del río Salado. A pesar de los numerosos estudios de la JCA antes de comprar los campos, se comprobó que la mayoría de las tierras eran salobres. El río no podía suministrar la cantidad de agua planificada y en toda el área se logró perforar solo cuatro o cinco pozos en los que se encontró agua potable. La langosta causaba estragos, si bien no tan graves como en Montefiore. Las vías férreas pasaban cerca de solo algunas zonas.[212]

Mauricio

Esta era la colonia de la JCA más cercana a la capital; dos vías férreas la conectaban con el puerto y una tercera llegaba a La Plata, capital de la provincia de Buenos Aires. En los primeros años, dos tercios de sus tierras eran considerados inadecuados para rendir más de cuatro o cinco cosechas de cereales antes de agotarse y el tercio restante era visto como inservible porque se trataba de pantanos y zonas anegadizas. Posteriormente se comprobó que se trataba de tierra excelente para el cultivo de alfalfa y que las espigas de cereales eran mejores que en las demás colonias. El cultivo de alfalfa y la proximidad al puerto la convirtieron

---

[211] Norman 1985, pp. 86-87; *Informe* 1912, pp. 13-14; *Informe* 1913, pp. 27-28; Benyacar 1982.
[212] Ibíd., p. 78; Norman 1985, p. 86; Kühn 1930, pp. 29-30.

en la colonia más adecuada para la cría de ganado para exportación. También ella padecía de un clima inestable pero las mangas de langostas eran poco frecuentes.[213]

Las colonias sureñas

La colonia Barón Hirsch se creó en un terreno situado en parte en la provincia de Buenos Aires y en parte en el territorio nacional de La Pampa, mientras que Narcisse Leven fue creada totalmente en dicho territorio. Las dos líneas de ferrocarril que llegaban al puerto de exportación en la ciudad de Bahía Blanca prestaban servicios a las dos colonias. El clima era inestable: por ejemplo, en Barón Hirsch la media anual de precipitaciones (el promedio de 43 años) alcanzaba escasamente para cultivar trigo. Más aun: las desviaciones de la media anual y la mensual eran grandes, lo que implicaba una dificultad para planificar la actividad agrícola. Tampoco en Narcisse Leven se podía prever la cantidad de lluvias, pero la situación era aun peor por la escasez de precipitaciones y porque las napas subterráneas se encontraban a gran profundidad. Había algunas zonas en las que el agua no era potable y hasta los animales se negaban a beberla.[214]

En esa región soplaba el viento pampero; en Narcisse Leven había algunos días de calor sofocante y otros de frío gélido y las temperaturas extremas afectaban el brote y crecimiento de los cultivos. En general, la tierra de Narcisse Leven estaba compuesta por una fina capa arenosa (alrededor de medio metro) y debajo de ella otra rocosa. En algunos sitios la capa superior era más gruesa, pero en otros la piedra afloraba a ras del suelo. Una parte de las tierras de Barón Hirsch estaba cubierta de lagunas y en otra

---

[213] *Informe 1907*, pp. 57-60; *Informe 1905*, p. 34; JL334, 18.1.1901.
[214] Winsberg 1963, p. 35; *Informe 1904*, pp. 11-12; *Informe 1911*, pp. 125-127.

había una ligera capa de humus y debajo de ella una capa de tierra calcárea dura que impedía el crecimiento de los cultivos de raíces profundas, como la alfalfa. El resto de la superficie era arenosa, con una capa calcárea infrecuente; en lugar de ella y después de varios años de labranza se descubrió un fenómeno problemático que se observaba también en Narcisse Leven: en amplias zonas de ambas colonias los vientos fuertes causaban erosión y las arenas errantes cubrían los cultivos e impedían su crecimiento. El problema se agudizaba con la penetración de los arados y también en períodos de sequía, un fenómeno frecuente en la región.[215]

La llegada de las langostas a esta zona era rara y los daños que causaban eran menores, pero la región se veía afectada por otras dos plagas destructivas: el macachín, una planta tuberosa y resistente al arado que se propagaba e impedía el crecimiento de los cultivos, y las vizcachas, que cavaban túneles que destruían las zonas sembradas y devoraban las plantas. La lucha contra estos roedores se entablaba a nivel nacional: una comisión oficial obligaba a los agricultores a combatirlos bloqueando las bocas de los túneles e introduciendo en ellos gases asfixiantes. Este tratamiento era sencillo pero sus resultados eran eficaces solo cuando se realizaba en todo el entorno. Por ejemplo, un vecino de Barón Hirsch invirtió en él $1.200, pero como sus vecinos no hicieron lo mismo, los roedores escaparon a las zonas no tratadas, que se convirtieron en su nueva base de reproducción.[216]

---

[215] Winsberg 1963, p. 36; *Informe* 1907, p. 85; *Informe* 1910, pp. 35-36; *Informe* 1911, pp. 114-115, 125-127; Scobie 1967, pp. 21-22.
[216] JBEx9, 6.5.1909, 1.7.1909; *Informe* 1911, pp. 116-117, 126-127.

Resumen

Las condiciones básicas eran variadas e influyeron sobre las formas de producción, las conductas económicas y la vida material de los colonos.

2. La tierra y la fuerza laboral

En las dimensiones de la parcela requerida para una familia se produjeron cambios que no siempre respondían a criterios profesionales; cuando estos existían, se veían influidos por la experiencia de asesores extranjeros y el desconocimiento de las condiciones que reinaban en la pampa. En 1896 los directores de París sostuvieron que "es preferible un cultivo intensivo al cultivo de grandes extensiones. Mientras nuestros colonos no acepten este principio, estarán expuestos a perjuicios". Al cabo de algunos años Cazès reconoció que la visión de la JCA no se adecuaba a las condiciones del lugar. Las dimensiones deseables para una parcela, tomando en cuenta la capacidad de trabajo de una familia, no eran un valor constante. En los primeros dos años de colonización el colono se dedicaba a arar la tierra virgen, un trabajo arduo que generalmente se realizaba con la ayuda de bueyes y que requería un clima húmedo para que el arado penetrara profundamente. Solo un año después se labraba el campo y se sembraban los cereales. Durante ese lapso el trabajo era lento porque los colonos aún no habían adquirido las destrezas necesarias y por eso se limitaban a parcelas pequeñas. Los problemas surgieron después de haber preparado los campos y adquirido una experiencia básica.[217]

---

[217] Levin 2007, pp. 343-344.

En testimonios de la época se reitera el pedido de los colonos de incrementar las dimensiones de las parcelas, un reclamo que en determinado momento recibió la aprobación de la JCA, entre otras razones porque esta reconoció la importancia de distinguir entre el tamaño de la parcela en poder del colono y la superficie a sembrar, a consecuencia de la necesidad de dedicar una parte de los campos a pastoreo y dejar otra en barbecho para evitar su empobrecimiento. Finalmente se resolvió que la parcela estándar constaría de 150 hectáreas, una decisión que no se aplicó a todas las colonias: por ejemplo, en Dora y Montefiore se asignaron parcelas más pequeñas.[218]

Presuntamente, una parcela de esas dimensiones debería permitir un aprovechamiento máximo de la capacidad laboral de la familia en la temporada de preparación y siembra, pero los cultivos que crecían en esos campos no podían ser cosechados solo por la familia, que debía recurrir al trabajo asalariado, cuyo costo aumentaba en la temporada de cosecha. Los colonos podían comprar costosa maquinaria de labranza y siembra, pero las trilladoras estaban generalmente fuera de su alcance. Esta situación generó un dilema entre quienes se dedicaban a cultivos de secano: optar por un método basado en la fuerza laboral durante el tiempo de labranza o por otro que tomara en consideración las limitaciones de la capacidad laboral en la temporada de cosecha, que en aquellos años constituía el cuello de botella de la agricultura. La primera posibilidad abogaba por un área extensa y trabajo asalariado durante la cosecha; la segunda se remitía a una superficie relativamente pequeña, en la que se hacía hincapié en la calidad del trabajo para obtener una buena producción que pudiera ser cosechada casi sin ayuda exterior.[219]

---

[218] Ibíd., pp. 344-345.
[219] Ibíd., pp. 351-354.

3. El origen geográfico de los colonos y sus oficios

Cuando el consejo de la JCA asumió la conducción de la misma, la procedencia de los colonos era la siguiente: en Moisesville había 50 familias originarias de Podolia y 40 de Lituania; la población de Entre Ríos era heterogénea y estaba compuesta por diferentes grupos, entre los que se contaban la mayor parte de quienes habían llegado en el vapor Pampa, algunos pasajeros del Wesser que habían sido trasladados de Moisesville y Monigotes, un grupo de Lituania y otros convocados por Feinberg en el sur de Rusia. También los colonos de Mauricio provenían de diferentes lugares, pero según varios testimonios los grupos más destacados eran oriundos de Podolia y otros más pequeños provenían de Besarabia y Odesa. En total, en las colonias vivían varios cientos de familias llegadas de dos regiones diferentes de la "zona de residencia": una en el noroeste de Rusia, que después de la Primera Guerra Mundial quedó mayoritariamente incluida en Polonia, y otra en el sur de Rusia, que incluía Podolia (sur de Ucrania), Besarabia, Jersón y sus alrededores.[220]

Cociovitch y Bublik incrementaron el número de lituanos colonizados en Moisesville llevando decenas de familias de las zonas de Grodno y Bialystok. Quienes se integraron a las colonias en Entre Ríos a principios del siglo XX no llegaron en grupos pero provenían de los mismos lugares (en especial de Besarabia) que los colonos que ya estaban allí, porque fueron recibidos por sus familiares y conocidos. A Mauricio, escasa de tierras, llegaron algunos individuos atraídos por sus familiares. El arribo a Moisesville de judíos de Rumania a fines de 1901 fue una novedad

---

[220] Avni 1973, pp. 286-287; Bizberg 1945, p. 42; Bab 1902, p. 6.

en cuanto a su origen, pero no dejaron su impronta porque muchos abandonaron la colonia al cabo de dos o tres años, al igual que numerosos oriundos de Bialystok.[221]

El cambio en los lugares de procedencia empezó a perfilarse después del pogromo en Kishinev, a raíz del cual Cazès y otros reclutaron colonos en esa ciudad y en las zonas agrícolas de Besarabia, y posteriormente también en Jersón. Los oriundos de Besarabia fueron destinados a Moisesville y los de Jersón a Lucienville. En 1904 empezaron a llegar grupos autónomos de Jersón, Yekaterinoslav y sus alrededores, que se colonizaron en las tierras de Leloir. Paralelamente se reclutaron candidatos para otras colonias, muchos de ellos provenientes del sur de Rusia; por ejemplo, en 1904 se planificó la colonización de 140 familias, 91 de ellas de Jersón.[222]

Entretanto cristalizó el método de reclutar colonos que habían llegado espontáneamente; entre quienes mejor los recibían se contaban los colonos de Lucienville, que acogían a familias de Jersón. Gente del mismo origen fundó la pequeña colonia San Miguel en la provincia de Entre Ríos y de inmediato empezó a convocar a sus familiares. Para crear la colonia de Santa Isabel se envió a personas provenientes de Jersón, con el argumento de que su origen los capacitaba para resistir las vicisitudes previstas en un lugar en el que aún no se había estudiado la calidad de la tierra. La composición de los inmigrantes que se encontraban en diversas colonias a la espera de colonizarse se vio influida por el origen de los colonos ya asentados, que llamaban a sus familiares y amigos. Así, por ejemplo, Bab informó en 1905 que la mayor parte de los 300 inmigrantes

---

[221] JL365, 6.11.1903, 19.11.1903, 14.1.1904, 22.2.1904, 17.3.1904, 9.6.1904, 18.8.1904; HM135, 28.1.1903.

[222] JL29d, 6.11.1903; JL30a, 18.3.1904; JL365, 10.3.1903, 17.3.1904, 30.3.1904, 5.4.1904, 28.4.1904, 2.6.1904; *Informe* 1903, p. 19; JCA, Recueil 1906, pp. 59-60.

llegados de Jersón y Besarabia y concentrados en Moisesville eran jóvenes que habían dejado sus familias hasta afianzarse en la Argentina, para poder recibirlas allí. El informe anual de 1906 de la JCA mencionaba un gran flujo de inmigrantes a la Argentina, de los cuales se derivó a las colonias a quienes tenían en ellas parientes y amigos. Estos inmigrantes constituían la reserva para reclutar nuevos colonos y por eso no debe asombrar que también la mayor parte de los colonos de Narcisse Leven proviniera del sur de Rusia.[223]

No disponemos de un censo que clasifique a los colonos por sus orígenes, razón por la cual no podemos determinar categóricamente la relación entre ellos en fechas determinadas, pero de todo lo señalado se puede concluir que la gravitación de quienes llegaban del sur de Rusia creció con el paso del tiempo, en particular después del pogromo en Kishinev y a consecuencia de la guerra ruso-japonesa y el fracaso de la revolución de 1905, cuando creció el flujo de inmigrantes a la Argentina y a las colonias.[224]

La tendencia de cambio en los lugares de procedencia de los recién llegados se vio influida por los lineamientos generales de la JCA, iniciados en tiempos del barón y parcialmente continuados en la época analizada. Mauricio de Hirsch aspiraba a crear grupos homogéneos de agricultores acostumbrados a conformarse con poco y provenientes de la región de las colonias en Rusia, porque suponía que eso les ayudaría a afrontar las dificultades de la colonización en la Argentina y ahorraría a la JCA altos costos de administración. De hecho, en el sur de Rusia había varios miles de personas habituadas al trabajo físico, lo cual podía contribuir a su integración. Ya en tiempos del barón habían

---

[223] *Informe* 1907, pp. 99, 102; *Informe* 1906, pp. 17-18, 26; *Informe* 1908, p. 51; *Documentos*, 20.5.1905, I, pp. 86-91; Weill 1939, pp. 193, 196.
[224] Shosheim 1954, p. 63; Hoijman 1946, pp. 62.

llegado pequeños grupos de campesinos de Jersón, como el que se colonizó en Novibug 1, uno de los que más adelante formaron la colonia Lucienville.[225]

Aproximadamente un mes después de la muerte del barón, S. Hirsch atribuyó el reclamo de repatriación de algunos colonos al hecho de que eran sastres, zapateros y hojalateros que no tenían intenciones de trabajar la tierra. En agosto de 1898 Lapine estimó que la inmensa mayoría de la población de las colonias era de origen urbano y sostuvo que no más de un 15-20% eran campesinos o tenían algún tipo de relación con la labranza. Cabe suponer que Lapine hablaba con conocimiento de causa porque había administrado Mauricio y las colonias en Entre Ríos, en las que se concentraba la mayor parte de los colonos, y conocía a los colonos de Moisesville. Esa era también la composición de los grupos de Cociovitch; en los de Bublik había albañiles y tejedores, pero también algunos horticultores. Los rumanos no eran agricultores y la JCA se conformó con el requisito de que en esas familias hubiera suficientes trabajadores.[226]

Los cambios en el origen geográfico llevaron a incluir más agricultores en diferentes grupos. Por ejemplo, en 1903 Cazès informó que en su recorrido por el sur de Rusia había encontrado suficientes elementos que podrían nutrir el emprendimiento en la Argentina durante muchos años, y propuso contratar a tales fines un agente permanente allí. A fines de año el consejo resolvió alentar la incorporación de colonos de esa zona y Feinberg viajó para reclutar familias que, en sus palabras, "supieran agricultura". También había muchos con estas características entre los oriundos

---

[225] Avni 1973, pp. 273-277.
[226] JL326, 20.5.1896; JL312, 8.1898; JL6c, 28.12.1900; JL363, 20.9.1900; Sigwald Carioli 1991, p. 16.

de Jersón que eran colonos o inmigrantes en Lucienville. En su gira en 1907, Cazès señaló que existía allí un "clima de agricultores".[227]

Puede decirse que en estos grupos había un alto porcentaje de gente "vinculada con la agricultura", entre quienes cabe considerar a los habitantes de pequeñas aldeas próximas a los pueblos rurales y colonias en Rusia (que trabajaban parcialmente en el campo) y a obreros, artesanos, comerciantes, etc., que por las relaciones de dependencia económica entre el pueblo rural y la aldea se dedicaban a la elaboración, transporte y comercialización de la producción agrícola. El obrero que fabricaba mantequilla o queso y el comerciante que se centraba en la venta de cereales y cueros estaban familiarizados con las características y formas de elaboración de estos productos. Había entre ellos quienes, por las reducidas dimensiones de sus parcelas en la colonia en Jersón o Yekaterinoslav, se veían forzados a dedicarse también a otras ocupaciones para mantener a sus familias. Esta era una de las razones por las cuales dichos colonos eran definidos como comerciantes o artesanos, y a veces como agricultores.[228]

Un muestreo de personas "vinculadas con la agricultura" se encuentra en las cartas enviadas por decenas de familias que querían ser reclutadas por Cociovitch durante su viaje por Rusia en 1902: pedidos de comerciantes de ganado, de un sastre que también cultivaba una parcela arrendada, un criador de vacas lecheras cuya granja se vio afectada por la falta de pago de un cliente importante fallecido, un curtidor que había sido tabernero y molinero en el pueblo y que había arrendado una parcela, etc. Había también pedidos de personas que se dedicaban

---

[227] *Documentos*, 31.10-1.11/1903, I, p. 40; *Sesiones* III, 31.10.1903; JL29d, 1.11.1903; JL72(10), 15.12.1903, 22.2.1904, 5.3.1904, 11.3.1904.
[228] Mellibovsky 1957, pp. 95-96; Lewin 1969, pp. 103-104.

exclusivamente a la agricultura; uno de los candidatos sostuvo que toda su familia, "niños y adultos, están habituados a trabajar con la guadaña".[229]

Un complemento importante a la población agrícola de las colonias eran los inmigrantes que habían trabajado como peones de campo o que habían arrendado tierras en las condiciones habituales en la Argentina antes de ser aceptados como colonos. Sidi, el administrador de Clara, los describió pintorescamente: "De todos los trenes que arriban descienden personas robustas, algunas acompañadas por sus familias. Son un elemento excelente de origen campesino y empiezan a trabajar apenas llegan...". Si bien no todos eran campesinos de origen, tenían la ventaja de conocer las condiciones del lugar y contaban con la experiencia adquirida en métodos de trabajo adecuados al sitio. Lo mismo sucedía con los grupos autónomos que llegaron a Barón Hirsch de Médanos y Villa Alba y con muchos inmigrantes colonizados en Narcisse Leven.[230]

En los años en los que no había catástrofes climáticas ni plaga de langostas se podía percibir la relación directa entre los resultados de la cosecha por una parte y las características del cultivo y el cuidado de las plantas por la otra. Había colonos que se destacaban y gozaban de reconocimiento en exposiciones agrícolas; entre ellos cabe mencionar a los colonos de Clara Isaac Pattin, Isaac Babitz y Miguel Sajaroff, que contaba con conocimientos agrícolas y se dedicaba a realizar experimentos para desarrollar su granja de manera racional. Junto a ellos había no pocos cuyo trabajo no profesional en los comienzos no obtenía resultados satisfactorios, pero con el paso del tiempo, gracias a las capacitaciones y, en particular, a la experiencia

---

[229] Bizberg 1942, pp. 27, 28-29, 30.
[230] JBEx9, 27.8.1908, 10.9.1908, 22.10.1908, 5.11.1908, 26.11.1908, 18.3.1909; Shojat 1953, p. 19; *Informe* 1912, p. 31.

acumulada, adquirieron conocimientos que se pusieron de manifiesto en su trabajo y en el rendimiento y calidad de sus cultivos.[231]

---

[231] JL326, 5.8.1896; JL333, 7.9.1900; JL399, 18.11.1904, 21.1.1905; JBEx8, 15.3.1906; HM135, 6.5.1907; *Informe* 1907, p. 65.

7

La agricultura y las formas de producción

1. Los cultivos de campo

En el período estudiado se entendía a la agricultura en su sentido estricto, es decir, cultivos anuales intensivos, que en las colonias de la JCA eran fundamentalmente de trigo y lino sembrados en áreas extensas; en una medida mucho menor se cultivaba también avena, centeno, cebada y sorgo. En el calendario agrícola influían las condiciones climáticas locales, el estado del tiempo en el año específico y las pautas relativamente fijas que caracterizaban las condiciones de trabajo usuales en la pampa húmeda a fines del siglo XIX y principios del siglo XX. Los procedimientos requeridos para lograr la cosecha anhelada incluían la preparación de las parcelas, siembra, siega y trilla. La tendencia a sembrar trigo y lino en áreas extensas cundía entre los agricultores de la región. La gestión de una granja de monocultivo implicaba grandes riesgos: el incremento del área sembrada podía ser beneficioso si todas las etapas de cultivo se realizaban de manera profesional y en el momento adecuado, si las condiciones meteorológicas eran buenas y si la langosta "prefería" no visitar la zona ese año. Pero bastaba con que una sola de las numerosas etapas no se cumpliera según lo deseado para que la cosecha se perjudicara y se perdieran todas las inversiones realizadas. A pesar de eso, muchos colonos esperaban que la cosecha próspera de un año determinado los llevara por la buena senda. En 1911 Oungre expresó su preocupación por esa situación, sostuvo que los riesgos del monocultivo se definían como todo o nada y señaló que esos cultivos no habían generado ingresos durante la temporada y que los colonos dependían del crédito y los préstamos.[232]

Al menos en los primeros años de este período, el comportamiento de los colonos no contradecía la concepción de buena parte del plantel de la JCA. En esos círculos la esperanza de buenas cosechas se basaba en una percepción optimista, según la cual un año próspero afianzaría la colonización, alentaría a los colonos y les permitiría recuperar todas las inversiones realizadas. A principios del siglo XX, S. Hirsch y Cazès se congratularon de que los colonos hubieran ampliado las áreas de secano sembradas, y agregaron: "Debemos proseguir por esta senda. Si tenemos suerte y el año será bueno, desaparecerá la mayor parte de las dificultades del presente".[233]

La idea que sustentaba esta concepción sostenía que, a pesar de los años malos, el balance general sería positivo y los años buenos podrían compensar la pérdida de cosechas. La teoría era buena pero no se adecuaba a la vida de las familias que debían mantenerse y pagar sus deudas corrientes. Además de ello, en ese tema imperaba el azar: si el agricultor tenía suerte y obtenía buenas cosechas en los primeros años de colonización, podía ahorrar las ganancias excedentes para los años malos, por supuesto a condición de que fuera consciente de esa necesidad. De hecho, las primeras cosechas eran malas aunque en esos años no hubiera catástrofes agrícolas, porque se habían arado tierras vírgenes, es decir que aún no habían producido cosechas, y hacía falta tiempo para que los colonos

---

[232] Ibíd., p. 83; *Informe* 1911, pp. 35, 48; Hurvitz 1941, pp. 94-95.
[233] *Informe* 1901, p. 35; *Informe* 1903, p. 29; *Informe* 1906, p. 35; *Informe* 1907, p. 83; *Informe* 1911, p. 43; JL397, 1.7.1901; JL346, 5.9.1907.

adquirieran las habilidades necesarias para operar una chacra en el nuevo país. Si la primera cosecha buena se lograba después de tres, cuatro o cinco años, era probable que compensara los perjuicios de las cosechas anteriores, pero ¿cómo podía subsistir la familia durante ese lapso?

Por todo ello, la JCA empezó a aconsejar que se variaran los cultivos para repartir el riesgo y distribuir parte de las tareas de campo a lo largo del año. Uno de los problemas se relacionaba con la alimentación de los animales de trabajo: en las regiones con zonas de pastoreo bueno y abundante, esa era la alimentación básica; así sucedía en las colonias en Entre Ríos, Moisesville, Mauricio y Montefiore, pero también allí se debía complementar la alimentación con forraje especial en tiempos de sequía. En 1905 los colonos en Entre Ríos no pudieron empezar los trabajos para cultivar maíz en el momento apropiado porque el pastoreo nutritivo no bastaba para fortalecer a los bueyes después de los trabajos anteriores. En Barón Hirsch y Narcisse Leven había pastos duros y los animales no podían realizar el trabajo; en Moisesville y Mauricio, los campos de alfalfa brindaban una buena solución al problema y en otros lugares no bastaba con ese cultivo y se trataba de complementarlo con avena y maíz. El maíz tenía la ventaja de que su cronograma de cultivo no chocaba con el de los cereales de invierno, pero su principal inconveniente era que la langosta lo afectaba. En determinado momento pareció encontrarse una solución con el "maíz amargo", una variedad de hojas y tallos amargos, que muchos creían que no era estragada por la langosta. Después de un tiempo se comprobó que la langosta no afectaba las hojas y tallos, pero sí las flores.[234]

---

[234] JL397, 10.5.1901; JL399, 4.9.1905; JL351, 27.1.1910, 3.3.1910, 10.3.1910, 24.3.1910; JL352, 6.10.1910, 12.10.1910; JL356, 15.8.1912, 29.8.1912; JL357, 28.11.1912; *Informe* 1907, p. 83; *Informe* 1911, p. 127.

Hacia fines del período estudiado se cultivaba maíz en un 20% de las áreas labradas en los diversos grupos de Clara, en Lucienville y Mauricio se sembraba poco maíz y en las demás colonias este cultivo era ínfimo. La avena, el centeno y la cebada se cultivaban fundamentalmente para forraje en Barón Hirsch y en cierta medida en Narcisse Leven, Clara y Mauricio. Estos cereales no lograron diversificar los cultivos; en las colonias del sur el trigo se convirtió en el cultivo casi exclusivo, en Entre Ríos competía por la primacía con el lino y en las jóvenes colonias Montefiore y Dora aún no se habían fijado pautas al respecto.[235]

El único cultivo que ocupaba un lugar destacado en Moisesville y Mauricio y desplazaba a los cultivos tradicionales era la alfalfa. Al principio no fue recibida de buena gana por los colonos en Moisesville porque corría un rumor pertinaz de que se trataba de una planta tóxica que ponía en peligro al ganado. En Mauricio se pensaba al principio que la tierra no era apta para este cultivo. La alfalfa tiene muchas ventajas: por tratarse de una planta perenne no es necesaria la siembra anual, no empobrece la tierra y tiene raíces profundas que le permiten renovarse después de una sequía o una manga de langostas. Como quiebra la uniformidad del monocultivo, permite distribuir el trabajo a lo largo del año y reduce los riesgos que un evento aislado puede ocasionar a un solo cultivo importante. Además de ello, se la puede aprovechar de muchas formas: los colonos en Moisesville y Mauricio la cultivaban para pastoreo, para secarla y conservarla para la temporada de sequía y comercializarla en fardos compactados, y para producir semillas para la venta. En estas colonias se realizaban varias siegas

---

[235] JL357, 2.1.1913; JL425, 9.1.1913; *Atlas* 1914, gráficos 4, 5, 6, 8.

al año; una de ellas estaba destinada a recolectar las semillas que se vendían a excelente precio, y las demás para secado y compactación.[236]

En Clara fracasaron muchos intentos porque las napas subterráneas se encontraban a gran profundidad y porque la tierra dura dificultaba el desarrollo de las raíces; el número de siegas anuales era menor que en otros lugares y la vida útil de las plantas era reducida, lo que afectaba la conveniencia económica. En casi todas las áreas de las colonias del sur, la capa de tierra apta para el cultivo no era lo suficientemente profunda como para permitir que las raíces ahondaran y además de eso la provisión de agua no era regular. Las condiciones eran aceptables solo en algunos campos en Narcisse Leven; en Dora se cultivaba alfalfa con riego auxiliar, pero las extensiones eran escasas. En Montefiore, planificada para que su cultivo principal estuviera destinado a los animales, la alfalfa cumplía una función sumamente importante y las condiciones del suelo y el clima eran adecuadas, pero en los primeros años de la colonia se dedicaron a preparar la tierra y después las mangas de langostas y las intensas inundaciones de 1914 no permitieron que el cultivo prosperara.[237]

Chacras de extensión reducida y cultivos intensivos

El tema había sido presentado en diferentes oportunidades, en especial por Lapine, pero generalmente fue pospuesto hasta que despertó un interés renovado debido a la falta de trabajo para inmigrantes y egresados de las escuelas agrícolas que llegaban a las colonias. Además de ello, la JCA buscaba formas de reducir el tamaño de las parcelas

---

[236] *Informe* 1902, p. 5; *Informe* 1903, pp. 11-12; *Informe* 1911, pp. 91-92, 112-113; Reznick 1987, p. 32.
[237] *Informe* 1900, p. 29; *Informe* 1901, pp. 29-30; *Informe* 1903, p. 38; *Informe* 1911, p. 127; *Informe* 1913, pp. 23-24, 27-28.

por el alza en el precio de la tierra. Por su iniciativa se realizaron dos experimentos: la creación de granjas pequeñas a cargo de los egresados de las escuelas agrícolas en las colonias existentes y la fundación de la colonia Dora.

a. Las granjas de egresados de escuelas agrícolas

A fines de 1910 el consejo decidió colonizar cinco grupos de tres o cuatro egresados que se encontraban en las colonias y asignó a tales propósitos un presupuesto basado en una parcela de 15 hectáreas para cada grupo. Uno proveniente de *Mikveh Israel* se formó junto al pueblo de Domínguez, otro del mismo origen se colonizó en Clara y un tercero, llegado de la escuela agrícola de Minsk, se estableció en Belez (Clara); en Mauricio se formó un grupo de egresados de Djedäida y tres egresados de *Or Yehuda* (Anatolia) se colonizaron junto a Basavilbaso. La formación de los grupos se llevó a cabo según el deseo de sus integrantes, pero con la aprobación de la JCA.[238]

Cabe señalar que se trataba de minifundios y que el tamaño de las parcelas habría de ser un obstáculo para el desarrollo de esas granjas; por ejemplo, el grupo de exalumnos de Djedäida colonizados en Mauricio debió enviar a uno de sus miembros a trabajar afuera para complementar los ingresos. Habían aceptado colonizarse en una superficie que sabían que no podría sustentarlos solo porque querían "causar una buena impresión a la JCA", porque "nos creen demasiado jóvenes y carentes de devoción". Algunos de ellos no cultivaban hortalizas por problemas de comercialización y porque dichos cultivos eran afectados por las inclemencias climáticas, las hormigas y otras plagas, y otros empezaron a desarrollar cultivos de secano,

---

[238] JBEx10, 2.2.1911; JBEx11, 23.3.1911, 22.6.1911, 29.6.1911, 27.7.1911, 28.12.1911; *Documentos* I, 18.9.1911; *Sesiones* V, 17.12.1910, p. 118; *Informe* 1910, p. 3.

que requerían campos más grandes. Este asunto, que en un comienzo había sido definido como una forma de integrar a los egresados, se convirtió a principios de 1912 en un experimento destinado a estudiar la posibilidad de crear en una superficie reducida una granja basada en cultivos que lograran sustentarlos. El redactor del informe anual de ese año señaló que el éxito de los egresados para sustentarse con el cultivo de hortalizas "servirá, sin duda, de ejemplo a los colonos, que verán que se puede ganar con parcelas pequeñas"; por esa razón la JCA denegaba los pedidos de los egresados de ampliar sus parcelas. Dicho informe se publicó en junio de 1913, cuando ya había indicios de que las granjas pequeñas no tenían éxito; por ejemplo, los egresados que estaban en Mauricio pidieron separarse porque las 15 hectáreas que habían recibido no les permitían mantenerse y pensar en formar familias. Estas granjas se disolvieron en 1914.[239]

b. Dora

La JCA esperaba que Dora "respondiera de la mejor manera posible a los requisitos de la agricultura moderna en la Argentina". El desarrollo de cultivos intensivos fue presentado como un argumento de gran peso y un paradigma de colonización racional en áreas reducidas, en una época en la que "cabe suponer que deberemos asentar a nuestros colonos en parcelas cada vez más pequeñas". Por ello, la JCA accedió a enviar allí a expertos en riego y a aprender de los colonos no judíos de la zona para asegurar el éxito del experimento. La colonización en Dora empezó en 1911 y el plan de cultivos elaborado por los agrónomos Simón

---

[239] HM2/6915, 19.3.1911, 18.6.1911, 8.8.1911; JL355, 11.1.1912, 7.3.1912; *Informe* 1912, pp. 12-13; JL494, 27.3.1914, 21.10.1914; JL427, 9.4.1914; *Sesiones* VI, 9.5.1914, p. 176.

Weill, Öttinger y Adolf Hirsch incluía mejoras en el cultivo de alfalfa y maíz por medio de riego y la introducción de cultivos nuevos como tabaco, papas, algodón, hortalizas, viveros para árboles, productos lácteos, etc.[240]

No obstante, aun después de tres años no se había experimentado con cultivos intensivos a excepción de algunas hortalizas para consumo doméstico, y el plan no se puso en práctica. Los colonos se limitaron a cultivar maíz y alfalfa tal como se hacía en Moisesville. Los resultados eran mediocres: hubo intentos de cultivar maíz dos veces al año con ayuda de riego auxiliar pero el éxito estaba condicionado a la altura del agua en el río Salado, que generalmente no era suficiente. Los cultivos de alfalfa no daban resultados aceptables debido al riego irregular, que dejaba una parte del área seca y otra anegada, y a la tierra que contenía altos niveles de sal. Se trataba de un fracaso para la JCA, que había comprado a alto precio tierras que presuntamente permitirían cultivos intensivos.[241]

2. Chacras mixtas de cultivos de secano y cría de ganado

El desarrollo de la ganadería tenía varias ventajas: un ingreso monetario corriente por la venta de la leche y sus subproductos, provisión de alimentos para consumo propio, un cronograma de trabajo anual que no dependía del clima ni de las estaciones y la posibilidad de aprovechar el trabajo de todos los miembros de la familia para el cuidado de los animales. Pero el ingreso a esa rama requería grandes inversiones en alambradas, instalaciones de agua, preparación de distintos tipos de alimentos y compra de vacas

---

[240] JL428, 1.12.1914; *Informe* 1912, pp. 14-15. Para Simón Weill, ver: Klein 1980, p. 56; Goldman 1914, p. 202.
[241] JL357, 21.11.1912, 28.11.1912, 9.1.1913; JL494, 28.10.1914.

de raza. Asimismo, era necesario aprender los secretos del oficio, familiarizarse con la comercialización de toros, ocuparse del transporte de la leche y dedicarse a la fabricación de productos lácteos. También las cooperativas tomaban parte en estas actividades.[242]

A principios de la colonización la JCA había repartido vacas de razas inferiores y bueyes para el trabajo; con el tiempo se reemplazó a parte de los bueyes por caballos veloces y de buena raza que en el período estudiado fueron el motor de todas las actividades agrícolas, y se suministró ganado de razas híbridas. No pocos colonos solían comprar estos animales a crédito, y las vacadas empezaron a crecer. Entre las colonias había diferencias en el ritmo de mejora del ganado: en Mauricio se introdujeron especies productoras de carne en una etapa temprana, mientras que en Moisesville y la provincia de Entre Ríos el ritmo fue mucho más lento. Esta diferencia coincidía con el desarrollo general: en 1895, la mitad del ganado existente en la provincia de Buenos Aires era de especies inferiores, y en vísperas de la Primera Guerra Mundial el porcentaje se redujo a un ocho por ciento. En Entre Ríos y el norte de la provincia de Santa Fe se mantuvieron durante casi todo este lapso altos porcentajes de ganado de baja calidad.[243]

Vacas lecheras

El desarrollo de esta rama era importante por varias razones, entre ellas la capacidad de obtener resultados cotidianos sin esperar hasta el final de la temporada y la posibilidad de enriquecer el menú familiar con la producción de leche y sus derivados. Otra ventaja era la posibilidad de

---

[242] *Informe* 1898, p. 4; *Informe* 1906, p. 30; *Informe* 1907, p. 74; *Informe* 1912, p. 37; *Sesiones* VI, 15.11.1913, 9.5.1914, p. 132; FC, AFC1, 37.7.1907; Gabis 1957, p. 73.
[243] Ortiz 1955, pp. 60-61; *Informe* 1899, pp. 9-10, 19-20; *Informe* 1906, p. 29; *Informe* 1907, pp. 31-32, 78-79.

vender los terneros en el mercado y criar las terneras que, con el tiempo, se convertirían en primíparas y lecheras que incrementarían la producción de leche. Esta cría permitió exceder la producción para consumo propio en tiempos en que la mantequilla argentina se había convertido en un producto solicitado en el mercado inglés. Pero ¿cómo llegarían los productos lácteos de un colono de una zona alejada de la pampa a la mesa de un consumidor en Londres, y cómo se garantizaría la calidad deseada? Ya a fines del siglo XIX los miembros del consejo de la JCA, en especial Alfred Louis Cohen y Herbert G. Lousada, habían mantenido tratativas con compañías inglesas que tenían tambos en la Argentina, las que impusieron condiciones para instalar sus empresas: la participación de factores locales en la construcción de los edificios, poner a su disposición el área necesaria y garantizar una cantidad mínima de producción y estándares sanitarios altos para la leche. El precio que estaban dispuestas a pagar por la leche dependía de su calidad y de los precios de la mantequilla en la Bolsa de Londres. Las compañías se comprometieron a recibir la leche a condición de que su calidad se adecuara a lo acordado, a supervisar la producción y en algunas ocasiones a contratar personal local según los acuerdos firmados.[244]

Los contratos de creación de tambos para la producción de crema, que era transferida a otros centros que la transformaban en mantequilla, fueron firmados con varias empresas. Los primeros tambos se encontraban en Mauricio y Moisesville y en 1905 se creó en Basavilbaso una fábrica de mantequilla que recibía crema de numerosos tambos en la provincia de Entre Ríos. En 1907 bastaba con dos días de actividad a la semana para procesar la crema recibida de 27 tambos (no solo de las colonias de la JCA),

---

[244] *Sesiones* I, 8.7.1899, 8.10.1899, *Sesiones* V, 24.4.1909; JL397, 14.11.1900.

la mantequilla era enviada a la capital en naves refrigeradoras y de allí a Londres. En 1908 había ya 15 tambos en las colonias de la JCA, cuatro de ellos en Moisesville y los demás en Entre Ríos. Ese mismo año los colonos incrementaron sus vacadas y proveyeron más leche de la habitual por el alza de los precios. En 1913 se creó un tambo en Montefiore.[245]

No obstante, había también dificultades. Después de una sequía prolongada, langostas, epidemias, etc., la producción de leche disminuía, a los tamberos no les convenía operar las máquinas y reclamaban indemnizaciones por sus pérdidas. En 1906 se informó que el tambo de Lucienville tenía dificultades para operar debido a la escasa leche provista y durante una epidemia declarada en 1909 se cerraron algunos tambos y otros operaron solo algunos meses al año. La crisis se prolongó varios años y en 1913 todavía había algunos tambos que funcionaban parcialmente. En Barón Hirsch y Narcisse Leven no se desarrolló la producción lechera, los alcances de la actividad en Mauricio eran limitados y los colonos preferían centrarse en la cría y engorde de ganado para producción de carne. El tambo se cerró y solo algunos colonos se dedicaron a la producción de crema con ayuda de mantequeras y su venta a la capital y otras ciudades.[246]

El equilibrio entre los cultivos de secano y la cría de ganado

La gravitación del ganado aumentó y en algunos lugares empezó a desplazar a los cultivos de campo. En 1900 estalló en la Argentina una epidemia de fiebre aftosa que afectó

---

[245] JL363, 13.1.1898; *Sesiones* III, 31.10.1903, p. 48; *Informe* 1900, p. 26; *Informe* 1905, p. 35; *Informe* 1907, pp. 80-81, 103-104; *Informe* 1908, pp. 10, 34, 41-42.
[246] *Informe* 1901, p. 30; *Informe* 1904, pp. 20-21; *Informe* 1909, pp. 8-9, 19, 26, 36, 39; *Informe* 1910, pp. 6-7, 21, 24; *Informe* 1911, pp. 83, 95; *Informe* 1912, pp. 22, 37; *Informe* 1913, pp. 14-15; ASAIB, APSAI, 22.8.1906.

al ganado de los colonos de la JCA, si bien no de manera severa porque ese rubro no estaba muy desarrollado. La prolongación de la epizootia, a la que se agregaron las garrapatas y una sequía que redujo la provisión de alimento y agua, produjo la pérdida de cerca de medio millón de cabezas de ganado en la provincia de Entre Ríos, pero también en esta ocasión los perjuicios de los colonos de la JCA fueron menos graves. No sucedió lo mismo con el ganado que la JCA mantenía en sus establos, donde se perdieron unas mil cabezas. En 1909 se comprobó que el mismo peligro acechaba tanto a quienes se dedicaban al monocultivo como a quienes se ocupaban fundamentalmente de la cría de animales. Debido a la sequía, muchos hatos en la Argentina enfermaron de carbunclo y tristeza bovina; si bien las vacadas de Moisesville y Mauricio se vieron seriamente afectadas por la epidemia, no desaparecieron por completo gracias a la vacuna de Rueg, los baños de desinfección y la alfalfa seca. En Entre Ríos, cuyos cultivos fueron afectados ese mismo año también por la langosta y epidemias de las plantas, y que dependía del alimento obtenido de plantas anuales que resultaba difícil de conservar como forraje seco, las epidemias destruyeron gran parte del rubro. En Clara se perdieron unas 23.000 cabezas de ganado (38% de la vacada). El daño más severo se dio en las vacas lecheras, hecho que afectó también la reproducción. En San Antonio murieron unas 3.900 cabezas de ganado (30% de la vacada) y en Lucienville unas 4.300 (26% del ganado en pie). Además de ello se vendieron a los mataderos muchos miles de animales a precios de pérdida. En Barón Hirsch, donde se criaban caballos, se perdieron 1.100 animales (39% de la manada).[247]

---

[247] JL363, 12.7.1900; *Informe* 1900, p. 5; *Informe* 1901, pp. 30-31; *Informe* 1909, pp. 7-8, 18, 25, 30.

Este rubro no se recompuso hasta después del período estudiado, entre otras cosas debido a la crisis financiera que dificultaba la renovación del ganado. La producción de leche y la cantidad de vacas por chacra se redujeron y no alcanzaron el nivel anterior. En Moisesville y Mauricio se siguió incrementando el área de alfalfa a expensas de los cereales. En general se observaba la tendencia a pasar del forraje a cultivos de campo cuando había epidemias y a reducir los cultivos de secano cuando la cosecha no era buena. El mismo fenómeno se daba en el paso de un cereal de una clase al de otra, y de animales productores de carne a lecheras y viceversa. Se puede decir que se planeaba el futuro según los resultados del pasado, pero no había ninguna garantía de que la naturaleza y el mercado se comportaran en consecuencia.

8

La cultura material y sus problemas

1. El nivel de bienestar y sus características

La situación económica de la mayor parte de los colonos era difícil e inestable. El alimento básico era el pan, que generalmente se horneaba en las casas o se compraba en el almacén. Su presencia en el hogar estaba supeditada a la disponibilidad de harina del trigo cultivado por los colonos. Los precios del trigo y la harina dependían de las variaciones del mercado y, obviamente, la suma recibida por el productor era inferior al precio al por menor; por ello era deseable que el agricultor reservara trigo de su propia cosecha para el consumo anual de la familia y lo llevara a moler en algún molino de los alrededores. Pero ya fuera por la falta de experiencia, porque necesitaban el pago por toda la producción o porque se habían comprometido a entregar la cosecha a los comerciantes a cambio del crédito que estos les habían otorgado, en muchas ocasiones no disponían de ese insumo esencial. Por ejemplo, 43 colonos en Mauricio enviaron en 1899 una carta en la que señalaban que en la última cosecha habían producido 5.000 toneladas de trigo, pero debido a sus deudas habían quedado sin pan: "¡No nos dejen morir de hambre en esta tierra!". En 1901 se informó que los nuevos colonos de Lucienville se veían obligados a pedir limosna para aplacar el hambre y Nemirowsky solicitó que se les entregara trigo para cinco meses, hasta la próxima cosecha. El agente Hurvitz informó que los nuevos colonos de Clara padecían hambre y subsistían gracias a la caridad pública y el agente Chertkoff señaló que la situación de algunas familias era tan triste que debían "entregarles harina, no como un subsidio sino como ayuda moral".[248]

Asegurar el pan para los colonos era una de las principales ocupaciones de las cooperativas; por ejemplo, el *Farein* de Lucienville creó una sección de proveeduría que compraba grandes cantidades de harina cuando el precio era bajo. Lo mismo hizo el Fondo Comunal de Clara en 1905, cuando compró un vagón de harina y comparó los precios y la calidad de la molienda en diversos molinos. Las cooperativas también eran el punto de referencia en este aspecto para las colonias necesitadas de ayuda: cuando se comprobó que los colonos en el territorio de La Pampa pasaban hambre, la colonia Narcisse Leven recurrió a La Mutua de Moisesville y recibió $1.500 para comprar harina. En 1912 se requirió ayuda para los colonos de Dora y se pidió a la cooperativa de Narcisse Leven que reintegrara el préstamo que se le había acordado para ayudar a Dora.[249]

El pan era un tema recurrente. Además de las dificultades objetivas existía también el problema de la concientización de los colonos. En una reunión del Fondo Comunal, sus miembros se negaron a almacenar el trigo en los depósitos de la asociación para permutarlo por harina cuando hiciera falta y en otra reunión debatieron el derecho del Fondo a comprar harina a crédito y distribuirla entre sus colonos por temor a que quienes la recibieran no pudieran

---

[248] JBEx9, 20.5.1909; HM134, 4.5.1899, 12.5.1899; JL363, 15.6.1899; JL310, 19.1.1897; JL328, 26.2.1897; JL329, 29.4.1898; JL334, 21.2.1901; JL397, 19.6.1901, 24.6.1901, 23.8.1901; JL399, 15.5.1901, 17.5.1901, 23.5.1901; HM135, 28.1.1903.
[249] ASAIB, APSAI, 9.10.1902, 28.4.1907, 9.5.1907; FC, AFC1, 10.7.1905, 6.11.1905, 4.12.1907, 27.2.1908; MHCRAG, AMA, 2.10.1910, 22.1.1911; IWO, AMSC2, 17.7.1912; ACHPJ, AR/2, 1912.

saldar la deuda. Después de horas de discusión, un colono se puso de pie y exhortó a distribuir la harina: "Dar pan al hambriento no es material de discusión: ¡se le debe dar! ¡Se debe mitigar su hambre!". A partir de entonces se aceptó esta postura y el Fondo suministró a sus miembros varios miles de bolsas de harina a crédito. En noviembre de 1912 hizo un llamamiento público a sus socios, en el que criticaba el hecho injusto e incomprensible de que quienes producían pan para el mundo entero, una vez terminada la cosecha debieran pedir una bolsa de harina en préstamo. El llamamiento exhortaba a los colonos a reservar dos toneladas de trigo en los depósitos del Fondo para el uso de las familias, a fin de permutarlo por harina, y solicitó a los acreedores que entendieran que ese trigo era de los colonos y no podía ser embargado. Asimismo se señalaba que los colonos debían comprender la importancia del cumplimiento de dicho pedido, y se concluía con el aforismo de Hillel el Sabio: "¿Quién se ocupará de mí, si no lo hago yo mismo?".[250]

El bienestar del colono

El interrogante que se plantea es cómo se puede evaluar el nivel de bienestar de los colonos: ¿de acuerdo con los bienes acumulados, según el nivel de vida que se ponía de manifiesto en el consumo corriente y las inversiones en la vivienda, o por la capacidad de cumplir con sus obligaciones, en primer lugar con la JCA? Los testimonios de los funcionarios que visitaban esporádicamente las colonias indican un incremento en los bienes y un ascenso en el nivel de vida, y en los informes anuales de la sociedad no faltan ejemplos de personas que visitaban las colonias y

---

[250] JL397, 12.8.1901, 14.8.1901; ASAIB, APSAI, 29.4.1902, 19.6.1904; Gabis 1957, pp. 65, 99, 100-101.

se impresionaban de sus éxitos. A partir de esto es difícil extraer conclusiones absolutas, porque las visitas eran breves y cabe suponer que veían solo las chacras de los colonos exitosos.

Al principio, los colonos comparaban su situación económica con la que tenían en sus países de origen. En sus cartas señalaban la dificultad de adaptarse a los nuevos valores monetarios; por ejemplo, un colono describió el procedimiento de obtención de leña para calefacción: "Viajamos al bosque y cargamos un carro por $40". A continuación comparaba: "Lo que se puede comprar en Rusia por diez kopeks cuesta aquí un peso, cuya tasa de cambio es de 0,80 rublos, pero su poder adquisitivo es escaso". Otro escribió a su cuñado en 1899 que los gastos de la familia en ocho días alcanzaban en Rusia para todo el mes. Un colono en Moisesville escribió a su hermano que la carne era barata y que había mucha leche, azúcar, queroseno, té, etc.; otro describió a su hijo la mesa tendida con toda clase de manjares: "carne, dulces y vino como en un día de fiesta". Un matrimonio escribió en 1898 que la cosecha "llega a 2.000 puds (1 pud = 16,38 kg); con una producción como esta, en Rusia uno puede ser rico, pero acá solo alcanza para subsistir". Además de enfrentarse con la nueva moneda y los precios diferentes, los colonos debían acostumbrarse a distintas pautas de consumo. Cociovitch escribió que el campesino en Lituania "antes que nada, se provee de su propia producción para alimentar a su familia y luego, recién, vende lo que le sobra", y agregó que en Moisesville produce "solo trigo y un poco de lino exclusivamente para el mercado y compra los productos que necesita…".[251]

---

[251] Bizberg 1945, pp. 37-40, 46; Berenstein 1953, pp. 8-9; Cociovitch 1987, pp. 107-108.

Es interesante un testimonio de una fuente completamente diferente. En 1904 visitó las colonias de la JCA en la Argentina Nicolás Krukoff, enviado por el Ministerio de Agricultura de Rusia en viaje de estudios a países agrícolas. Krukoff comparó el nivel de vida de los colonos con el que tenían en Rusia y señaló que quienes llegaban a la Argentina se asombraban de los altos precios del calzado y otros productos, pero después entendían que con sus ingresos podían comprar más insumos. A consecuencia de ello menospreciaban las monedas y usaban los billetes, como los lugareños:

> Sus bosillos están abultados por grandes fajos de dinero y se debe tomar en cuenta que hasta hace poco tiempo, las manos de los jóvenes temblaban cuando debían pagar diez kopeks por los que debían trabajar duramente.[252]

Obviamente, no se puede determinar la situación socioeconómica de los colonos comparando solo los precios de los productos en la Argentina con los de Rusia. Una estimación más precisa se basa en el examen del excedente, expresado en términos monetarios, del que disponía el colono después de su actividad económica en determinado lapso. Pero ante la falta de un cálculo de pérdidas y ganancias que pueda brindar esa evaluación, nos limitaremos a examinar el uso que hacía de sus recursos financieros.

Antes de abordar ese uso (el nivel de consumo y los bienes económicos y de consumo adquiridos) mencionaremos la postura ideológica ante las inversiones consideradas más convenientes. En 1907 Cazès informó que muchos colonos de Mauricio gozaban de un bienestar que ostentaban y cuya importancia exageraban. A diferencia de ellos,

---

[252] *Informe* 1904, pp. 38, 45-46.

expuso lo que consideraba el bienestar verdadero de los colonos en Lucienville, que no era exhibido sino que se ponía de manifiesto en las mejoras que introducían en sus chacras. Mencionó que todos los días comían pan blanco, que el consumo de carne estaba difundido y que la salud pública era buena, y agregó que si bien no ostentaban su bienestar, este era real.[253]

La JCA veía el ahorro y la frugalidad como cualidades importantes para el arraigo en el campo. De hecho, esto formaba parte del modelo de colono en determinadas regiones en Europa, que el barón quería imitar. Esta concepción cundió también en el período estudiado: según varios testimonios, Lapine abogaba por esta postura combinada con la existencia de chacras autárquicas:

> Trabajen con diligencia, críen aves y ganado, planten huertas, cultiven verduras, reduzcan los gastos y ahorren [...] Tienen que comer del propio pan, hecho con vuestra propia harina; pan de trigo entero y no de harina flor, de uno o doble cero.

La actitud negativa ante la tendencia a orientar los recursos económicos al consumo doméstico formaba parte también de diversos sectores de colonos. Cociovitch señaló que en Moisesville vestían toda la semana ropa de trabajo y calzaban alpargatas y agregó que lo mismo hacían los más adinerados, porque "a una persona elegante la consideraban un vago". Según Alpersohn, 30 colonos se habían comprometido en Mauricio a abstenerse de vestir "ropa de seda y terciopelo".[254]

A pesar de los ejemplos mencionados, no se puede afirmar que la mayor parte de los colonos veían la frugalidad como un valor rector en sus vidas. Sí se puede decir

---

[253] *Informe* 1907, pp. 63, 76.
[254] Alpersohn s/f, p. 383; Cociovitch 1987, p. 114.

que las condiciones en Rusia y en las zonas periféricas en la Argentina impusieron este estilo de vida a muchos colonos de la JCA durante el período estudiado y que estos tendían a mejorar su nivel de vida aunque quedaran expuestos a la crítica de los colonos que predicaban una vida modesta. Así lo describió en 1914 Shojat, un colono de Narcisse Leven: cuando la colonia obtuvo la primera cosecha excelente los colonos no supieron aprovecharla y en lugar de comprar tierra y medios de producción, dilapidaron el dinero "en tonterías y cosas poco prácticas". También Alpersohn criticó a los colonos de Mauricio que con las ganancias de la primera cosecha habían comprado en la aldea vecina muebles caros para embellecer sus casas, a cuyas dimensiones no se adecuaban. Según su testimonio, él formaba parte de un grupo de colonos que se había pronunciado contra los lujos, pero de sus afirmaciones se desprende que lo consideraba una causa perdida, porque: "¡Muy pocos, insignificantes en número, permanecimos fieles al ideal de luchar contra el perverso lujo! Una maldición pende sobre nuestro pueblo; la ostentación se nos metió en la sangre y en el tuétano". El colono Meir Dubrovsky escribió en 1910 un artículo en el que criticaba la tendencia al lujo de los colonos de Entre Ríos, señalaba que debido a eso los gastos se habían duplicado y advertía sobre las consecuencias sociales y morales de ese comportamiento.[255]

De esto surge que en las estimaciones de la época sobre los gastos dedicados a la subsistencia de la familia se plantea el interrogante de qué se consideraba una vida básica sin lujos. En un memorándum enviado a la JCA en 1903, los colonos de Moisesville trataron de detallar los precios de los insumos básicos; la lista incluía harina,

---

[255] Shojat 1953, pp. 59-61; Alpersohn s/f, p. 387.

azúcar, carne, queroseno, cerillas, tela de lino y alpargatas. Las otras necesidades mencionadas eran visitas al médico, medicamentos, ceremonias nupciales, nacimientos, sepelios y gastos comunitarios varios. La evaluación de los ingresos necesarios para la manutención de una familia fue realizada también por los administradores de la JCA. En 1896, durante la reorganización de Mauricio, Lapine había basado sus cálculos en una estimación de $300 anuales para una familia pequeña con una fuerza laboral de una persona y media. No era una evaluación precisa porque se basaba en el consumo máximo de la producción propia, cuyo costo no había tomado en cuenta. Se trataba de una estimación exagerada y aunque se hubiera podido concretar no se podían eludir los gastos relacionados con la producción de los alimentos.[256]

En 1901 Nemirowsky realizó en Lucienville un cálculo más real, basado en los gastos de una familia de cinco miembros, definida como mediana, que disponía de 50 hectáreas cultivadas por ella misma. El cálculo detallado llegaba a la conclusión de que la familia necesitaba $312 anuales para comida: harina, té, yerba, azúcar y arroz. Él tampoco señalaba el costo de los alimentos de producción propia, como verduras y huevos, pero afirmaba que estos formaban parte de los gastos de producción de dichos rubros. Evaluó los gastos por vestimenta y calzado en $140 al año y tomó en cuenta otros a los que Lapine no había asignado importancia, como $97 para la compra de queroseno, leña, velas, tabaco, medicamentos, utensilios domésticos y celebración de festividades; la suma total llegaba a $549 anuales. Prestó atención al mantenimiento de la casa y en su opinión no exageraba en los precios, pero llegó a sumas más altas que las habituales entre colonos de otros

---

[256] Bizberg 1947, pp. 65-107; Lapine 1896, pp, 2-3.

orígenes, como los alemanes de Rusia "por cuyas venas fluye sangre de campesinos desde hace siglos". Agregó que "el ideal existente es que la gente viva mejor, y no peor", y advirtió que si el nivel de vida fuera inferior al mínimo indispensable, los colonos se trasladarían a la ciudad, en donde "les resulta relativamente fácil adaptarse". Nemirowsky sostenía que el colono tenía derecho a una retribución por su trabajo y por su disposición a permanecer en el lugar, además de las ganancias, que consistían en la diferencia entre los ingresos y los egresos monetarios. Este aspecto no había sido expuesto con anterioridad.[257]

El nivel de vida mejoró con el tiempo, tal como podía percibirse en la construcción y reparación de las viviendas y la compra de sulkys que acercaban a las familias a los centros de actividad social y eran utilizados también en las chacras. Su precio llegaba a $200-300, lo que implicaba que con el costo de dos sulkys se podía construir una casa barata. Además de la acumulación de bienes de consumo se produjo un incremento notorio en los bienes de producción, entre los que se destacaban aquellos relacionados con la tierra: depósitos, alambre de púa y postes para las alambradas, aljibes, molinos de viento para extraer agua, abrevaderos para los animales, las áreas sembradas con cereales (que constituían un bien valioso) y los campos de alfalfa, en especial en Moisesville y Mauricio. En 1901 las tierras en posesión de Mauricio estaban valuadas en $400.000 e incluían 180 km de alambradas, que eran condición previa a la creación de campos de alfalfa.[258]

En la cantidad de cabezas de ganado se observó un aumento importante pero irregular. En 1900 los funcionarios de la JCA se vieron en dificultades para estimar su número, porque muchos colonos habían extendido sus

---

[257] JL397, 10.10.1901.
[258] *Informe* 1901, pp. 23, 25; *Informe* 1908, p. 52.

actividades a la cría y venta de ganado sin la mediación de la JCA y los datos estadísticos no incluían ese patrimonio. El ritmo de crecimiento era irregular debido a las variaciones en los precios del ganado y el forraje, y a las epidemias y plagas que causaban gran mortalidad en las vacadas. Se invirtieron ingentes sumas en equipos y maquinarias agrícolas modernas: en 1913 los colonos contaban con más de 4.200 arados, una cantidad similar de gradas, más de 4.800 carros y sulkys, unas 3.000 segadoras y cosechadoras, unas 1.500 sembradoras y otras máquinas. Según diferentes testimonios, las principales inversiones de los colonos en bienes agrícolas (tierras y equipamiento) se realizaron en Moisesville, Mauricio, Lucienville, Clara, Santa Isabel y Barón Hirsch. En 1905 Cazès estimó las inversiones en Clara en 5.000.000 de francos franceses (unos $2.250.000). En el período estudiado, en Narcisse Leven, Dora y Montefiore aún no contaban con el capital necesario para ampliar sus inversiones, lo que no significa que no tuvieran equipos y otros bienes, ya que disponían de escasos bienes muebles que habían recibido de la JCA al colonizarse.[259]

Un parámetro de holgura económica era la capacidad de pagar la cuota anual por la tierra y las inversiones relacionadas con la colonización, que en los primeros años era limitada no solo porque los ingresos de la chacra eran insuficientes sino también porque se debía invertir todo lo posible en el desarrollo de la misma para que fuera rentable. La mayor parte de los colonos de Mauricio empezaron a pagar la cuota plena a partir de 1902; la colonia se destacaba en este aspecto. En 1904 se había abonado en Mauricio el 88% de la suma prevista; en Moisesville, el 15%; en Lucienville, el 6,2% y en Clara el 13,5%. El monto total abonado ese año llegaba a $97.000, un año después ascendió

---

[259] *Informe* 1900, pp. 9, 17, 26; *Informe* 1913, pp. 34-35; *Informe* 1907, pp. 70-71; *Informe* 1911, pp. 101-102, 121-122, 130; Bizberg 1945, p. 33.

a $211.000 y en Mauricio superó el 100%, es decir que saldaron también deudas anteriores. En los años siguientes hubo oscilaciones: el punto máximo se alcanzó en 1910, en el que la JCA recibió más de $538.000; en 1912-1913 el monto descendió a $443.000 y $413.000 respectivamente. De todas maneras, estas sumas eran más significativas que en los primeros años e indicaban cierta mejora.[260]

2. Las dificultades del afianzamiento económico

Las deudas

En 1911 Oungre vio en Lucienville muebles modernos y ropa de calidad, pero tendió a creer al presidente de la cooperativa Hirsch Zentner que el bienestar era solo aparente, porque los colonos estaban sumidos en deudas. Quienes veían los bienes que poseían, la maquinaria moderna que usaban para las tareas del campo, las grandes vacadas y los prósperos campos de secano y alfalfa suponían que se trataba de ricos terratenientes con el futuro asegurado, pero ese patrimonio no les pertenecía porque estaban endeudados y no lograban saldar las deudas, que crecían constantemente. ¿Cómo se llegó a esa situación?[261]

a. El origen: la tierra y los gastos de colonización: según diferentes versiones de los contratos firmados con la JCA, la tierra no pertenecía al colono hasta que terminara de saldar todas las cuotas anuales por el terreno y demás gastos de colonización. Su situación hasta ese

---

[260] *Informe* 1899, p. 15; *Informe* 1903, pp. 35-36; *Informe* 1904, pp. 21-22; *Informe* 1905, p. 42; *Informe* 1910, p. 7; *Informe* 1912, p. 23; *Informe* 1913, p. 15.
[261] *Informe* 1911, pp. 42-43.

momento era la de un arrendatario, y la mayor parte de los contratos se redactaban como acuerdos que prometían vender la tierra el día en que se saldaran todos los pagos pendientes. Como el colono no tenía la posesión oficial de la misma, no podía usarla como aval cuando pedía préstamos.

b. Las inversiones exageradas: las grandes inversiones en todo tipo de bienes, efectuadas a fin de obtener ganancias, fueron financiadas por comerciantes y empresas que cobraban altas tasas de interés por el crédito otorgado y también con la ayuda de préstamos y anticipos de la JCA. Estas inversiones realizadas con buenas intenciones económicas alcanzaron dimensiones tales que no dejaron en manos de los colonos fuentes de subsistencia durante el año, ni siquiera para cubrir los gastos de la cosecha, y bastaba con que una cosecha fuera mediocre para que la provisión de insumos básicos dependiera por completo de los comerciantes de la región, que los vendían a precios exorbitantes. En 1897 el administrador de Mauricio alertó contra esta tendencia a efectuar inversiones exageradas. Dos años después, las deudas de los colonos eran tan grandes que los comerciantes temían –o no podían– seguir ofreciéndoles crédito, y los colonos se vieron con mejoras en las tierras pero sin medios de subsistencia.[262]

c. Las deudas causadas por la enmienda de errores del pasado, entre ellos cabe mencionar:
   1. La necesidad de agrandar las parcelas pequeñas de secano.
   2. Los gastos ocasionados por el paso a cultivos mixtos.

---

[262] JL329, 2.12.1897; JL363, 15.6.1899; HM134, 12.5.1899, 19.5.1899.

3. Los gastos por mudanzas al abandonar sitios inapropiados y pasar a otros más adecuados. Por ejemplo, los colonos de Lucienville debieron desplazarse a otro lugar cuando sus campos fueron ampliados y reparcelados. El traslado implicaba la mudanza, alambradas nuevas, roturación de la tierra virgen en la nueva parcela, gastos de acarreo y pérdida de tiempo cuando no podían dedicarse a las labores de campo, y las consecuencias eran gastos elevados y una cosecha reducida. Por consiguiente, era obvio que los colonos tenían dificultades para pagar las cuotas anuales y mantenerse.
4. Los trabajos de mejora de los suelos: por ejemplo, en la colonia Barón Hirsch se generaron deudas especiales porque debieron realizar grandes inversiones en plantaciones y otras actividades no habituales para detener las dunas que amenazaban convertir sus tierras en un páramo. En 1913-1914 se plantó un millón de árboles.[263]

d. La falta de fuentes de financiación para los agricultores: en el período estudiado, todos los agricultores argentinos sufrían por la falta de instituciones de financiación plausible. En 1891 se promulgó la ley de creación de un banco de propiedad estatal y privada. Hasta 1904 no se logró atraer capitales privados y se creó un banco estatal destinado (según la visión del ministro de Hacienda) a fomentar la agricultura y la ganadería. Esta intención no se concretó: en 1905-1913 el banco otorgó préstamos por $5.126.000,

---

[263] ASAIB, APSAI, 29.4.1904; JL426, 17.7.1913.

de los cuales solo $1.657.000 estuvieron destinados al campo. La sucursal de Basavilbaso, creada en 1914, aparentemente otorgaba créditos a los comerciantes del lugar. No está claro si los colonos de la JCA pidieron o recibieron esos préstamos, porque no contaban con los avales requeridos.[264]

La falta de financiación para los agricultores era una anomalía en un país cuya mayor riqueza provenía del campo, razón por la cual este tema ocupaba la atención de la prensa y los círculos rurales, entre ellos los estancieros cuya situación distaba de la de los colonos y arrendatarios que se veían en dificultades para subsistir. Entre las propuestas elevadas había algunas que permitían el otorgamiento de préstamos pequeños a bajo interés cuando el inventario y la cosecha del agricultor podían servir de garantía. Esta iniciativa provenía del despacho del enérgico ministro de Agricultura Eleodoro Lobos. Ya en 1912 el Banco de la Nación había autorizado a sus habilitados en las sucursales en todo el país a otorgar préstamos por un monto de $3.000, con garantías estrictas. Los resultados concretos de esta iniciativa, si es que los hubo, tuvieron lugar después del período estudiado. Los socios de la cooperativa en Clara no recurrieron a esta herramienta financiera hasta 1914; también en este caso resultaba difícil conseguir los avales, porque muchos animales estaban prendados a favor de la JCA y yerrados con su marca de propiedad.[265]

---

[264] Ortiz 1955, pp. 299-300; *La Agricultura*, 1.1.1900; Hurvitz 1932, p. 130; JL425, 15.2.1907.
[265] Gabis 1957, pp. 103; Cárcano 1917, p. 103; FAA, *Boletín*, 16.11.1912; 30.11.1912; FAA, *La Tierra*, 28.1.1913; 4.3.1913; *La Capital*, 15.1.1912, p. 513; Bizberg 1947, p. 97.

El capital de trabajo y la libreta de crédito

Se encontraron diversas formas de superar la escasez de capital de trabajo en el lapso entre la siembra y la cosecha. En Santa Isabel hubo quienes recurrieron a préstamos recibidos de estancieros no judíos de la región; en Barón Hirsch y Moisesville había colonos adinerados que ponían a disposición de sus amigos préstamos sin interés; en Carlos Casares, contigua a Mauricio, había prestamistas que daban dinero a tasas usurarias. A uno de ellos se refirió Gros, el contable principal de la JCA:

> Es la persona adecuada en cualquier ocasión y con cualquier propósito: préstamos, intermediación entre el colono y las autoridades [...] Obviamente, recibe un interés exorbitante y retiene las cosechas [...] Cuando un colono cae en sus manos, le resulta difícil liberarse.

En 1912 se fundó el periódico *Der Farteidiguer* (el defensor), una de cuyas metas era combatir a estos prestamistas. Otra forma consistía en depender de los comerciantes de la región a través de sus libretas de crédito. Antes de la cosecha, los comerciantes competían por el derecho a ofrecer créditos hasta la finalización de la trilla. El riesgo comercial que asumían era grande porque el pago de la deuda dependía de los resultados no demasiado claros de la cosecha, de la buena voluntad del prestatario para saldar la deuda y de una espera prolongada que tenía su precio. Por todo ello, no debe asombrar que la disposición a asumir dichos riesgos tenía un costo elevado que se ponía de manifiesto en los precios de los productos que suministraban. Muchos testimonios, incluidos los de no judíos, mencionan a los almacenes, pulperías y boliches en los que se podían comprar diversos productos a precios que dejaban a los comerciantes buenas ganancias. Había algunos, cuyo afán de lucro era insaciable, que solían hipotecar la cosecha a cuenta de la deuda.[266]

Por ejemplo, algunos colonos afincados en Clara escribieron a los rabinos en Jerusalén que los colonos de los alrededores estaban muy endeudados porque "estaban acostumbrados a comprar a crédito durante todo el año". En San Miguel, junto a San Antonio, las deudas se acumulaban en el almacén porque las familias eran especialmente numerosas y necesitaban muchos insumos básicos. Los colonos nuevos que aún no conocían las condiciones del lugar y a quienes les resultaba insuficiente el presupuesto de colonización que la JCA ponía a su disposición, se dirigían a los comerciantes. El autor del informe anual de 1912 mencionó a un grupo nuevo que se colonizó en Clara, al que hubo que proporcionar fuentes de sustento adicionales para que no cayera en "el error que casi todos cometen, acudir a los comerciantes, contra el cual luchamos". Este fenómeno preocupaba no solo a los colonos sino también a las cooperativas y a la JCA. En 1901 el *Farein* no pudo comprar a bajo precio y a crédito hilos, bolsas y repuestos para la recolección, porque la mayor parte de los colonos habían vendido las cosechas por anticipado a los comerciantes a cambio de insumos varios. Obviamente, si la cosecha ya estaba vendida, el *Farein* no contaba con la posibilidad de recibir pago alguno por los insumos que quería proveer.[267]

---

[266] Gorskin 1954, pp. 31-32; JBEx10, 5.8.1909; *Informe* 1907, p. 84; ASC, J41/219, 18.11.1897; Hurvitz 1941, p. 75; Kaplan 1955, pp. 179-180; Eidt 1971, p. 129.
[267] Bizberg 1945, p. 44; *Informe* 1907, pp. 99-100; *Informe* 1912, p. 30; ASAIB, APSAI, 1.10.1901, 6.11.1901.

El crédito cooperativo

A principios del siglo XX, el consejo de París debatió el otorgamiento de préstamos y anticipos a los colonos y expresó su deseo de conceder créditos a quienes se organizaran en asociaciones similares a los *artel* (especie de cooperativas productoras en Rusia). Entre las ventajas de este método se contaba la posibilidad de aceptar garantías colectivas además de las personales. Por esta razón, la JCA estaba interesada en que las asociaciones obtuvieran la personería jurídica que les permitiría efectuar operaciones comerciales y asumir compromisos económicos. Cazès visitó las colonias en Entre Ríos en marzo de 1903 y quedó bien impresionado de las actividades de la cooperativa de Lucienville y apoyó su pedido a la JCA de un préstamo por $4.000, a fin de que aquellos colonos cuyas cosechas habían sido confiscadas por los acreedores pudieran comprar semillas para la próxima temporada. A partir de entonces se inició un proceso de préstamos y anticipos a las cooperativas, generalmente para propósitos definidos por la JCA y según la lista de colonos que esta había autorizado. Las cooperativas otorgaban préstamos a los colonos a cambio de pagarés firmados por los prestatarios. Asimismo, las cooperativas compraban a los comerciantes insumos para sus socios, a un crédito basado en la cosecha prevista. Los comerciantes recibían pagarés de las cooperativas y el hecho de que eran respaldados por la JCA los convencía para confiar en ellas. Los colonos no debían presentar avales sólidos más allá de los pagarés y por eso parecía haberse encontrado una buena alternativa a la obtención de préstamos con el aval de los campos u otros bienes que no podían presentar. Si el área sembrada era grande y si su aspecto prometía una buena cosecha, compraban maquinaria, bolsas, hilos, repuestos, aceite de máquinas, etc. Los comerciantes y la JCA otorgaban créditos según la situación en el campo, pero a veces esto era una especie de "garantía a futuro" de dudoso valor por la inestabilidad climática y las posibles plagas. Si toda la cosecha, o al menos parte de ella, era buena, se podía saldar la deuda con la cooperativa, que a su vez pagaba la suya a la JCA y a los comerciantes, y el proceso de inyección de capital continuaba; pero cuando la cosecha fracasaba no se pagaban las deudas, se interrumpía el proceso y las actividades de la cooperativa se paralizaban.[268]

Esa parálisis tenía dos consecuencias: en primer lugar, los proveedores de las cooperativas se rehusaban a otorgarles más crédito y las amenazaban con demandas judiciales. La intercesión de los dirigentes de las asociaciones lograba prórrogas, pero los colonos tenían dificultades para cumplir los nuevos plazos. La JCA temía que las cooperativas quebraran y las ayudaba concediéndoles créditos; de esa manera las deudas de estas a la sociedad crecían y ocupaban un lugar mayor en el monto global de sus obligaciones. En segundo término, los socios no tenían con qué preparar la temporada siguiente. Después de 1910 las deudas crecieron como una bola de nieve y a principios de 1913 la JCA convocó a los presidentes de las cooperativas para analizar la situación. En ese entonces la deuda de los colonos a la JCA solo en concepto de anticipos llegaba a $950.000; $700.000 de ellos eran las obligaciones a pagar por las cooperativas. Se trataba de deudas a corto plazo que crecían también debido a los intereses por mora. La reunión tuvo lugar en enero, en plena temporada de recolección, razón por la cual no asistieron los delegados de Narcisse Leven, pero su presencia era menos importante porque la mayor parte de las deudas de las cooperativas a la JCA se concentraba en Lucienville, Clara, Moisesville

---

[268] HM135, 27.3.1903; *Sesiones* II, 19.1.1902; *Sesiones* III, 27.4.1903; *Informe* 1908, pp. 12-15; ASAIB, APSAI, 20.2.1903; Hurvitz 1932, p. 81.

y Barón Hirsch. Tres temas se elevaron a debate; el primero de ellos era el pago de las deudas. Los delegados no tenían atribuciones para asumir responsabilidades sobre las fechas de pago en nombre de las cooperativas, y por ello se acordó que a su regreso a las colonias reunirían a los socios y presentarían propuestas concretas para resolver el problema.[269]

El segundo tema se refería a la consolidación de las cooperativas aumentando el capital propio, para que dependieran menos de los proveedores de crédito externos. Las cooperativas operaban casi sin capital propio; el *Farein*, que se basaba en una cuota social modesta y en una caja de ahorros que era propiedad del ahorrista, solo podía brindar servicios movilizando capital externo y las reducidas ganancias que podían acumularse en su caja. En las demás cooperativas, en las que el capital estaba compuesto por acciones, existía en teoría la posibilidad de incrementar el capital emitiendo nuevas series de acciones, pero esta tentativa solía fracasar. Más aun, los socios se veían en dificultades para saldar las deudas por las primeras acciones que habían comprado en cuotas. Al respecto, los asistentes se comprometieron unánimemente a emitir nuevas acciones y realizar tareas de esclarecimiento para que los socios pagaran por ellas a tiempo.[270]

El tercer punto debatido fue el de los avales. La JCA creía que la garantía colectiva tenía más valor que la individual, pero cuando los individuos no pagaban sus deudas a las cooperativas, en manos de la JCA no quedaba ninguna garantía concreta y exigía a las cooperativas la entrega de

---

[269] Para deudas, ver: JL356, 11.4.1912, 16.5.1912, 6.6.1912, 18.7.1912; JL357, 7.11.1912; JL425, 9.1.1913.
[270] Shojat 1961, p. 187; JL425, 9.1.1913; Actas de las sesiones de la reunión general de las sociedades cooperativas de las colonias en Buenos Aires, 3.1.1913 en JL425,16.1.1913; *Informe* 1907, p. 41.

los pagarés de los colonos endosados a su nombre. En la reunión se expusieron varias ideas: Sajaroff (presidente del Fondo Comunal) sostuvo que los socios de las cooperativas debían garantizar las deudas de estas aun con sus bienes personales; Cociovitch (presidente de La Mutua) y Brodsky (presidente de La Sociedad Agrícola Barón Hirsch) se opusieron. Finalmente se acordó que la mejor garantía era la firmeza con la que las comisiones de las cooperativas exigieran a sus socios el pago de las deudas. La JCA lo aceptó a condición de que se le permitiera supervisar los procedimientos relacionados con el otorgamiento de anticipos. Todos los presentes estuvieron de acuerdo, excepto los delegados de Barón Hirsch.[271]

Después del encuentro empezaron a llegar las propuestas de las cooperativas para saldar las deudas, la JCA las examinó y acordó prorrogar el pago, que originalmente era a corto plazo, a un lapso de diez años. El consejo aprobó el acuerdo a condición de que se incrementara el capital de las cooperativas, que el pago de la deuda se acelerara en caso de que las próximas cosechas fueran buenas y que se cumpliera el depósito de los pagarés endosados en la capital. Pero este acuerdo no bastaba y en abril de 1913 Veneziani y Leibovich anunciaron que, a pesar de las drásticas medidas adoptadas por las cooperativas ante sus socios deudores, los resultados eran mínimos. Los intentos del Fondo Comunal para obtener préstamos del Banco de la Nación fracasaron y la esperanza de aumentar el cobro de la deuda de los socios se esfumó. En esos meses la JCA se vio abrumada por pedidos de nuevos anticipos, que generalmente fueron rechazados.[272]

---

[271] JL425, 9.1.1913; Actas de las sesiones de la reunión general..., ibíd.
[272] JL425, 6.2.1913; JL494, 12.2.1914, 3.4.1913, 24.4.1913; JL426, 1.5.1913, 4.9.1913, 18.9.1913.

Las deudas siguieron creciendo en 1914; en agosto los colonos de Clara debían al Fondo Comunal unos $435.000, pero esa suma era tan solo una pequeña parte de sus obligaciones: Starkmeth estimó que la deuda a corto plazo ascendía a unos $2.500.000. Las inundaciones que asolaron ese año la región destruyeron la cosecha, los campos de alfalfa quedaron arrasados, las alambradas se rompieron, los edificios se inundaron y muchos animales se ahogaron o murieron de hambre y epidemias. Una de las consecuencias de la catástrofe fue el incremento de las deudas y la disminución de los ingresos. Durante todo ese año la JCA vaciló entre ayudarlos, con todos los riesgos económicos que eso implicaba, o "dejarlos caer", en palabras de los directores de la capital. A fines de año llegaron a acuerdos separados con las cooperativas, que se basaban en una supervisión más estricta de la JCA y la distribución de la cosecha prevista entre la cooperativa, el colono y la JCA, pero en proporciones diferentes. En los últimos años del período estudiado las cooperativas dejaron de operar en el ámbito del crédito; más aun, se abocaron a realizar intentos desesperados de cubrir las deudas anteriores, en una época en la cual el crédito comercial en la Argentina se hallaba en crisis. La guerra que estalló en agosto de 1914 impidió que la JCA brindara una ayuda efectiva y la actividad de las cooperativas quedó paralizada hasta 1917-1918, pero este tema excede el período estudiado.[273]

---

[273] JL427, 15.1.1914, 25.6.1914, 16.7.1914; JL494, 16.7.1914; JL428, 11.12.1914, 20.2.1915; MHCRAG, AMA, 29.3.1914, 5.7.1914; Hurvitz 1932, pp. 95-96; Gabis 1957, p. 107; Lucca de Guenzelovich 1988, p. 22.

Resumen

En la cultura material de las colonias se produjo una mejora. Los colonos disfrutaban de una vida más confortable y disponían de bienes más efectivos y de mejor calidad, pero se trataba de algo efímero porque la mejora en las ganancias no se traducía en la posesión de los bienes a su servicio, situación que no les permitía tener el futuro asegurado.

Hasta el momento hemos analizado la cultura material, la economía y el afincamiento de los colonos; en los próximos capítulos examinaremos la vida social y cultural que se desarrollaba en una comunidad que evolucionaba en las condiciones antes descriptas.

Cuarta parte.
Sociedad y comunidad

9

La comunidad como una sociedad periférica

Para analizar las características de las comunidades estudiadas, concentraremos las numerosas dimensiones que definen a una comunidad en tres ámbitos básicos: a) el aspecto geográfico y territorial, b) las interrelaciones sociales entre los miembros de la comunidad y c) la identificación cultural y espiritual de individuos y grupos con la comunidad, sus metas y valores.

1. El espacio geográfico de la colonia y sus características

El espacio es el lugar en el cual el habitante de la comunidad mantiene relaciones con sus amigos, un territorio cuyos límites son a veces flexibles, como en las sociedades nómadas; si bien fuera de ellos se encuentran otras comunidades, los límites constituyen una barrera que no impide las relaciones de individuos y grupos pertenecientes a dicha comunidad con elementos externos. Así se tornaban posibles las relaciones del individuo con sus familiares en otra colonia, en la capital o en Rusia, el intercambio epistolar entre un maestro y el consejo de educación en la capital de la provincia, etc., sin tener que renunciar al concepto de comunidad. La hipótesis opuesta, según la cual en la comunidad se entablan relaciones recíprocas solo entre los lugareños, lleva a la definición de una comunidad autárquica que no se adecua a una sociedad moderna caracterizada, entre otras cosas, por relaciones abiertas y comunicaciones desarrolladas.[274]

Las comunidades surgían en un punto geográfico determinado porque este se convertía en un polo de atracción gracias a los recursos naturales descubiertos en él (minerales, aguas termales, etc.), porque se trataba de un lugar de fácil acceso (junto a una ruta principal, un cruce de caminos, etc.) o porque la tierra fértil y el clima moderado inspiraban a los recién llegados esperanzas de éxito.[275]

En las colonias de la JCA en la Argentina no había recursos naturales y, excepto Lucienville, no se encontraban en lugares con buenas posibilidades de transporte. A pesar de las esperanzas de la JCA, la tierra y el clima no eran los más propicios e influían sobre la clase de actividades económicas en las colonias; por el contrario, el peso de los argumentos ideológicos (de los que hablaremos a continuación) era muy grande. Si bien no era uniforme, el "adhesivo" ideológico-social fijaba los límites de la comunidad no menos que el territorio de la colonia. Generalmente, los colonos distinguían entre la pertenencia a la colonia "grande" (Clara, Moisesville, Barón Hirsch, etc.) y a la colonia "chica" que formaba parte de ella, como Sonnenfeld en Clara, Zadoc Kahn en Moisesville, Algarrobo en Mauricio, etc. Otro aspecto a tomar en cuenta se debía al tamaño de las colonias: cada grupo independiente colonizado en tierras de Leloir se llamaba colonia, pero después de algunos años se consideraban pertenecientes a la colonia grande Barón Hirsch. En la "gran Clara" había más de 20 colonias "pequeñas".[276]

---

[274] Enoch 1985, cap. 8, pp. 3-4.
[275] Ibíd., pp. 4-5.
[276] JL329, 15.2.1897; López 1991, p. 12; Verbitsky 1955, pp. 84-85; Winsberg 1963, pp. 15-17; ver lista de grupos en *Informe* 1896, pp. 7-8.

El excolono Baruj Reznick describió dos círculos: el de la colonia Virginia, a la que llamaba pueblo, y el de la colonia grande Moisesville. Reznick había nacido y vivía en el marco más reducido y tenía relaciones familiares con el marco más amplio, que era también el ámbito de su actividad pública. También se puede percibir la subdivisión de la colonia pequeña en grupos o líneas: en Escriña (un grupo de Lucienville) había diez Escriñas numeradas y en las demás áreas de la colonia había dos grupos Novibug (1 y 2), etc. En aquellos grupos en los que la colonización se hacía por líneas generalmente numeradas, cada línea definía la "identidad geográfica" de sus habitantes.[277]

Por todo ello, cada habitante de la colonia pertenecía a varios marcos: el más próximo era el del entorno reducido en el que mantenía las relaciones primarias y en él se encontraba la casa; a continuación estaba el grupo o la línea, después la colonia pequeña y finalmente la colonia grande. Se puede considerar a las colonias grandes y sus subgrupos como una comunidad rural con dimensiones y límites geográficos definidos; esa zona definida tenía características topográficas, climáticas, etc., que influían sobre el individuo. El paisaje, el clima y las estaciones solían ser diferentes a los de los países de origen y dejaban su impronta sobre los miembros de la comunidad; por ejemplo, un colono de Clara escribió: "Ahora es invierno [...] como el verano en Rusia".[278]

Hubo quienes se explayaron en las descripciones de la influencia del paisaje porque suponían que este forja el carácter y el aspecto del individuo. Alberto Gerchunoff, hijo de colonos, sostenía que el paisaje de Entre Ríos había modificado paulatinamente la fisonomía de sus habitantes. Adolfo Leibovich refirió que cuando su familia

---

[277] Reznick 1987, p. 17; Hurvitz 1932, p. 31; Gorskin 1951, p. 55.
[278] Bizberg 1945, p. 39.

se trasladó de Palacios a Clara quedó muy impresionada por el paisaje, la abundancia de agua y "la belleza de los lugareños". Krucoff mencionó que cuando los colonos llegaban a Buenos Aires, los lugareños se sorprendían ante su aspecto extraño, no solo por el capote largo, el sombrero y los aladares sino fundamentalmente por sus rostros tenebrosos y desesperanzados, "pero en la Argentina cambian rápidamente y su aspecto se vuelve parecido al de los demás argentinos: la expresión es más abierta y la mirada, más decidida".[279]

Una influencia aun mayor radicaba en el hecho de que la mayor parte de las colonias estaban situadas en zonas que, según la concepción del país, se encontraban en proceso de "conquista del desierto" y fecundación de tierras que nunca habían sido cultivadas. La característica principal era que se hallaban en lugares en los que los procedimientos gubernamentales y judiciales y el cumplimiento de la ley eran incipientes. En ese sentido, las comunidades creadas en esas regiones, al menos en sus primeros años de existencia, pueden ser consideradas comunidades periféricas. Por ello examinaremos el significado de esta afirmación en los ámbitos de las características gubernamentales y las instancias judiciales, la seguridad de los colonos, las proyecciones de la dispersión geográfica y la situación inicial de las condiciones sanitarias.

2. El gobierno, la administración y la ley en las zonas de las colonias

La Argentina es una república federal en la que cada provincia sanciona sus propias leyes y estipula sus procedimientos administrativos, sistema legal, cumplimiento de

---

[279] Leibovich 1946, p. 57; *Informe* 1904, p. 45; López 1991, p. 2.

las leyes, etc. Cada provincia tiene subdivisiones territoriales que son unidades administrativas denominadas "partidos" en la provincia de Buenos Aires y "departamentos" en otras, que permiten que el gobierno provincial administre las diferentes regiones. En los territorios nacionales la situación era diferente, porque eran administrados directamente por la capital federal.[280]

La colonia Mauricio se encontraba en el partido 9 de Julio, cuya cabecera homónima se hallaba a 63 km de la colonia. En ella estaba la sede de las autoridades locales que representaban al Poder Ejecutivo de la provincia y el concejo deliberante presidido por el intendente de la ciudad; los dos estaban a cargo de los servicios administrativos del partido. Después de algunos años se desarrolló junto a la colonia la ciudad de Carlos Casares, y el intendente designó un delegado que vivía en ella y lo representaba allí. En Carlos Casares había también una comisaría, de la cual dependía la de Mauricio. El juzgado de paz, para demandas de hasta $500, se hallaba en la cabecera; las demandas que superaban esa suma y los juicios penales se tramitaban en Mercedes, una ciudad más importante y más alejada. El juzgado de la capital provincial fungía como tribunal de apelaciones.[281]

El alcalde era una personalidad importante en el espacio rural. Se trataba de un cargo menor que generalmente estaba en manos de alguna personalidad respetada de la región, que actuaba *ad honorem* y se dedicaba a dirimir conflictos entre vecinos, como discrepancias por alambradas, daños causados por animales, etc. Era el representante de la autoridad que vivía en el lugar y en carácter de tal ejercía también funciones de policía y juez, certificaba

---

[280] Wright y Nekhom 1978, p. 680.
[281] "La situación legal de nuestras colonias", en *Documentos*, 8.11.1902, I, pp. 137-138 ("Situación legal").

firmas y documentos, enviaba citaciones judiciales, examinaba los reclamos y estaba facultado a imponer multas pequeñas. Sus atribuciones concluían cuando llegaba al lugar alguien con mayor autoridad.[282]

En 1907 Carlos Casares se convirtió en la cabecera de un nuevo partido que llevó su nombre. Allí se creó una comisaría con varios suboficiales y 20 agentes, y un juzgado en el que el colono Adolfo Raitzin fungía como juez suplente, de aquí que las relaciones frágiles y lejanas de los colonos y sus instituciones con las autoridades se volvieron mucho más estrechas.[283]

En cada departamento de la provincia de Santa Fe había un jefe político nombrado por el gobierno provincial, que ejercía funciones de vicegobernador y jefe de policía, concentraba mucho poder y designaba comisarios de policía en las zonas más pobladas, que a veces fungían también como jueces de paz y jefes del Registro Civil. Este era el caso de los comisarios en Moisesville y Palacios, que controlaban la mayor parte de Moisesville y estaban sometidos al jefe político del departamento de San Cristóbal. El grupo de Virginia se encontraba en el departamento de Castellanos.[284]

En esa provincia había dos mecanismos destinados a equilibrar la concentración de poder del jefe político: en caso de demandas civiles que superaran los $500 y de apelaciones a veredictos de los jueces locales, los litigantes debían dirigirse a la capital de la provincia y no al jefe político; el segundo mecanismo estaba relacionado con las comisiones de fomento que se ocupaban de saneamiento, reparación de caminos y puentes, etc., y estaban autorizadas a cobrar impuestos y gravámenes. Se trataba de

---

[282] Ibíd., pp. 138-139.
[283] Salvadores 1941, p. 129; JBEx8, 24.1.1907.
[284] "Situación legal", pp. 140-141; JL356, 13.6.1912.

comisiones locales designadas directamente por el gobernador de la provincia, que debían presentar sus informes a este y no al jefe político.[285]

La comisión de fomento de Moisesville fue creada en 1895 por un decreto del gobernador, que separaba a esa colonia de la comisión de fomento de Palacios; los colonos Abraham Gutman, Salomón Alexenicer y Mordejai Reuben Hacohen Sinai fueron designados integrantes de la misma. Con el crecimiento del área de la colonia después de la creación de los grupos Zadoc Kahn y Bialystok, se nombraron otras dos comisiones. En Monigotes, al norte de la colonia, se creó una comisión similar en 1912, y en Montefiore en 1914; también en ellas los miembros designados eran colonos.[286]

La provincia de Entre Ríos estaba dividida en departamentos encabezados por un jefe político con atribuciones similares a las de Santa Fe y subdivididos en distritos a cargo de alcaldes con más atribuciones que los de la provincia de Buenos Aires. En cada distrito había un juez de primera instancia, para demandas que no superaran los $500. El mantenimiento de caminos, puentes, etc., supervisado por una legislación muy estricta impuesta desde la capital provincial Paraná, estaba a cargo de comisiones de obras públicas que permitían a determinados vecinos construir y mantener caminos y puentes, y a cambio de ello cobrar peaje durante cierto lapso. La JCA construyó

---

[285] "Situación legal", p. 141.
[286] MHCRAG, Decreto del gobierno de Santa Fe, 3.8.1895; JL329, 17.12.1897; HM135, 28.1.1903; *Centenario Monigotes* 1990, pp. 10-11; JL428, 17.9.1914.

varios puentes y obtuvo la autorización para cobrar peaje, mientras que el Fondo Comunal de Clara y el *Farein* de Lucienville se dedicaron a mantener caminos.[287]

Las colonias de la JCA en esta provincia estaban dispersas en cuatro departamentos, hecho que dificultaba las relaciones administrativas y legales con las autoridades. La mayor parte de Clara estaba en el departamento de Villaguay; en 1902 este departamento tenía dos distritos, es decir, dos alcaldes: el sur de Clara y una parte de Lucienville pertenecían al departamento Uruguay; el resto de Lucienville a Gualeguaychú; San Antonio y varias zonas al este de Clara, a Colón. Cada alcalde, policía o juez estaba sujeto a una jurisdicción política diferente, situación difícil para los colonos que necesitaban esos servicios, en especial cuando los asuntos dependían de más de una jurisdicción. Únicamente las cuestiones judiciales que requerían tribunales de segunda instancia eran dirimidas en un solo lugar: la ciudad de Concepción del Uruguay.[288]

3. La seguridad de los colonos

Una característica destacada en las zonas periféricas era la falta de seguridad en los campos, en tiempos en los que el gobierno y las fuerzas del orden que debían preservar la vida y el patrimonio del individuo estaban en una etapa de consolidación preliminar. La prensa de la época publicaba muchas noticias sobre asesinatos, atracos, etc., así como quejas y reclamos por la inoperancia de las autoridades.

---

[287] "Situación legal", pp. 142-145; JL397, 16.11.1900. Para los derechos de constructores de caminos y puentes, ver: Villiers Tapia y Roth 1903, pp. 13, 47. Para las cooperativas que mantienen caminos, etc., ver: *Informe* 1908, pp. 14-15; *Informe* 1909, p. 44; *Informe* 1911, pp. 52, 77; JBEx9, 17.6.1909; ASAIB, APSAI, 28.7.1907.
[288] "Situación legal", pp. 142-143.

A principios del siglo XX se aprobaron y regularon varias leyes y ordenanzas que aumentaban las penas impuestas por cuatrerismo y atracos, se crearon comisarías y se asignaron más policías. La presencia de la policía no siempre era provechosa: en el período estudiado se dieron a conocer protestas contra policías a los que se había acudido en busca de ayuda pero que no habían hecho nada, contra policías ebrios o que abusaban de su autoridad en beneficio propio, humillando y golpeando a los colonos, y contra los que se aliaban con los delincuentes y las fuerzas políticas. Un periódico de la ciudad de Rosario dio a conocer la queja de un habitante de Palacios contra el comisario, y cuando el jefe político de la zona pidió al periódico el nombre de quien la había presentado, el director se rehusó a hacerlo. En épocas de elecciones, el gobierno solía transferir los policías de los pueblos a sitios considerados más importantes, y la seguridad y los bienes de los habitantes quedaban desprotegidos.[289]

La situación en las zonas de las colonias de la JCA no difería de lo que sucedía en el campo argentino en general. Los problemas de seguridad se ponían de manifiesto en el cuatrerismo, el ingreso de manadas a campos sembrados, robos, asesinatos y violaciones. El administrador de San Antonio pidió en 1897 que el dinero necesario para las actividades de la JCA en la colonia fuera transferido a la sucursal de banco en la cercana ciudad de Colón, a raíz de varios atracos que se habían producido en la región:

---

[289] *La Provincia*, 21.10.1902; Gianello 1978, pp. 365, 369; *La Prensa*, 25.2.1900; 14.1.1906; 20.6.1909; 26.6.1909; *La Agricultura*, 18.1.1900, 8.2.1900, 29.3.190, 23.10.1902; FAA, *Boletín*, 21.9.1912; FAA, *La Tierra*, 14.1.1913; *La Capital*, 18.1.1912; HM134, 16.12.1898.

"Si bien tenemos revólveres, no conviene que llevemos el dinero en persona desde la oficina de la administración en Clara".[290]

El robo de animales o bienes y la intrusión en los campos eran acontecimientos frecuentes. Generalmente el ganado estaba yerrado y por eso era fácil encontrarlo si el cuatrero era de la región, pero resultaba más difícil cuando era llevado a lugares alejados o si el robo se había perpetrado con la cooperación de un carnicero que faenaba a los animales inmediatamente después del robo. Los agentes de la JCA trataban de descubrir a esos animales porque a veces estaban prendados a su nombre; así, por ejemplo, se enviaron representantes a San Antonio para comprobar si el ganado robado en Clara había sido llevado allí y demandó a los carniceros que habían cooperado con los ladrones.[291]

Los robos y roturas de alambradas afectaban el patrimonio de los colonos, pero aun peores eran los casos de asesinatos, asaltos y violaciones que terminaban con la muerte de las víctimas. Desde la fundación de Moisesville hasta el fallecimiento del barón fueron asesinados 15 judíos, algunos de ellos colonos y sus familiares, varios comerciantes y un administrador. En 1896 se sumaron a esa lista otras cinco víctimas, cuando algunos gauchos mataron al matrimonio Weisman de Palacios y a tres de sus cuatro hijos; varios meses después fue asesinada la hija de un colono; a fines de 1899 fue matado un colono y en 1900 se dio muerte a un comerciante de Moisesville.[292]

---

[290] JL310, 28.1.1897; Sinai 1947, pp. 57-84.
[291] JL314, 21.10.1896, 27.10.1896; JL310, 27.10.1896; JL427, 20.8.1914.
[292] Sinai 1947, pp. 69-72, 74-80; *Las Palmeras* 1990 (en ídish), pp. 65-66; JBEx4, 30.12.1898; HM134, 24.2.1899.

En 1898, un colono de la zona de Clara resultó muerto en un atraco por $100; dos meses después, asaltantes que entraron a una casa en el grupo Rajil asesinaron a un adolescente de 15 años y su hermana de 17. Esto sucedió en época de elecciones y los directores de París expresaron su disgusto señalando que el país elegido para el proyecto de colonización no era adecuado porque "estas no son las condiciones deseables para un proyecto agrícola que requiere, al menos, plena seguridad". S. Hirsch informó que el asesino de los jóvenes había sido capturado y agregó que estos acontecimientos influían sobre la decisión de algunos colonos de abandonar el lugar. En 1910 un obrero mató a un colono y a su hijo después de una discusión por cuestiones de trabajo.[293]

En 1907, una viuda y tres de sus cuatro hijos fueron asesinados y quemados en su casa en el grupo Ackerman 2 en Lucienville; de esa familia solo quedaron dos niños. Dos sospechosos fueron detenidos pero la investigación no avanzó por la feria judicial. Una sensación de impotencia e intranquilidad se apoderó de los colonos y la JCA solicitó al jefe político de la zona y al gobernador de la provincia que ordenaran a sus subordinados que agilizaran la investigación para que la colonia recuperara la calma.[294]

Un crimen similar tuvo lugar dos años después en la línea 26 de la misma colonia, con un saldo de nueve muertos, seis de ellos de la familia Arcuschin (el padre, la madre y cuatro hijos), más los tres hijos de la viuda Matzkin, una partera cuyos hijos quedaban con la familia Arcuschin cuando acudía en ayuda de una parturienta. Los asesinos se llevaron enseres domésticos y $200 que el colono había recibido ese mismo día para comprar semillas y antes de

---

[293] JL329, 8.4.1898 (*Informes* del médico Noé Yarcho 2/1898 y 4/1898); JL363, 5.5.1898; JL351, 12.5.1910.
[294] JBEx9, 17.1.1907, 24.1.19.7, 14.3.1907; Hurvitz 1932, p. 62.

huir derramaron queroseno e incendiaron la casa. El caso conmovió a la opinión pública y la fiscalía y la policía de la provincia se apresuraron a enviar policías e investigadores y a detener unos 80 sospechosos para tratar de atar cabos y resolver la situación, pero no se encontraron evidencias que vincularan a los detenidos con el crimen y los directores ofrecieron una recompensa de $1.000 a quien ayudara a encontrar a los culpables.[295]

Este crimen sacudió a los colonos de Lucienville y Moss permaneció allí algunos días para aplacar los ánimos y organizar, con ayuda de los abogados de la JCA, un evento colectivo "para obligar al gobierno a garantizar la protección que los colonos merecen". Entre los miembros de las delegaciones enviadas a hablar con las autoridades provinciales con sede en la ciudad de Concepción del Uruguay se contaban miembros del *Farein* y del Fondo Comunal, el director Moss y los administradores. La delegación exigió que se agilizara la investigación y se reforzara la presencia de representantes del orden en la zona. Como no hubo resultados significativos, la JCA se dirigió al gobernador de la provincia para que influyera sobre sus subordinados a fin de que actuaran más decididamente. El *Farein* resolvió brindar apoyo económico para cubrir las costas legales y el Fondo Comunal realizó una campaña de recaudación con el mismo fin. Un cambio en la investigación se produjo a fines de 1909, cuando una mujer que convivía con uno de los asesinos lo delató a él y a sus cuatro cómplices. En noviembre de 1911, el juzgado de Concepción condenó a los cinco a 25 años de prisión y trabajos forzados.[296]

---

[295] JBEx9, 10.6.1909, 17.6.1909, 24.6.1909; ASAIB, HKB, p. 30b; *La Prensa*, 6-9.6.1909; 12.6.1909, 16.6.1909.
[296] JBEx9, 17.6.1909, 24.6.1909, 15.7.1909; JBEx10, 29.7.1909, 26.8.1909, 30.12.1909; JBEx11, 9.11.1911.

Las mujeres estaban particularmente expuestas a peligros. En 1897 una joven de 17 años fue violada y matada en Moisesville, y su cuerpo descuartizado y mutilado fue encontrado en la huerta de la familia. En Mauricio varias mujeres fueron asaltadas y atacadas en sus casas cuando los hombres salían a trabajar en el campo; algunas fueron violadas y asesinadas en la laguna cercana, usada como *mikve* (baño ritual). En 1898 fue atacada una joven maestra que enseñaba español y costura en Clara; el gobierno no logró detener al atacante y se mantuvieron tratativas con la policía para reforzar el personal apostado en el lugar. Esto no impidió a S. Hirsch sostener ante sus superiores en París que hechos como ese "son muy infrecuentes, en especial en nuestras colonias, en las que la presencia policial está bastante organizada y el personal es numeroso y leal" (el subrayado es mío, Y.L.). A pesar de la carta tranquilizadora de Hirsch, tanto él como Cazès trataron de impedir la participación de mujeres jóvenes en actividades públicas nocturnas.[297]

En los primeros tiempos la presencia de la policía era escasa y había pocas comisarías rurales, que generalmente estaban alejadas de la mayor parte de las chacras. Hacia fines del período estudiado se percibió cierta mejora, cuando en las colonias empezaron a desarrollarse centros rurales con autoridades oficiales como el juez de paz, la comisión de fomento y la comisaría. Al principio, Moisesville estaba bajo la jurisdicción de la comisaría de Palacios y de San Cristóbal; en 1898 se creó allí una que mejoró el servicio en el centro de la colonia pero que tenía dificultades para controlar las zonas aledañas y en 1910 se agregó otra en el norte de la colonia. En 1892 se creó una en

---

[297] AA, IO, 2, 28.10.1898; JL363, 27.11.1898; Alpersohn s/f, pp. 238-240; Sinai 1947, pp. 80-81; Schenderey 1990, pp. 65-66; *Documentos*, 16.6.1901 I, p. 46; Levin 2005b, pp. 56-58.

Domínguez y en 1902 se acrecentó el número de policías apostados junto a la estación de tren de San Salvador, al norte de Clara. A principios de siglo se creó una comisaría rural en Basavilbaso.[298]

A fines del siglo XIX había en Mauricio un solo agente de policía, que fue trasladado a otro lugar; cerca de allí, en Carlos Casares, había solo un cabo y dos vigilantes que no podían dejar el lugar. Los atracadores aprovechaban la situación y con un cuchillo abrían una brecha en las paredes de adobe, robaban y atacaban a sus habitantes. Bab (el administrador de la colonia en 1897) creó una guardia de hijos de colonos e inmigrantes robustos y se puso al mando de ella, los munió de revólveres y cuchillos y repartió silbatos entre los colonos para que pudieran pedir ayuda en caso de ataques. Para organizar los turnos de guardia recurrió a la experiencia que había adquirido durante algunas semanas como soldado de reserva en Prusia. Según su testimonio, los asaltantes notaron la guardia reforzada e interrumpieron sus actividades, pero de pronto se presentó el jefe de policía de la región y lo acusó de formar un ejército privado. Bab le explicó que no habría creado esa guardia si las autoridades hubieran protegido a los colonos; el jefe de policía sostuvo que no tenía personal y decidió no presentar una queja contra Bab después de que este accediera a poner al frente de la milicia al hombre de confianza del policía y a pagar su salario.[299]

La guardia fue disuelta poco tiempo después y los crímenes se reanudaron. En 1901 fue asesinado un colono; en 1907 la situación mejoró cuando se resolvió que el pueblo

---

[298] Decreto del Gobierno de la Provincia de Santa Fe, 18.5.1898 en MHCRAG; Moisesville 1989, p. 33; Quiroga 1990, p. 18; Basavilbaso 1987, pp. 165-166; APER, Gobierno XV, carpeta 11; 3.5.1902; HM134, 16.12.1898.
[299] JL329, 3.6.1898, 10.6.1898; JL352, 27.10.1910; JL328, 26.3.1897; JL363, 22.4.1897; Bab 1902, pp. 26-29.

Carlos Casares sería cabecera de partido y contaría con una comisaría. Las zonas más alejadas, como el grupo Algarrobo, solo pudieron recurrir a la policía de manera efectiva en 1910, cuando se apostó allí un plantel pequeño. En términos generales, los hechos de violencia en las colonias sureñas de la JCA (Barón Hirsch, Narcisse Leven y Mauricio) eran más escasos que los que se producían en las provincias de Entre Ríos y Santa Fe; tal vez se debiera a la relativa proximidad de esas colonias a la capital y las sedes del gobierno. Por ejemplo, en Rivera había un puesto de policía desde 1908 y el jefe de policía de la provincia de Buenos Aires declaró su disposición a aumentar la cantidad de policías apostados en él.[300]

El carácter de la policía rural no era uniforme. La delegación de atribuciones en manos de los agentes de policía que operaban a gran distancia de sus superiores les permitía comportarse con arbitrariedad, pero también había policías honestos. En 1901 se reemplazó al comisario de San Antonio por irregularidades en el desempeño de sus funciones y su sucesor, un oficial experimentado, fue definido por el representante de la JCA en Colón como "una buena adquisición" para la colonia. En 1913 fue nombrado jefe de policía en el área de Colón (la zona que supervisaba a San Antonio, Palmar y Yatay) Malarín, el propietario de unos campos que lindaban con las colonias de la JCA, que estaba en conflicto con esta por la demarcación del límite. La JCA convocó a sus representantes en Paraná y gracias a eso se demarcaron los campos, se creó una comisaría y Malarín agregó policías en varias zonas y nombró al hijo de un colono como alcalde de San Antonio; de aquí que su comportamiento arbitrario respondía a intereses privados

---

[300] JL334, 14.3.1901; JL367, 7.2.1907; JL352, 6.10.1910; JBEx9, 25.6.1908; Salvadores 1941, p. 129.

y al aprovechamiento de su estatus. Cuando la JCA informó a sus superiores, estos lo pusieron en su lugar y el comisario empezó a mostrarse más amigable.[301]

A veces, la conducta de la policía local contradecía la línea política de los gobernadores interesados en poblar sus provincias, que veían este comportamiento como un obstáculo. S. Hirsch y Cazès compartían esa sensación y en 1898 señalaron que "nuestros reclamos ante las autoridades suelen ser recibidos con comprensión y gozan de soluciones satisfactorias". En general, las comisarías locales eran de nivel inferior y por consiguiente los salarios de los agentes de policía eran mínimos. Esta situación impulsaba a quienes ocupaban esos cargos a buscar la forma de incrementar sus ingresos por medio de actividades privadas, a expensas del cumplimiento de su deber y abusando de los pobladores. Generalmente la JCA y las organizaciones de los colonos trataban de subsidiar a los policías para que pudieran dedicarse a sus tareas como correspondía, pero aparentemente en la mayor parte de las provincias tenían prohibido recibir pagas de particulares y por eso recibían ayuda por otras vías, como asignación de viviendas, ofrecimiento de campos de alfalfa para alimentar a sus caballos o subsidios de otra clase.[302]

4. La dispersión geográfica y la soledad

Una característica geográfica notoria, a excepción de algunas aldeas que se desarrollaron hacia fines de este período, era la gran dispersión de las chacras, que contribuyó a la atomización de la sociedad. En los días de lluvias y tormen-

---

[301] JL425, 6.3.1913. Para Malarín, ver: JBEx11, 16.11.1911, 7.12.1911.
[302] JL335, 15.11.1901; JL401, 24.10.1904, 31.10.1904, 2.11.1904, 4.11.1904; *Informe* 1905, p. 43; *Informe* 1911, p. 52.

tas, la relación de quienes vivían cerca de las estaciones de tren era más fácil con las ciudades alejadas que con sus vecinos de la misma colonia; quienes no vivían junto a la estación estaban aislados del mundo, a excepción tal vez de sus vecinos más cercanos. No se debe menospreciar la dificultad psicológica de las familias que vivían en chacras aisladas, lejos de otros lugares civilizados y sujetas a las inclemencias del tiempo y a eventuales ataques.

En 1898 el agente Haïm Bassan señaló que muchos colonos de los grupos Günzburg 4 y Günzburg 5 de la colonia Clara querían abandonarla por su distancia de los otros grupos, porque "la vida es imposible por la soledad. [...] Cuando el marido está en el campo, su mujer se queda sola con un niño pequeño y se puede entender que no quiera, porque es muy peligroso". Ese mismo año una mujer de Moisesville escribió a sus familiares en Slonim que se sentía bien en su nuevo lugar, pero las grandes distancias le causaban una sensación de soledad y extrañaba la ciudad. En 1899-1900 la *Hevra Kadisha* (sociedad funeraria) de Basavilbaso dio a conocer una maldición a los asesinos y atracadores, porque durante la cosecha de trigo de ese año había sido asesinado Dov Lebedinsky, un colono del grupo Ackerman en Lucienville. Los directores de la JCA y los miembros de las cooperativas de otras colonias que habían visitado el lugar después del asesinato de las familias Arcuschin y Matzkin informaron sobre casos de depresión entre los colonos del lugar.[303]

El peso de la soledad resultaba particularmente penoso para los solteros que vivían en las colonias y los funcionarios de la JCA lo entendieron rápidamente. Entre los 45 colonos que Lapine expulsó durante la reorganización de Mauricio había nueve solteros y una viuda. La soledad

---

[303] HM134, 15.12.1898; Bizberg 1945, p. 37; ASAIB, HKB, 20a, 22b, Hurvitz 1932, p. 62; MHCRAG, AMA, 13.6.1909; FC, AFC2, 16.8.1909.

afligía también a algunos agentes y egresados de las escuelas de la AIU, solteros o casados que habían llegado solos y que vivían en una casa pequeña contigua a la escuela. Muchos inmigrantes que trabajaban en las chacras para ganarse la vida en un entorno judío o con la esperanza de ser aceptados como colonos vivían solos hasta que se sentaran las bases para la recepción de sus familiares que esperaban en Rusia.[304]

5. La situación sanitaria en las zonas de las colonias

En el período estudiado se consideraba que la vida en el campo era más sana que en la ciudad. Eran tiempos de un proceso de urbanización acelerada en el cual cientos de miles de personas se hacinaban en viviendas antihigiénicas y trabajaban duramente en condiciones sanitarias inadecuadas. A consecuencia de ello se multiplicaban las enfermedades entre los sectores populares y el desarrollo de los sistemas sanitarios (redes cloacales, agua corriente, vacunación obligatoria y control de los alimentos) no crecía al ritmo de la población. Tampoco se impartían de manera organizada indicaciones sobre la higiene personal, la importancia de la alimentación racional, la ventilación, la desinfección, etc., a pesar de que las autoridades conocían su importancia gracias a las investigaciones y descubrimientos de Pasteur y otros científicos.[305]

La JCA tenía una impresión positiva de las condiciones climáticas básicas en sus colonias. En 1897 el Dr. Yarcho afirmó que la mortalidad infantil en Entre Ríos era mucho más baja que en Europa y llegó a la conclusión

---

[304] Lapine 1896, pp. 47-57; Avni 1985, p. 33.
[305] ECS, 5, pp. 773-774; "Sanitary Science" en *The Ilustrated Columbia Encyclopaedia*, p. 5.482.

de que las condiciones eran buenas para la salud pública, Cociovitch elogió el clima de Moisesville y Simón Weill realizó una investigación sobre el desarrollo de la población judía en la Argentina y supuso que las tasas de mortalidad de los judíos en las ciudades eran más altas que en las colonias, "una población cuya vida es particularmente más sana que en la ciudad". Si bien el clima en esas regiones era considerado sano, había no pocos factores patógenos, entre los que cabe mencionar las condiciones de vivienda, la calidad del agua, la alimentación, los hábitos de limpieza, las enfermedades derivadas de las condiciones del trabajo agrícola y la escasa organización sanitaria en la región, y los accidentes.[306]

La higiene y la limpieza no formaban parte de los hábitos de vastos sectores de la población rural. Resultaba difícil convencerla de que en la pampa hacían falta retretes y la necesidad del baño no era algo sobreentendido. Además de eso, era difícil construir casas con cuartos de baño e instalaciones sanitarias porque la mayor parte de la población solo contaba con viviendas precarias y había quienes dormían a la intemperie. Aparentemente, entre los judíos la preservación de la higiene personal estaba más arraigada, ya fuera por los preceptos religiosos que así lo exigían o por su pasado urbano o semiurbano.[307]

En 1912, Mijl Hacohen Sinai publicó en el periódico de los colonos un artículo que exhortaba a adoptar los consejos de un higienista dinamarqués que abogaba por los baños en agua fría, ejercicios físicos y masajes. El autor relacionaba estos principios con otros similares en la Biblia y el Talmud, se lamentaba de que a lo largo del tiempo

---

[306] JL328, *Informe médico* 4/1897; Cociovitch 1987, p. 104; Scobie 1971, pp. 152-153; Scobie 1967, pp. 66-67; Weill 1936, pp. 8-9; Martone 1948, pp. 41-43, 136-137, 144.
[307] Scobie 1967, pp. 66-67; Martone 1948, p. 41.

los judíos hubieran abandonado el cuidado del cuerpo y señalaba que "por eso tenemos tantas personas débiles, minusválidas y enfermas". A continuación agregó que está enfermo quien es perezoso, indiferente y abandonado, y que el método expuesto podía causar alegría, autoconfianza, energía y optimismo. Los consejos de Sinai tal vez eran importantes para los habitantes de las aldeas, pero a los colonos, que eran agricultores, no les faltaban actividades físicas diarias.[308]

Entre las enfermedades más difundidas se contaban la tuberculosis, peritonitis, disentería, trastornos del aparato digestivo, etc., pero la más recurrente era el tifus. En 1894 estalló en las colonias de Entre Ríos una epidemia de tifus exantemático que afectó a unos 200 colonos y causó más de 20 muertes, y la colonia fue puesta en aislamiento por un decreto provincial. Los enfermos fueron atendidos durante varios meses por el Dr. Yarcho, que ya en Rusia se había dedicado a combatir esa epidemia y que en la Argentina publicó un texto sobre el tema. Este tipo de tifus no volvió a aparecer en la región, pero otras clases (menos letales pero que también cobraban víctimas) seguían estallando en diversas colonias de la provincia.[309]

Las epidemias de tifus en Moisesville se reiteraban y ocupaban la atención de los médicos de la colonia. En 1897 el Dr. Kessel preparó un mapa de la propagación de la enfermedad durante 14 meses y marcó las casas de las familias afectadas, el número de contagios y de fallecimientos. Su estudio demostró que un grupo no se había visto afectado en absoluto, mientras que los grupos más cercanos, con características sanitarias similares, habían

---

[308] Sinai 1912, pp. 6-8.
[309] JL326, 1.7.1896, 5/1896; JL327, 20.10.1896, 19.12.1896; JL328, 7.4.1897, 21.10.1897; JL329, 2/1898; JL334, 21.2.1901; JBEx9, 13.5.1909; JL355, 25.4.1912; Avni 1973, p. 216; Gabis 1957, pp. 354-355.

resultado muy perjudicados, pero no encontró explicación al fenómeno. Se detectaron 57 enfermos y cuatro muertos.[310]

Entre los factores que nutrían la enfermedad e impedían su desaparición, el Dr. Kessel mencionó la dificultad para decretar la cuarentena en la colonia, la falta de retretes e instrumental avanzado de desinfección y la calidad del agua. Los aljibes no eran profundos y su proximidad a la superficie permitía la infiltración de materias orgánicas que contaminaban el agua potable. Si bien no hizo un examen microscópico de esta, afirmó que en los aljibes se percibían a simple vista larvas, insectos, gusanos y otros cuerpos extraños, razón por la cual los colonos filtraban el agua con un trozo de tela. Entre las soluciones que propuso sugirió explicar a los colonos la importancia de construir retretes alejados de los aljibes, instaurar normas de higiene y "superar la resistencia que existe al respecto entre las masas incultas". Asimismo, recomendó crear un servicio de desinfección, hervir el agua (un método que en su opinión era difícil de implementar en la colonia) e instalar filtros especiales. Los directores de la capital encontraron muchas fallas en el trabajo y las sugerencias de Kessel, pero los directores de París lo respaldaron. Pasaron varios meses hasta que S. Hirsch y Cazès aceptaron la postura de Kessel y llegaron a la conclusión de que el agua era un factor importante en la propagación de la enfermedad.[311]

Durante los primeros años se pensaba que las colonias del sur estaban libres de tifus, pero en 1906 aparecieron muchos casos en Mauricio y sus alrededores. Un fenómeno similar se dio en 1910, cuando estalló una epidemia en Barón Hirsch en tiempos en que no había médico en

---

310 Ver informes del Dr. Kessel en JL328, 2/1897, 3/1897, 30.6.1897 ("Enquète sur la fièvre typhoïde ayant apparu à plusieurs reprises das la colonie Moisesville").
311 JL329, 17.12.1897; 328, 16.7.1897, 24.9.1897.

la colonia. En 1912 y 1913 se propagaron más epidemias, por lo que esta enfermedad tenía una presencia permanente en la conciencia existencial de la mayor parte de las colonias de la JCA. La mejora tuvo lugar a partir de 1914, cuando se empezó a usar cloro para purificar el agua y restringir la propagación de enfermedades infecciosas.[312]

Un capítulo aparte merecen las enfermedades infantiles, que a veces eran endémicas. En la época anterior al presente estudio hubo dos epidemias severas en las que murieron decenas de niños en Moisesville y varios colonos llegados en el vapor Pampa que esperaban para colonizarse. Además del tifus, las enfermedades más difundidas en esa época eran la difteria, el sarampión, la tos ferina y la escarlatina, que causaban mucho ausentismo escolar. Como se trataba de enfermedades contagiosas, cuando estallaba una epidemia se cerraban las aulas, una medida que no impedía el contagio por el hacinamiento en las viviendas. Una epidemia severa afectó a los niños de los grupos independientes de Leloir, que en sus primeros meses de permanencia en el lugar vivían hacinados en un galpón.[313]

En algunas ocasiones, los embarazos y partos concluían con la muerte de la joven madre y aun del niño. En casos de partos difíciles, los médicos (al menos Yarcho en Clara y Kessel en Moisesville) practicaban operaciones cesáreas en los dispensarios de las colonias. La situación de las parturientas que vivían en lugares alejados o en colonias en las que no había médicos era más difícil. Cuando Bab era agente de la JCA en Mauricio, trasladó a su esposa

---

[312] JBEx8, 19.4.1906; JL325, 14.7.1910; JL355, 24.2.1910, 31.3.1910, 7.3.1912, 14.3.1912; JL426, 3.7.1913; *Informe* 1910, pp. 32, 33; Martone 1948, pp. 44-45, 48.
[313] JL333, 5.10.1900; JL399, 4.5.1905; JBEx8, 22.3.1906, 31.5.1906; JBEx9, 18.2.1909; JL351, 17.3.1910; JL357, 28.11.1912; Verbitsky 1955, pp. 80-84; Schallman 1971a, pp. 20-21; Avni 1973, pp. 43, 167.

a la capital antes del parto, pero la mayoría de los colonos no tenían esa posibilidad y debían conformarse con la ayuda de parteras, enfermeros o farmacéuticos cuyos conocimientos médicos no siempre llegaban al nivel adecuado. Había parteras y enfermeros que habían recibido capacitación profesional, y grupos de madres y abuelas con experiencia que ayudaban a las madres jóvenes durante el parto y con el cuidado del bebé. En algunos casos, cuando no había tiempo de llamar a un profesional, los colonos cortaban el cordón umbilical del recién nacido con utensilios inadecuados y había también colonos que no vacilaban en llamar a toda clase de curanderos que actuaban por medio de conjuros y amuletos para congraciarse con los demonios que podían causar daño al niño y a la parturienta.[314]

En las colonias se sabía sobre casos de enfermedades mentales que, según los informes médicos, afectaban a hombres y mujeres en su tercera década de vida e incluían neurosis que se manifestaban con alucinaciones, histeria y ataques de melancolía. Los enfermos eran internados por períodos breves o prolongados en dispensarios locales y el tratamiento incluía sedantes, hidroterapia y reposo. Los casos más graves, como ataques de locura o pacientes que no respondían al tratamiento local, eran internados en hospitales psiquiátricos en las grandes ciudades.[315]

Algunos colonos se suicidaron; por ejemplo, uno de Feinberg (Clara) que sufría de melancolía se ahorcó cerca de la aldea y dejó una esposa y seis hijos. Se sostuvo que la tasa de suicidios entre todos los inmigrantes en la Argentina era mucho mayor que la de los nativos del país y la de sus países de origen. Las explicaciones propuestas por

---

[314] JL326 (*Informe médico* 7/1896); JL328, 2/1897, 9.1897; JL329, 10.1897; Bab 1902, pp. 21-22; Bizberg 1953, pp. 91-96; Hurvitz 1932, p. 64.
[315] Ver *Informes médicos* en JL326, 17.8.1896; JL327, 11/1896, 11/1896; JL328, 4/1897; JL333, 11/1900; JL401, 1.3.1905.

diversos investigadores mencionan la falta de adecuación entre las aspiraciones de los recién llegados y los medios de que disponían, los cambios producidos en la escala de valores y las normas de comportamiento, la pérdida de identidad grupal e individual y el fracaso de la asistencia social para enfrentarse con la frustración que muchos (en especial en las ciudades) sentían ante el ritmo de vida que había cambiado vertiginosamente. Cabe agregar que en el período estudiado además los cambios producidos en las aldeas eran más rápidos que lo habitual. Aparentemente, estos factores influyeron también sobre los judíos, además de las tensiones originadas en el hecho de que eran no solo inmigrantes, sino colonos que trataban de adaptarse al nuevo estilo de vida en condiciones de alejamiento y aislamiento social.[316]

Los equipos médicos

Algunos médicos de las colonias eran judíos procedentes de Europa (por medio de la JCA o por iniciativa propia) y no judíos (inmigrantes y egresados de escuelas de medicina locales). El consejo de la JCA trataba de enviar a las colonias a médicos que, por diversas razones, estaban dispuestos a vivir en el campo y contentarse con salarios bajos. Solo una parte de ellos llegaron a la Argentina y prestaron servicios, breves o prolongados, en las colonias; otros fueron contratados directamente por los colonos, como la Dra. Paulina Weintraub de Itzigsohn, que había estudiado en Zurich y no tenía contacto previo con la JCA. Había

---

[316] Ansaldi y Cutri 1991, pp. 2-3; ver *Informes médicos* en JL327, 9/1896; JL351, 24.3.1910.

también médicos no judíos a los que generalmente acompañaba un intérprete para que pudieran comunicarse con los pacientes.[317]

Las funciones de los médicos incluían más tareas que en nuestros días: se ocupaban de las enfermedades comunes, efectuaban intervenciones quirúrgicas pequeñas y medianas, extraían dientes, vacunaban niños, eran parteros, prestaban primeros auxilios a víctimas de accidentes, crímenes, mordeduras de serpientes y afectados por rayos; también preparaban medicamentos, se ocupaban de asuntos administrativos, el mantenimiento del instrumental y la organización de las cocinas de los hospitales. La población que se beneficiaba con sus servicios era variada: colonos, habitantes de las aldeas judías y no judías, empleados públicos, trabajadores temporarios, heridos en peleas y víctimas de atracos y asesinatos. Esto no significa que pudieran ocuparse de todos los casos: por ejemplo, no se dedicaban a la optometría, y quienes necesitaban lentes debían viajar a la ciudad y pagar sumas considerables por el examen y por los lentes; por eso, muchas personas necesitadas de ellos no los usaban. Los pocos que podían hacerlo eran los funcionarios de la JCA, los maestros y las personas acomodadas.[318]

Las condiciones de trabajo de los médicos de las colonias eran agotadoras; prueba de ello era la situación en las colonias de la JCA en Entre Ríos. El Dr. Yarcho era responsable de toda la región y durante muchos años fue el único médico en ella. El hospital, ubicado en Domínguez, estaba a 80 km en línea recta de los grupos al norte de Clara y a una distancia similar del grupo más sureño en Lucienville;

---

[317] Avni 1973, pp. 179-181; JL329, 12.5.1898; JL365, 13.2.1903; JL367, 8.8.1907, 5.3.1908, 4.2.1909; JBEx9, 28.1.1909; JL351, 17.3.1910; Itzigsohn 1993, pp. 17-27.
[318] JL328, 3/1897; HM135, 27.3.1903; JBEx8, 2.8.1906; Itzigsohn 1993, p. 23; Shojat 1953, p. 32.

la distancia efectiva a caballo o en carro era mayor. En casos de emergencia se llamaba a Yarcho, que recorría el camino largo y peligroso aun en noches de tormenta, atendía al paciente y regresaba a su casa, en donde más de una vez lo esperaban nuevas emergencias. Sus pedidos para que se nombrara un auxiliar que lo reemplazara en el hospital fueron rechazados y su deseo se cumplió solo en 1908, cuando el Fondo Comunal asumió la conducción del hospital y contrató a la Dra. Kipen, y un año después a la Dra. Itzigsohn. Ese ritmo de vida era desgastante y en 1912 el diario de los colonos de Clara publicó un pedido para permitir a Yarcho que se tomara unas merecidas vacaciones. Unos meses después, el médico falleció.[319]

La atención corriente de los enfermos de los grupos, alejados del lugar de residencia del médico, estaba a cargo de los enfermeros. En casos urgentes, los enfermos eran trasladados al dispensario central o se llamaba a un médico. Cuando se crearon los nuevos grupos de Lucienville, Cazès pidió a Yarcho que delegara la atención a los colonos en el enfermero de la colonia. También en los otros grupos había enfermeros, pero como no se podía asignar uno para cada grupo alejado, a veces era necesario trasladar a los enfermos para que fueran examinados por un enfermero. El *Farein* alquiló en 1907 una habitación cerca de la sala de atención del enfermero para que pudieran dormir en ella los colonos de grupos alejados que acudían para ser atendidos.[320]

---

[319] *Der Yudisher Colonist in Arguentine* (el colono judío en la Argentina), 1.3.1912, p. 13; JL400, 27.8.1902; 8.4.1903; JBEx9, 18.3.1909; FC, AFC1, 9.9.1908; Bizberg 1953, pp. 85-87.

[320] HM135, 27.3.1903; JL401, 12.7.1904; JBEx11, 13.7.1911; MHCRAG, AMA1, 25.6.1911; ASAIB, APSAI, 21.4.1907; FC, AFC1, 9.9.1908.

Estos enfermeros diferían entre sí. Algunos habían cursado estudios sistemáticos y se habían diplomado y otros solo contaban con la experiencia adquirida durante su trabajo con los médicos. Así eran varias enfermeras que trabajaban con Yarcho en Clara y que habían aprendido de él algunos aspectos de asistencia médica práctica, y un enfermero que había adquirido experiencia con el Dr. Théophile Wechsler en Mauricio. El farmacéutico de San Antonio actuaba también como enfermero, atendía a los enfermos en la farmacia y realizaba visitas a domicilio. En Barón Hirsch trabajaba el enfermero Neustat, llegado a la Argentina en 1905, que se había radicado en Monigotes y había firmado un contrato con uno de los grupos colonizados en Leloir. Al cabo de un año cumplió el compromiso contraído y gozó de la confianza plena de los colonos aunque no tenía licencia para el ejercicio de la profesión.[321]

Los médicos, enfermeros y parteras debían trasladarse de un lugar a otro y por eso contaban con carros y caballos que les permitían desplazarse libremente. Con respecto a este tema, que requería asignación de fondos, se desarrollaron arduas polémicas entre los equipos médicos y los directores de la JCA, tanto en tiempos del barón como después de su muerte. Por ejemplo, la JCA denegó el pedido de Yarcho de pagar a uno de los enfermeros de Lucienville para que pudiera llegar con la frecuencia debida a lugares ubicados a 35 km de la colonia. La respuesta incluía una amenaza: "Si no puede llegar a cualquier lugar para cumplir con su tarea, deberá ser reemplazado".[322]

El salario de los enfermeros era tan bajo que debían buscar fuentes de sustento adicionales, como el comercio y la cría de ganado, el cultivo de una parcela, etc. A veces,

---

[321] JL326, 30.5.1896; 7/1896 (*Informe médico*); HM135, 28.1.1903; JBEx7, 11.1.1906; Garfunkel 1960, p. 291.
[322] JL397, 8/1901 (*Informe médico*); JL400, 27.8.1902, 1.9.1902.

la necesidad de ingresos adicionales afectaba los servicios médicos; un ejemplo ilustra las dificultades cotidianas de los enfermeros: en 1904, un enfermero del grupo Belez (Clara) solicitó una parcela para poder mantener a su familia de 14 almas. Su sueldo bruto era de $100 y el neto de $86, después de descontar la deuda por el viaje a la Argentina y el arancel de la licencia para ejercer la medicina que la JCA había pagado y que descontaba de su sueldo.[323]

Si bien los sueldos y las condiciones de vida de los médicos eran mejores, tampoco eran dignos. El salario de Yarcho en 1898 era de $360 y su trabajo incluía guardias de 24 horas, la dirección del hospital y la responsabilidad sobre todo el ámbito sanitario en las colonias de la JCA en Entre Ríos; los sueldos de los otros médicos eran aun menores. En varias ocasiones Yarcho solicitó un aumento de sueldo por el crecimiento de la colonia, pero sus pedidos eran rechazados cortésmente porque los directores de la JCA querían reducir los gastos de salud y pensaban que el problema del aumento se resolvería cuando los colonos pudieran asumir los costos. Su sueldo no le permitía asegurar el futuro de su familia y en 1912, cuando enfermó, Yarcho pidió colonizarse para poder legar a su familia una parcela que le permitiera mantenerse, después de 18 años de prestación de servicios.[324]

En algunas colonias no había médico durante lapsos prolongados. En Barón Hirsch debieron conformarse con un enfermero que no podía firmar certificados de defunción y debían trasladar a los muertos decenas de kilómetros hasta el médico más cercano. En Narcisse Leven no hubo ni siquiera un enfermero hasta 1911; lo mismo sucedió en Dora y cuando se propagó la conjuntivitis, la JCA llamó al médico de Moisesville. En Santa Isabel había

---

[323] Ibíd., 19.11.1902; JL397, 1.12.1902, 3.12.1902, 9.12.1902; JL401, 14.12.1904.
[324] JL329, 18.2.1898; JL400, 3.10.1903, 6.10.1903; JL355, 26.3.1912.

un enfermero que no inspiraba demasiada confianza y los accidentados y enfermos graves eran trasladados a distancias de 50-180 kilómetros, según el caso. También las colonias más antiguas, como Mauricio y Moisesville, pasaban temporadas sin médico y debían recurrir a instituciones externas.[325]

En 1901 se nombró a un médico en San Antonio, pero solo por algunos meses. En 1907 el Fondo Comunal accedió a designar un médico en la colonia a condición de que los colonos participaran en su mantenimiento. En 1908 se contrató en Lucienville al Dr. Leiboff, que había estudiado en París. En el norte de Clara debieron esperar hasta 1911, cuando se nombró a la Dra. Itzigsohn (auxiliar de Yarcho en Domínguez) en la aldea San Salvador. De esta manera se completó el proceso de descentralización del servicio médico supervisado por Yarcho en las colonias de la provincia. Un proceso similar tuvo lugar en 1911-1912 en Moisesville, cuando La Mutua decidió nombrar médicos en Monigotes y Las Palmeras. Las condiciones periféricas permitían, en desmedro de los colonos, la aparición de "médicos" y "enfermeros" no capacitados y de impostores. Se trataba de un fenómeno difundido en especial en las zonas alejadas, en donde eran limitadas las posibilidades del gobierno de asegurar el cumplimiento de la ley. A principios del siglo XX las autoridades sanitarias de las provincias empezaron a ocuparse del tema, especialmente en aquellos lugares en los que había médicos y enfermeros diplomados cuyo sustento se veía perjudicado por la presencia de personas sin diplomas. Como ejemplo cabe mencionar la queja presentada a las autoridades de

---

[325] JBEx7, 11.1.1906; *Informe* 1910, pp. 32-33; *Informe* 1911, pp. 123-124, 131; JL425, 17.4.1913; JL426, 8.5.1913; *Documentos*, 18.9.1911, II.

higiene de Entre Ríos por la actividad de un hombre sin ningún título, que fungía como médico y se presentaba como "médico militar".[326]

El Centro Agrícola de Mauricio contrató al Dr. Manassé, que había llegado de Alemania y estaba habilitado para ejercer la medicina en la provincia, pero la mayor parte de los colonos preferían a Yafro, un enfermero sin diploma ni licencia. Al igual que en otros casos, los habitantes de la colonia se dividieron en dos bandos; la consecuencia fue que Manassé fue designado en Algarrobo mientras que Yafro siguió a cargo del dispensario de la colonia. Si bien la JCA no contrataba al médico de la colonia, trató de desalojar a Yafro, que ejercía la medicina de manera ilegal, de la casa que había puesto a su disposición. Durante muchos meses los esfuerzos de desalojo (incluida una demanda legal) resultaron inútiles porque el enfermero gozaba de la confianza de los colonos, pero finalmente las autoridades intervinieron y lo detuvieron. En 1914, el Dr. Wolcovich quiso colonizarse en Clara porque no tenía licencia para ejercer la medicina y temía quedar sin sustento en caso de que llegara algún médico con diploma local.[327]

Resumen

A partir del estudio realizado cabe concluir que las colonias se encontraban en la frontera, no en términos de seguridad o de límite con otro país, sino por la falta de regulaciones políticas y sociales en una zona en proceso de transición. Una característica destacada era que el entorno

---

[326] JBEx11, 21.9.1911; FC, AFC1, 31.10.1907, MHCRAG, AMA, 25.6.1911, 27.10.1912; APER, Gobierno XV, Carpeta 11, 29.3.1902.
[327] JL351, 1.1.1910, 6.1.1910, 10.2.1910, 24.2.1910, 31.3.1910, 7.4.1910; JL352, 12.10.1910, 20.10.1910.

geográfico escasamente poblado facilitaba los ataques a los habitantes por parte de elementos que no reconocían el derecho a la propiedad privada ni el valor supremo de la vida, vivían al margen de la ley y aprovechaban la presencia de una población ingenua y transitoria que trabajaba en la época de la cosecha para atacar a los colonos y ocultarse entre los trabajadores estacionales. La falta de fuerzas del orden que pudieran disuadirlos permitía la actuación de delincuentes. Ocasionalmente se apostaban algunos policías más en diversas zonas, pero ese incremento no solía adecuarse al crecimiento de las zonas pobladas. La situación mejoró solo cuando empezaron a desarrollarse centros rurales en los que se crearon comisarías de policía.

Esta situación influía también a nivel psicológico sobre los habitantes que se sentían abandonados y que no podían esperar ayuda de las fuerzas del orden, tanto por las distancias como por las características de las mismas. No se han encontrado indicios de que la policía discriminara a los colonos por su judaísmo, ya que toda la población rural recibía el mismo trato arbitrario. A veces la JCA lograba, gracias a sus contactos con instancias de gobierno, influir sobre los niveles locales para que modificaran su actitud hacia los colonos.

La ubicación de las colonias en zonas periféricas implicaba también que la organización sanitaria regional que debía estipular las normas y procedimientos de recolección de la basura, construcción de instalaciones sanitarias, preservación de la calidad del agua y supervisión de los alimentos para garantizar el nivel sanitario adecuado estaba en sus comienzos. La dispersión de la población hacía aun más difícil el desarrollo de estas regulaciones y la provisión de atención médica a los colonos que no vivían cerca de los dispensarios. En muchos lugares no había planteles médicos, en grupos importantes solo se designaron médicos al final del período estudiado y no pocas personas perdieron la vida por ello. Los equipos médicos estaban integrados por médicos, enfermeros y parteras que en parte habían estudiado en escuelas de medicina, mientras que otros habían adquirido experiencia trabajando con médicos. Todo esto se prestaba para que algunos impostores se presentaran como "médicos" o "sanadores" que ganaban la confianza de los colonos en tiempos en los que se empezaba a abordar el fenómeno por medios legales.

En este entorno geográfico, legal y sanitario se desarrolló la vida social y cultural de los colonos, que será analizada en los próximos capítulos.

10

Las características de la vida social

El análisis de las características sociales que surgieron en la realidad antes descripta incluye tres temas: a) las relaciones sociales en el círculo reducido, es decir, la familia amplia que, además de la familia nuclear (padre, madre e hijos), incluye a primos, tíos, cuñados, etc.; b) las relaciones entre estas familias y otras del entorno cercano y más alejado, y los factores de cohesión y alejamiento en las colonias, y c) los estratos sociales en las colonias.[328]

1. La familia

La estructura familiar

La composición de la familia dependía en gran medida de las exigencias de la JCA, pero ¿a quién quería esta colonizar? Había varias respuestas, algunas complementarias y otras contradictorias. Las diferentes posturas expresaban la propia vacilación de la JCA con respecto a la elección de los colonos que podrían tener éxito, con un presupuesto restringido y un control minucioso del proceso de elección. La JCA no parecía contenta de incorporar a su proyecto candidatos de alto nivel cultural, a quienes consideraba "demasiado inteligentes", personas que pudieran suscitar

---

[328] ECS, 2, pp. 727-729, III, pp. 760-767.

discusiones y plantear preguntas molestas y demasiado débiles para resistir los trabajos de campo. Los candidatos preferidos eran personas simples que se interesaran fundamentalmente por el progreso agrícola y económico de las colonias.[329]

¿La robustez y la buena salud bastaban para garantizar el éxito? La JCA quería crear una colonización permanente, que subsistiera y se desarrollara más allá de la primera generación y que generara un estrato de pequeños propietarios rurales. Para ello se sentó el principio de la colonización familiar, en la que cada familia trabajaría en su propia chacra. La decisión de crear chacras familiares basadas en el trabajo propio llevó a rechazar familias pequeñas porque en las grandes extensiones de la Argentina se requerían muchos trabajadores para permitir el funcionamiento de las chacras, en especial en la temporada de cosecha, y para esto era necesario que también los otros miembros de la familia fueran sanos y robustos. Esta decisión implicaba la elección de familias en las que hubiera más hijos que hijas, porque la cantidad de adultos varones determinaba más de una vez las posibilidades de ser aceptados.[330]

La siguiente tabla describe la composición de ocho familias de Kishinev que en 1903 estaban por viajar a la Argentina, e incluye los miembros de la familia que se incorporaban a los padres y el grado de parentesco con ellos:

---

[329] Avni 1973, p. 287; Gorskin 1951, p. 213; Reznick 1987, p. 25; Bizberg 1942, p. 34.
[330] JL29d, 25.9.1903, 2.10.1903, 6.11.1903; Bizberg 1942, p. 33.

N° de orden	Hijos solteros	Hijas solteras	Otros miembros de la familia
1	4	1	Hija casada y yerno
2	5	2	
3	4	3	
4	1	1	Hijo casado, su esposa, dos nietos, una nieta, hija casada, yerno
5	5	1	Cuñada
6	2	3	Hermano
7	5	1	
8	2	1	Suegra

En la octava familia los dos hijos eran muy jóvenes, pero fueron autorizados porque tenían parientes en la colonia de quienes se esperaba colaboración en el trabajo.[331]

Dos ejemplos más: en Narcisse Leven se colonizaron fundamentalmente inmigrantes casados y con hijos varones. En 1907 se colonizaron en López y Berro 52 familias, con un promedio de 2,6 hijos varones y 1,7 hijas cada una. El desequilibrio de sexos entre los miembros de las familias era evidente.[332]

Este desequilibrio era un fenómeno conocido en los países de inmigración, incluida la Argentina, que en 1895 contaba con 1.124 varones por cada 1.000 mujeres; en 1914

---

[331] JL72(10), 15.12.1903.
[332] JL346, 25.7.1907; Shojat 1953, p. 18.

la cifra de varones llegaba a 1.165. En esa época, la proporción de varones y mujeres entre los nativos del país estaba balanceada y los inmigrantes representaban un alto porcentaje en el total de habitantes, razón por la cual el desequilibrio mencionado se destacaba aun más entre los inmigrantes. Esto se debía al arribo de decenas de miles de solteros y trabajadores estacionales que llegaban por un lapso preestablecido. Entre los colonos, que llegaban con sus familias, el fenómeno se debía a los prerrequisitos de la JCA y se observaba solo en la segunda generación; el equilibrio en la generación de los padres era casi absoluto, porque se aceptaban fundamentalmente familias. No obstante cabe una objeción, porque en algunos lugares se colonizaron primero los jefes de familia que después llevaron a sus esposas, pero se trataba de un proceso en el que finalmente los dos miembros de la pareja se encontraban en el lugar. Si bien no contamos con datos precisos, se puede decir que entre quienes trabajaban en las colonias con la esperanza de colonizarse había una cantidad considerable de solteros y jefes de familia que aún no habían logrado llevar a sus familias.[333]

Otra solución al problema de la cantidad de trabajadores se basaba en el asentamiento conjunto de parientes: dos familias, una sola familia con el hermano de uno de los cónyuges, etc. La cuarta familia de la tabla anterior fue aceptada según este principio. En algunas ocasiones esta solución postergaba el problema para más adelante, porque esas asociaciones solían disolverse. Todas estas consideraciones llevaron a aumentar el número de personas y familias por chacra y a incrementar el presupuesto de colonización, porque esa situación requería más habitaciones por casa. A veces, la JCA aceptaba candidatos que

---

[333] Gallo y Cortés Conde 1972, pp. 166-169.

podían contratar asalariados para la temporada de cosecha, tal como era habitual en la agricultura local. En 1903 se aprobó la colonización de candidatos adinerados en cuyas familias no había suficientes trabajadores, a condición de que los contratados fueran judíos. Ese mismo año, la JCA dio a conocer una circular destinada a candidatos de Besarabia, que estipulaba que la primera condición para el éxito era que en la familia hubiera al menos dos trabajadores de más de trece años sin tomar en cuenta los hijos casados, los yernos, hermanos, cuñados y otros asociados, porque estos habrían de abandonar la chacra familiar. La segunda condición se refería a los medios necesarios para costear el viaje y subsistir en los primeros tiempos, y la tercera señalaba que se daría preferencia a familias provenientes de aldeas rurales, con experiencia en cultivos de secano y cuyas mujeres estuvieran acostumbradas a vivir en el campo.[334]

La transición al modelo de inmigración espontánea llevó a la presencia de muchos trabajadores en las colonias y a una solución parcial al problema del trabajo en temporada de cosecha. No obstante, el modelo familiar siguió siendo una condición para la colonización. En 1900-1914 el número de miembros de una familia de colonos era bastanta estable (aproximadamente 5,5); lo mismo cabe decir con respecto al número de personas por chacra (aproximadamente siete) y al número de familias por chacra (1,24). Por ello, aunque en el tamaño de las familias y las chacras compartidas se produjeran cambios, no se ponían de manifiesto en el período estudiado.[335]

---

[334] JL29d, 10.11.1903, 19.11.1903, 22.11.1903.
[335] Las cifras se basan en los datos que aparecen en los *Informes* anuales de JCA (*Informes* 1900, 1901, etc.).

Las relaciones intrafamiliares

Las relaciones de parentesco suelen ser intensas e íntimas. Esta afirmación es particularmente acertada en zonas rurales, en las cuales la familia es la unidad básica de la sociedad, y además de ser el marco para las relaciones emocionales y para impartir valores y costumbres de una generación a otra, cumple funciones sociales y económicas. El éxito de la familia para cumplir sus funciones cuando está organizada alrededor de la producción, consumo y preservación de bienes depende del grado de solidaridad y cooperación que existan en ella. La importancia de la familia resaltaba en zonas rurales porque en las temporadas agrícolas el trabajo requería la dedicación plena de los miembros de la familia. Las funciones de varones y mujeres variaban en diferentes sociedades y debían responder a las necesidades de la familia tal como esta las entendía; en general las funciones de la mujer eran inferiores. En aquella época y hasta 1947, en la Argentina las mujeres no tenían derechos políticos básicos como el de votar y ser elegidas, y su estatus jurídico en las relaciones contractuales de la familia con la JCA se veía influido por las costumbres y convenciones de la época.[336]

El hombre era el jefe de familia y firmaba en su nombre el contrato de colonización. Las condiciones peculiares de la vida en las colonias influían sobre el trabajo de las mujeres: participaban en la creación de la chacra y una vez construida la vivienda eran amas de casa que debían manejar el presupuesto con gran austeridad y ocuparse de los hijos; además de eso estaban a cargo de la quinta (que producía los alimentos para la familia y para

---

[336] ECS, 1, pp. 260-262, II, pp. 728, 939, III, pp. 762-764; Wright y Nekhom, p. 1035; Levin 2005b, pp. 49-67.

comercialización), el corral y la huerta. En las estaciones agrícolas, en especial durante la cosecha, participaban en las tareas de campo.[337]

La literatura de la época asignaba a las mujeres una función decisiva en el éxito o fracaso de la familia para arraigarse en la colonia. Los peligros existentes en la aldea servían a veces de pretexto para impedirles participar en las actividades nocturnas y dedicarse a la docencia, a excepción de las maestras de costura. Como la mayor parte de las cooperativas aceptaban como socios solo a quienes tenían contratos con la JCA, las mujeres tampoco podían participar en ese ámbito; por eso sus actividades públicas se centraban en organizaciones femeninas que se ocupaban de brindar ayuda a necesitados, inmigrantes, etc. Se puede decir que su situación en las colonias provenía no poco de los estereotipos y costumbres de la sociedad en esa época.[338]

Los niños como fuerza laboral

En las temporadas agrícolas, la asistencia a la escuela confrontaba con la necesidad de los padres de contar con el trabajo de sus hijos. El barón de Hirsch había supuesto que en una sociedad rural ese requerimiento era más importante que la escolaridad; por ejemplo, cuando uno de los primeros directores de la JCA en Buenos Aires sugirió organizar el transporte a la escuela de Moisesville, el barón sostuvo que eso era un lujo. Con el tiempo se produjo un cambio en la postura de la JCA y las escuelas obtuvieron legitimación, pero se comprendía la ausencia de los niños en las temporadas agrícolas. En 1899 Sabah informó que en la temporada de cultivos las aulas (a excepción de las

---

[337] Ver ampliación del tema en Levin 2005b, ibíd.
[338] Ibíd.

inferiores) estaban vacías. Los maestros Mark Habib y Nissim Bitbol señalaron en sus informes que la tasa de ausentismo era particularmente alta entre los varones. Un año después se suspendió a los alumnos que, por diversas razones, no habían asisitido a clases dos meses seguidos, con la excepción de aquellos cuyos padres habían informado por anticipado que los niños se ausentarían por razones agrícolas.[339]

A principios del siglo XX se tenía consideración con las necesidades laborales, pero los maestros trataban de ponerles límites. El maestro Alberto Danon visitaba a los padres de sus alumnos en Clara y les explicaba que "los niños de 8-12 años no han sido creados para servir de herramientas de trabajo, a esa edad deben jugar y estudiar". Según su testimonio, los padres respondían que la situación económica no les permitía contratar trabajadores asalariados y que por esa razón no tenían más alternativa que recurrir al trabajo de los niños. A pesar de que a veces apoyaba la postura de los maestros, S. Hirsch solicitó a Danon que no criticara a los padres que hacían trabajar a sus hijos para que la familia pudiera subsistir, "por el contrario, hay que valorarlos". En realidad, hasta fines del período estudiado prosiguió la confrontación entre la escuela y el trabajo, en especial entre los alumnos de los cursos superiores o, en palabras del maestro Nissim Cohen que ejercía en Narcisse Leven, el enfrentamiento "entre la pluma y el rebenque, que tan bien saben usar los niños de la aldea". En 1912, el diario de los colonos publicó una crítica a los padres que retiraban a sus hijos de la escuela

---

[339] Avni 1973, p. 174; AA, IO,2, 11.4.1899, 27.6.1899, 30.6.1899, 10.7.1899, 10.4.1900.

para que marcharan detrás del arado o fueran pastores, porque "eso hacen los padres que piensan solo en el hoy y descuidan el mañana".[340]

Hacinamiento y conflictos familiares

Las colonias de la JCA en la Argentina aceptaban fundamentalmente familias grandes. En algunas chacras había más de una familia nuclear. A fines del siglo XIX había un promedio de 1,7 familias por chacra, situación que dificultaba no solo las posibilidades de sustento sino el surgimiento de una vida social normal en una casa en la que generalmente había solo dos habitaciones. Esta situación provenía del asentamiento de "familias adjuntas" (es decir, varias familias emparentadas) en una parcela y con el presupuesto de colonización de una sola chacra.[341]

Esta relación cuantitativa se redujo por la implementación de tres medidas: la primera, el asentamiento separado de parte de las "familias adjuntas", en las que se contaban hijas e hijos casados que vivían con sus padres. Esta decisión fue adoptada, entre otros, por Lapine durante la reorganización de Mauricio, porque "la paz se altera en esos lugares con frecuencia" y porque los hijos "reclaman parte de los bienes porque no quieren cumplir funciones secundarias y desean trabajar de manera independiente". La ampliación de Lucienville hacia el sur es otro ejemplo de este proceso. La segunda medida consistió en una notoria disminución del número de adjuntos de esta clase en la nueva colonización de Barón Hirsch y en Narcisse Leven, donde el número de familias por chacra no superaba el 1,1. La tercera medida fue la decisión de no crear chacras de "familias adjuntas" salvo que tuvie-

---

340 AA, IIO,4, 1.4.1901, 10.7.1901, 16.7.1901; AA, VIIO,15, 22.8.1910, 10.10.1910; AA, VIIO,16, 27.9.1911, 5.12.1911, 6.12.1911, 25.4.1913; *Der Yudisher Colonist...*, 14.6.1912, p. 13.
341 JL397, 22.6.1901, 25.6.1901, 11.7.1901; *Informe* 1898, pp. 5, 7-8; *Informe* 1899, pp. 8, 13, 17.

ran dinero para construir una tercera habitación. Las dos primeras medidas redujeron el número promedio de familias a 1,24 por chacra; la tercera alivió en algo el hacinamiento de las familias y llevó al rechazo de candidatos a la "colonización adjunta" cuando no contaban con medios para construir una habitación adicional.[342]

El hacinamiento aumentó aun más en la segunda década del siglo XX y el número de familias por chacra llegó a 1,3. Esta vez no se debía a la colonización de "familias adjuntas" (porque en todas las colonias nuevas el número de familias por chacra no llegaba a 1,08), sino al aumento de hijos e hijas que se casaban y permanecían en la chacra de los padres en las colonias antiguas. Osías Shijman, hijo de colonos de Mauricio, describió que cuando sus hermanos mayores se casaron y abandonaron la casa, aún quedaron seis hermanos en la chacra de sus padres. Casos como este eran numerosos y por eso el hacinamiento en Moisesville, Mauricio, Clara y Lucienville era mayor que el promedio de 1,3 en las colonias. Este empeoramiento se produjo porque en aquellos años la JCA redujo notoriamente sus actividades de colonización, incluido el número de hijos a colonizar.[343]

Las fricciones generaban tensiones y los hijos que no se colonizaban por separado buscaban nuevos rumbos fuera de la colonia, algo que en sí mismo dispersaba a las familias por diferentes provincias. Esto era sumamente significativo para las familias y para el futuro de las chacras y de la colonización en general, por eso preocupaba tanto a los colonos como a la JCA, que pensaba especialmente en

---

[342] Lapine 1896, pp. 14-15; JL329, 15.2.1897, 12.1.1898; JL310, 27.1.1897, 30.1.1897; JL397, 14.11.1900, 15.6.1901. Los promedios se basan en *Informe* 1901, pp. 10, 18, 27; *Informe* 1903, p. 41; *Informe* 1904, p. 48; *Informe* 1906, p. 50; *Informe* 1908, p. 54.
[343] *Informe* 1911, p. 133; *Informe* 1912, p. 57; *Informe* 1913, p. 31; Shijman 1980, pp. 59-61.

la situación de las chacras. Cuando los hijos eran colonizados, la sociedad les asignaba tan solo la mitad del presupuesto que daba a los inmigrantes. Desde el punto de vista social, la colonización de los hijos cerca de sus padres podía tenía resultados alentadores.[344]

Alpersohn describió en 1903 las estrechas relaciones que imperaban entre los colonos de Mauricio y sus hijos colonizados en Santo Tomás:

> Si el padre terminaba temprano su trabajo en la colonia vieja, tomaba las herramientas de trabajo y a todos sus hijos y pasaba a la colonia nueva para ayudar a su hijo a terminar la siembra o la siega. De día y de noche se tendían entre las dos colonias –madre e hija– finas hebras de vida y trabajo.[345]

Esta descripción idílica no agota la clase de relaciones entre padres e hijos que reinaban en diversos lugares y épocas diferentes. Por ejemplo, Veneziani informó que "los hijos realizan la mayor parte del trabajo y los padres no los hacen partícipes de las ganancias", y confió en que el alejamiento de los hijos de las chacras de sus padres mejoraría las relaciones entre ellos. En 1906 el Rabino Halfón expresó su temor de que los conflictos familiares no se resolvieran con la separación:

> Aparentemente no hay por qué condenar moralmente a los judíos rusos de las colonias por sus vidas privadas y familiares. Pero, para ser más precisos, cabe señalar que el sentimiento familiar se limita a compartir el mismo techo y cuando los hijos se colonizan por separado no dudan en entrar en conflicto con sus padres por cuestiones utilitarias, y adoptan posturas que estremecen a un observador europeo respetuoso de sus padres.

---

[344] JBEx6, 22.10.1903; JL365, 8.12.1904; JBEx9, 23.7.1908; JL425, 9.1.1913; JBEx10, 9.7.1909.
[345] Alpersohn 1930, p. 85.

Esta observación es válida también para las relaciones entre hermanos. En algunas ocasiones he asumido la penosa misión de resolver disputas de esta clase.[346]

En la postura de la JCA se produjeron cambios, empezando por el acuerdo para la colonización de los hijos a condición de que otros hijos permanecieran con los padres, siguiendo por el acuerdo de los padres a contribuir económicamente a la colonización de sus hijos y finalizando con la prioridad de colonizar inmigrantes antes que hijos de colonos en la segunda década del siglo XX. La conducta zigzagueante de la JCA se debía a varias razones: a) el ahorro que se ponía de manifiesto en la reducción del presupuesto asignado a los hijos y en la expectativa de que, una vez asentados, los padres ayudaran a sus hijos; b) el temor de que se crearan latifundios por la tenencia de grandes extensiones en manos de una sola familia; c) el deseo de dejar a los hijos en las chacras de sus padres para que siguieran trabajando la tierra cuando estos envejecieran, un tema que será tratado más adelante; d) la presencia de muchos inmigrantes que querían colonizarse, y e) la falta de un principio claro en los primeros años de colonización. Esta dualidad en las consideraciones, es decir, por una parte el acuerdo a colonizar a los hijos y por la otra la oposición, llevaron a ásperos enfrentamientos entre los colonos y los directores. A continuación expondremos dos ejemplos ilustrativos.[347]

El acuerdo firmado con los grupos independientes colonizados en Leloir incluía un apéndice en el cual los candidatos a la colonización expresaban su deseo de arrendar tierras de la JCA para la futura colonización de

---

[346] *Documentos* 20.5.1906, I, p, 99; HM135, 23.4.1908.
[347] JL365, 24.11.1904; JL367, 10.9.1908; JL355, 8.2.1912; JL425, 9.1.1913; Oungre 1928, pp. 109-113.

sus hijos. La sociedad señaló que no tomaría ninguna decisión al respecto hasta que sus directores de la Argentina presentaran programas detallados. Ese apéndice fue causa de conflictos prolongados, porque los colonos lo interpretaron como un entendimiento alcanzado en las conversaciones que sus representantes habían mantenido en París en 1905, mientras que la JCA se aferraba a los incisos que lo restringían. El acuerdo de los directores de la capital para arrendar la reserva de tierras a los padres hasta la colonización de los hijos despertó la oposición del consejo porque de esa manera los colonos retendrían unas 300 hectáreas, o sea el doble del estándar estipulado por la sociedad. No obstante, en 1908 aceptó mantener una reserva para los hijos, pero mientras tanto arrendarla a extraños. Esta decisión suscitó una polémica entre los colonos y Veneziani, quien se apresuró a pedir al consejo que arrendara esas tierras a los hijos, con la opción de reemplazar el contrato de arriendo por otro de venta si el hijo cumplía todas sus obligaciones. Su postura fue aceptada con algunas condiciones, entre ellas que el acuerdo se aplicaría a un solo hijo de cada familia.[348]

El segundo ejemplo de un conflicto basado en el asentamiento de los hijos es el episodio de colonización en tierras del grupo La Esperanza en Mauricio. Estas parcelas habían sido compradas mientras estaban arrendadas y por eso no podían ser colonizadas hasta mayo de 1908. Mucho antes de esa fecha los colonos creían que esas tierras estaban destinadas a sus hijos, mientras que la JCA pensaba que, después de que en Santo Tomás se hubieran colonizado solo hijos, había llegado el momento de colonizar inmigrantes en el nuevo lugar. Además de eso, los funcionarios de la sociedad temían que los padres no pudieran

---

[348] JBEx9, 10.9.1908, 14.1.1909, 28.1.1909, 20.5.1909; JL367, 5.11.1908, 11.2.1909, 28.5.1909, 24.6.1909.

complementar el presupuesto de colonización de sus hijos y pensaban que podrían encontrar inmigrantes con recursos. El incidente de La Esperanza agudizó el conflicto entre ambas partes, hasta que finalmente la JCA accedió a incrementar un poco la parte de los hijos e incluir entre los inmigrantes colonizados a familiares de los colonos. Los colonos sintieron que habían sido engañados y desarrollaron sentimientos hostiles no solo contra la JCA sino también contra los inmigrantes.[349]

La presencia de las familias creadas por los hijos en la casa de los padres era un fenómeno corriente. Estas familias tenían sus propios hijos y el hacinamiento era causa, entre otras cosas, de discusiones por el uso de los enseres y peleas entre los miembros de la familia. Las familias jóvenes sentían que no podían manejar sus vidas con independencia y ansiaban desvincularse de la dependencia económica y liberarse del hacinamiento.

Ante esta situación, también los hijos solteros sentían que no tenían posibilidades de asentarse, contraer matrimonio y crear una familia, y esa situación afectaba las relaciones familiares. En una emotiva carta dirigida a la JCA, los colonos de Mauricio relataron que sus hijos adultos amenazaban con dejarlos porque estaban cansados del sufrimiento padecido durante ocho años: "¿Qué haremos sin nuestros hijos?". En 1901, el agente Chertkoff explicó por qué los jóvenes de Clara abandonaban la colonia:

> La cosecha no tuvo éxito, no encontraron trabajo en los alrededores y después de haber trabajado todo el año, los padres no les dan dinero ni siquiera para comprarse ropa, porque deben pagar grandes deudas en el almacén.

---

[349] JL346, 1.8.1907; HM135, 23.5.1907, 6.2.1908; JL367, 29.8.1907, 20.2.1908, 21.5.1908, 18.6.1908, 25.6.1908; JBEx9, 21.5.1908, 18.6.1908; Alpersohn 1930, pp. 115-118, 121; Alpersohn 1911, p. 7.

Por un lado hay informes sobre padres que no podían dar a sus hijos parte de sus ingresos, y por el otro hay quienes hacen recaer la responsabilidad del conflicto sobre algunos hijos. Por ejemplo, Veneziani exhortó a los miembros del directorio del Fondo Comunal a intervenir en casos en que los hijos se comportaban de manera vergonzosa con sus padres.[350]

Las bodas en la colonia

Según diversos testimonios, en las colonias de la JCA los matrimonios se celebraban a edad temprana. Aparentemente, una de las razones para ello radicaba en el hecho de que la JCA colonizaba solo familias; de ahí que las jóvenes de las colonias no tenían dificultades para encontrar marido, ya que eran muy solicitadas. La presencia de más hijos de colonos e inmigrantes jóvenes que de muchachas casaderas permitía a muchas familias desposar a sus hijas sin necesidad de preocuparse por la dote, a diferencia de lo habitual en Rusia. En 1906 un colono escribió a un familiar que en la colonia "es más fácil encontrar un novio que un *talit* [manto ritual], porque la dote no es tan elevada". Según Cociovitch, la carga económica que implicaba la concertación de la boda recaía sobre los padres del novio.[351]

Muchos hijos solteros de colonos abandonaban las colonias, pero aun así había más solteros que solteras por la presencia de numerosos inmigrantes no casados que querían colonizarse. Algunos testimonios señalan que no pocas jóvenes se casaban con ellos y en algunos casos se menciona el interés compartido por el inmigrante y los padres de la novia de recibir una parcela de la JCA. Es

---

[350] JL397, 20.10.1901; HM134, 4.5.1899; FC, AFC1, 26.3/1908; *Informe* 1904, p. 29; Alpersohn 1930, p. 55.
[351] *Documentos*, 8.11.1902 II; Bizberg 1945, p. 47; Hurvitz 1941, p. 78; *Informe* 1904, p. 29.

posible que la preferencia de novios inmigrantes antes que hijos de colonos se debiera a un factor psicológico mencionado por el maestro Bitbol en una carta de 1901, que en un debate sobre las escuelas mixtas (mujeres y varones) señaló que "niñas y niños, pequeños y grandes, jóvenes de ambos sexos se conocen como hermanos y hermanas, se sienten miembros de una misma familia y no hay ningún mal pensamiento que los acerque mutuamente". Si hay algún fundamento en esta afirmación, es posible que el conocimiento desde la infancia redujera el número de parejas formadas por hijos de colonos.[352]

Resumen

A partir del análisis precedente cabe concluir que las condiciones de vida y las costumbres de la época influían sobre las relaciones intrafamiliares. A consecuencia de ello, la familia era una unidad encabezada por el padre, en la cual las mujeres y los hijos participaban en el proceso de trabajo. Al parecer, la necesidad de recibir una parcela influía sobre las pautas de matrimonio y el hacinamiento familiar era causa de numerosos conflictos.

2. Las relaciones de vecindad y los factores de cohesión y alejamiento

La solidaridad es una de las principales características de la comunidad, pero no se deben dejar a un lado los elementos que obstaculizan la posibilidad de concretarla. En 1905 el Rabino Halfón sostuvo que la vasta dispersión por los campos y las dificultades de transporte afectaban el

---

[352] JL367, 7.1.1909; Hoijman 1946, p. 58; Winsberg 1963, p. 13; *Documentos*, 16.6.1901, I.

espíritu solidario y la sensibilidad de la vida en común. Otro problema, especialmente en los primeros años, era la falta de lugares de encuentro para contactos sociales. Las oficinas de la JCA, a las que los colonos acudían para resolver sus asuntos, eran uno de los puntos de contacto y conocimiento con los otros colonos del lugar. No pocas cuestiones se debatían en el patio de la sinagoga, tanto con fines positivos como negativos. Por ejemplo, cuando surgió la idea de crear el Fondo Comunal, sus opositores se pusieron de acuerdo en la sinagoga para actuar contra la propuesta. En algunas colonias se usaban los depósitos como lugar de reunión y también cumplían una función importante los traslados desde la chacra familiar a la aldea para comprar provisiones, buscar al matarife o hacer diversos trámites; entretanto se hablaba con los vecinos de toda la colonia, se obtenía información y se oían los rumores que circulaban por la región.[353]

Las grandes distancias entre las chacras, en especial cuando el tamaño de las parcelas creció y a consecuencia de ello las casas se alejaron y se formaron grupos pequeños, requerían cordialidad en el seno de la familia y solidaridad entre vecinos. Por ejemplo, un colono de Moisesville escribió a sus parientes en 1901: "Aquí no es como en Rusia, se vive en grupos de dos a cuatro casas y se organizan reuniones solo en las fiestas y celebraciones". Ciertamente, hay descripciones de relaciones basadas en la ayuda mutua en marcos reducidos, en los que se realizaban veladas sabáticas, festejos familiares y debates sobre la situación en Rusia y en el mundo, con conversaciones centradas en un periódico leído por uno de los presentes

---

[353] Ibíd., 15.4.1905, p. 105; Kaplan 1955, pp. 173-174; Hurvitz 1932, p. 119; Reznick 1987, pp. 44-46; *Centenario Monigotes*, p. 21; Verbitsky 1955, p. 59.

a la luz de una lámpara de queroseno y encuentros de jóvenes que a veces culminaban en bodas entre hijos de vecinos.[354]

Se debe recordar que, especialmente en la primera época, muchas familias no estaban unidas porque habían inmigrado a la Argentina en etapas y el problema de la reunificación las preocupaba durante un lapso prolongado. Muchas cartas hablaban de este tema y de los intentos de ubicar a los familiares con los que se había perdido contacto. Es muy difícil determinar cómo influyó esto en las relaciones intrafamiliares, pero es probable que en aquellos años en los que los colonos estaban sumidos en "sus propias cuitas" no hubiera muchos dispuestos a participar en actividades sociales intensivas, y generalmente se contentaban con las relaciones entre vecinos. Según el testimonio del colono S.I. Hurvitz, la sensación de soledad por un lado y el ideal de una vida digna en el campo por el otro unían a los miembros de su grupo como si fueran una sola familia, y cualquier evento, como la construcción de un horno común para preparar el pan, se destacaba en el trasfondo de una vida de sufrimientos y carencias. En Santa Isabel se colonizaron al principio solo hombres y las relaciones entre ellos nacieron en el campo; las mujeres, que llegaron más tarde, se ocupaban de los quehaceres domésticos y pasó mucho tiempo hasta que se conocieron entre sí y participaron en las actividades sociales de organizaciones femeninas que se dedicaban a la ayuda mutua, la organización de fiestas de *Bar Mitzva* (transición del varón judío de la infancia a la madurez) para los niños pobres, etc.[355]

---

[354] Gerchunoff 1950, pp. 61, 62; Gabis 1957, p. 34; Shijman 1980, p. 62; Liebermann 1959, pp. 171-172.

[355] JL367, 3.1.1907, 7.1.1909; Bizberg 1942, pp. 31-33; Hurvitz 1932, pp. 18, 19; Gorskin 1951, pp. 19, 51-52.

En ese marco social reducido hacía falta el entendimiento entre vecinos, pero no todos los testimonios describen esta clase de armonía. A veces los conflictos surgían por los animales que entraban a los campos de los vecinos; un grupo de familias vecinas podía desarrollar relaciones estrechas u hostiles. Durante la reorganización de Mauricio, Lapine afirmó que "la mayor desgracia de la colonia radica en las numerosas y continuas discusiones entre vecinos". En su opinión, las principales causas de ello eran los daños provocados por los animales, el uso del redil común, el mantenimiento de las alambradas que separaban las parcelas, etc. Alpersohn señaló al respecto que el traslado a un nuevo lugar lo había liberado de malos vecinos. Muchos testimonios mencionan la hostilidad entre vecinos en Mauricio; Alpersohn confirmó la afirmación de Lapine de que durante la reorganización había consultado a la comisión de colonos para decidir a quién expulsar de la colonia, pero agregó que no había actuado según esos consejos porque cada uno trataba de liberarse de quienes no le simpatizaban, y si Lapine hubiera unificado las listas de los miembros de la comisión, en la colonia no habría quedado nadie. Aparentemente los nuevos grupos organizados por Lapine mejoraron las relaciones de vecindad de algunos grupos porque Alpersohn describió la ayuda mutua y las relaciones sociales con los vecinos, pero más adelante volvieron a recibirse informes sobre la falta de solidaridad. Por ejemplo, Moss y Veneziani señalaron que los colonos de Mauricio eran indiferentes a los asuntos comunitarios y que en todos los temas surgían bandos mutuamente hostiles.[356]

---

[356] Lapine 1896, pp. 5-6, 41-42; Alpersohn s/f, pp. 330-331; Schapira 1991, pp. 41-43; JBEx9, 3.9.1908.

A diferencia de esa colonia, había otras conocidas por la cooperación entre vecinos, como los grupos que pertenecían a Barón Hirsch; tal vez pueda atribuirse a la participación activa de sus miembros en la elección de sus integrantes. Otro ejemplo era Lucienville, en donde había un alto porcentaje de parientes y conocidos. Parte de los colonos fueron trasladados a tierras nuevas para aumentar el tamaño de las parcelas y contaron con la ayuda de quienes quedaron en sus chacras. En general se esperaba que la organización social mejorara las relaciones entre vecinos; por ejemplo, Leibovich expresó esta opinión cuando se creó el Fondo Comunal.[357]

Parte considerable de los conflictos eran consecuencia de la formación de marcos y posturas que llevaban a polémicas con otros grupos e individuos. Había tres ámbitos que unas veces llevaban a la división y otras, a la cooperación: los intereses económicos, la actitud ante la JCA y las diferencias de orígenes.

Los intereses económicos

A continuación señalaremos algunos ejemplos: por temor a quejas por parcialidad en la asignación de parcelas en los grupos que estaban por colonizarse, los directores de la capital preferían hacerlo por sorteo. S. Hirsch sostenía que "la distribución a elección de los colonos sería factible solo si todos se pusieran de acuerdo, pero eso no nos parece posible". Los agentes que trataban de inducir a los colonos de Clara a un entendimiento sobre la rotación en el uso de las tierras en lugar de la rotación de cultivos, comprobaron que los colonos no estaban dispuestos a cooperar debido

---

[357] HM135, 23.5.1907; JL397, 2.10.1902; JL399, 6.12.1904; *Las Palmeras* 1990, p. 24.

a sus intereses estrechos. Lapine informó que la recaudación estipulada por la JCA, por niveles según la capacidad económica, incrementó la envidia entre los colonos.[358]

En 1910 Halfón presentó una imagen que sugería que el antagonismo por intereses contrapuestos existía también dentro de las familias:

> El aspecto más doloroso es que el amor a la familia y las pureza de las costumbres desaparecen día a día. En una sociedad en la cual el comportamiento moral es tan extraño, las discusiones por intereses mezquinos ocupan un espacio considerable, las familias se envidian unas a otras y los miembros de una misma familia están divididos.[359]

Las divisiones entre colonos por sus posturas ante la JCA

La historia de las colonias abunda en enfrentamientos entre los colonos y la JCA, y también al respecto había posturas diferentes que dividían a los colonos. Por ejemplo, cuando el administrador Mellibovsky fue nombrado en Mauricio, encontró dos bandos hostiles, uno a favor de la JCA y otro que se oponía a ella. Entre quienes la apoyaban se encontraban Alpersohn y algunas familias que tenían muchas tierras; entre los opositores se contaban los arrendatarios y quienes querían recibir las escrituras de propiedad. Más adelante Alpersohn pasó al bando de los opositores. Brejman, el agente de San Antonio, informó sobre rumores que cundían entre los colonos que se oponían a la JCA, que difamaban a quienes la apoyaban. Las polémicas se destacaban en las cartas y artículos enviados

---

[358] JBEx6, 8.6.1904; JL397, 21.10.1901, 30.11.1901; HM135, 27.3.1903; *Informe* 1903, pp. 34-35; HM135, 29.4.1907, 23.5.1907; JL397, 2.10.1902; JL399, 28.11.1904; *Las Palmeras* 1990, p.24.
[359] *Documentos*, 24.9.1910, I.

por los colonos a *Hatzefira* y *Hamelitz*, dos periódicos que discrepaban entre sí con respecto a la iniciativa del barón de Hirsch.[360]

Había colonos que solían atribuir las polémicas a una intención oculta de la JCA de crear un grupo de apoyo. Alpersohn señaló que Lapine

> sabía que para derribar los árboles del bosque, el mango del hacha debe ser de los árboles mismos. [...] Así nombró primer ministro y, supuestamente, consejero, al más ferviente propagandista contra la JCA. Lo puso al frente de la comisión y le prometió, además, un puesto en su gobierno.

En Clara y Lucienville surgió un movimiento de colonos que rehusaban firmar el contrato propuesto en tiempos del barón; los que no entendían por qué deberían negarse fueron aislados y apodados *meshumadim* (apóstatas), y no se les permitía entrar a la sinagoga. En 1908 los socios del Fondo Comunal se dividieron cuando se les propuso firmar nuevos contratos. En la reunión convocada al respecto hubo quienes sostuvieron que no debían firmarlos porque sentían que la JCA trataba de hipotecar a los colonos y a sus hijos. Un colono afirmó que podrían triunfar "si estuviéramos unidos pero, lamentablemente, cabe suponer que los colonos actuarán como en el pasado y cada uno firmará por separado y en silencio". Sajaroff, el presidente del Fondo Comunal, sorprendió a los presentes cuando anunció que ya había firmado el contrato y presentó su renuncia, porque consideraba que en ese asunto sería un mal defensor de los colonos.[361]

---

[360] JL310, 31.7.1896; Mellibovsky 1957, pp. 119-121; Alpersohn 1930, pp. 145-146; Liebermann 1959, pp. 101-102.
[361] Alpersohn 1930, p. 137; Hurvitz 1932, pp. 24-25; Gabis 1957, pp. 176, 180-181.

Cabía esperar que los colonos, que veían a la JCA como un factor externo y amenazador, se unieran y cooperaran, y ciertamente, en algunas ocasiones se organizaban en ayuda de quienes se habían visto perjudicados por la JCA. Así se reunieron los colonos de Lucienville para apoyar a un colono del grupo Ackerman 1 cuyos bienes habían sido embargados por el alcalde por orden de Veneziani; en otros casos ayudaban en el trabajo y la cosecha a sus amigos cuyos bienes habían sido confiscados, pero a veces se enfrentaban por sus posturas ante la JCA. Se puede suponer que se debía a otros intereses y que no todos los colonos la veían como un elemento hostil.[362]

Las divisiones por origen, idioma, estilos religiosos y costumbres

Hay muchos ejemplos al respecto; entre ellos se destaca una división basada en diferencias en el estilo de las plegarias y el grado de fervor religioso de los grupos radicados en Algarrobo y Alice de Mauricio, que ya estaban divididos por cuestiones ideológicas y otras.[363]

El rabino Hacohen Sinai de Moisesville entró en confrontación con la JCA y gozó del respaldo de parte de los colonos de Podolia, pero los de Lituania –que habían llegado a la colonia dos años antes– se negaron a apoyarlo. Entre los colonos provenientes de Lituania y Besarabia cundían estereotipos: los lituanos ostentaban el prestigio intelectual de las *yeshivot* (plural de *yeshivá*, institución superior de estudios talmúdicos) y eran vistos como avaros; los de Besarabia les parecían ignorantes y despilfarradores. Entre ambos grupos había numerosos conflictos y cada uno tenía su sinagoga y su rabino propio. El antagonismo fue aminorando con el tiempo, cuando los hijos

---

[362] Hurvitz 1932, p. 39; Bizberg 1947, p. 95.
[363] Alpersohn s/f, p. 354.

de unos y otros empezaron a contraer matrimonio entre sí sin preservar los límites relacionados con la procedencia de sus padres.[364]

A principios del siglo XX había en Moisesville un antagonismo tan marcado entre los judíos de Rumania y los de Lituania que cuando quedaban parcelas disponibles por el abandono de algunos colonos, la JCA temía asentar colonos de un origen en grupos de otra procedencia. Cociovitch refirió que algunos colonos se negaban a enviar a sus hijos a trabajar con sus vecinos provenientes de otros lugares aun cuando su propia cosecha no prosperaba y faltaba el sustento. Conflictos similares se desarrollaron en otras colonias; es posible que no hubieran surgido en ellas sino que hubieran sido traídos de Europa.[365]

Resumen

En 1911, después de una visita a Clara, el escritor Jules Huret mencionó el carácter apacible de los colonos de la JCA basado en el hecho de que bastaban unos pocos policías para preservar el orden en esas grandes extensiones. Pero a pesar de su descripción bullían corrientes subterráneas que ponían de manifiesto desacuerdos que afectaban la capacidad de consolidar la solidaridad y la cooperación entre las familias y grupos sociales.[366]

Muchos colonos no habían tenido contacto con sus vecinos antes de llegar a la Argentina, pero también aquellos que sí se conocían debían construir sus relaciones sociales desde el comienzo, porque había muchos cambios debidos a los numerosos abandonos y la llegada de

---

[364] Cociovitch 1987, pp. 146-147, 184-186; Bargman 1991, pp. 5-6; ACHPJ, HM2/355, p. 10.
[365] HM/135, 28.1.1903; JBEx6, 29.6.1904; JL365, 2.6.1904; Cociovitch 1987, p. 251 (nota 5).
[366] Huret 1911, p. 415.

nuevos colonos en lugar de aquellos. En esas comunidades pequeñas y en proceso de consolidación vivían toda clase de personas entre las que se desarrollaban amores y odios, solidaridad e indiferencia, ayuda mutua y conflictos. Se trataba de grupos heterogéneos divididos por sus posturas ante diversos temas, que entablaban una lucha peculiar por la existencia en zonas periféricas de la Argentina, en un marco social pequeño y aislado. Por ello se percibe una dualidad: por una parte, relaciones estrechas y persistentes entre vecinos, y por la otra, numerosos conflictos. Cabe suponer que la organización voluntaria en asociaciones con fines comunes podía superar las divisiones y alentar las tendencias solidarias, tema al que volveremos a referirnos más adelante.

3. Los estratos sociales

En los capítulos anteriores se había señalado una mejora en diversos ámbitos en las colonias antiguas, y tendencias poco claras y aun negativas en las tres colonias más jóvenes: Narcisse Leven, Montefiore y Dora. Cuando estos parámetros se referían a una colonia específica, se trataba de promedios probables, pero no se examinaba la estratificación social, cuyo significado en sentido amplio era la desigualdad económica.[367]

La diversidad resaltaba en los informes de trilla, que tenía proyecciones sobre el nivel de vida de los colonos. Cuando las trilladoras empezaban a trabajar en los campos, los agentes enviaban informes semanales a la capital; los directores los resumían en un telegrama codificado (para ahorrar costos) y los enviaban a los directores

---

[367] ECS, 5, p. 541.

de París. Los datos eran parciales porque la trilla se prolongaba mucho tiempo y no estaba claro si esas cifras se correspondían con lo que se esperaba en las otras parcelas. Algunos funcionarios se apresuraban a tomar esas cifras como promedios, las multiplicaban por el precio esperado, descontaban los gastos calculados (que a veces se remitían a publicaciones en los periódicos) y se basaban en el resultado obtenido para fijar el monto de la cuota anual que los colonos deberían pagar. Estos cálculos solían quedar en los papeles porque no había ninguna posibilidad de establecer a partir de ellos cuál sería la ganancia de un colono en particular. Con el tiempo, los funcionarios de la JCA en París y en la Argentina aprendieron a tomarlos con mucha cautela.[368]

Cuando la JCA lo admitió, en algunas ocasiones se creaba un sistema que fijaba una cuota anual gradual para diversas colonias e individuos según la cosecha de cereales de cada uno y también otros datos, como las necesidades de determinado colono de desarrollar su chacra, etc. Por ejemplo, en 1901 se fijaron en Clara cuatro niveles de pago. Esta decisión requería tratativas con muchos colonos que, por diversas razones, pedían pasar de un nivel a otro.[369]

La definición de los niveles con este método mayormente basado en los resultados de la cosecha de cereales generaba dos problemas: el ocultamiento de la cosecha para que la JCA incluyera a esos colonos en un nivel más cómodo y el hecho de que la capacidad de pago no dependía solo de la cosecha. Había algunos colonos cuya cosecha era mala pero que tenían vacadas más rentables, y otros con una cosecha buena que era su único ingreso. El método existente no hacía justicia con unos ni con otros; por eso, en 1902 Lapine definió nuevos niveles que

---

[368] JL363, 24.2.1898; *Informe* 1907, p. 21.
[369] JL397, 31.5.1901, 28.5.1901, 30.5.1901, 3.6.1901.

también tomaban en cuenta la cría de ganado y la producción de leche. A veces surgían problemas porque la JCA tenía conocimientos parciales sobre las vacas criadas por cada colono y porque cualquier método requería un seguimiento complejo que finalmente salía mal porque los cambios climáticos y las catástrofes naturales modificaban por completo la situación de los colonos.[370]

Por ejemplo, en 1902-1903 la cosecha de lino en Clara y San Antonio fue de un promedio de 300 kg por hectárea, pero ese dato incluía a algunos colonos que habían obtenido 1.000 kg por hectárea con una calidad que permitía recibir $95 por tonelada y a otros que cosechaban apenas 100 kg por hectárea, con una calidad inferior que les permitía recibir solo $30 por tonelada. En Clara se recibieron informes sobre desviaciones del promedio en la cosecha de 1903-1904, en Moisesville en 1905-1906 y también en otros lugares. A veces el resultado esperado no justificaba las tareas de siega y trilla, y la producción quedaba en el campo, lo que significaba que los colonos perdían todas sus inversiones en semillas, mantenimiento de los animales y maquinaria, y sus pérdidas crecían. En 1901 Lapine informó que los colonos más acomodados de Clara dejaban la colonia para liberarse de las deudas que los agobiaban.[371]

La diversidad era grande no solo en la cantidad de la cosecha y los ingresos, sino también en las demás manifestaciones de bienestar examinadas. En 1903 S. Hirsch señaló las notorias diferencias entre los veteranos de Moisesville, que si bien eran pobres tenían animales que los ayudaban a subsistir, y los más nuevos en los grupos Virginia, Wawelberg y Zadoc Kahn, para quienes una cosecha

---

[370] Ibíd., 27.11.1902, 1.12.1902, 8.12.1902, 22.12.1902.
[371] *Informe 1903*, pp. 35-36; *Informe* 1904, pp. 15-16; *Informe* 1906, pp. 10-11, 33 (nota); JL327, 5.12.1896; JL334, 21.2.1901; JL397, 6.5.1901.

perdida significaba una pérdida total. En 1907 Cazès estimó las inversiones en la compra de animales y mejoras en Clara en cinco millones de francos y agregó que no tenía sentido calcular el promedio por colono, porque "aquí, como en cualquier otro lugar, la desigualdad es evidente: los más activos, inteligentes o ahorrativos –o quizás los más afortunados– se mantienen a flote, mientras los otros quedan atrás".[372]

En 1908 la JCA propuso un contrato nuevo a los colonos de Clara. El Fondo Comunal estimó que en la colonia había tres categorías con respecto a la capacidad de cumplir las obligaciones estipuladas por el contrato: los colonos que podían pagar todas las cuotas, los que no podían pagar ni siquiera una y los que podían pagar las primeras cuotas pero no podrían completar el proceso. A diferencia de él, el agente de la JCA Sidi estimó que la mitad de los colonos podrían pagar la cuota anual sin dificultades. Independientemente de cuál de las estimaciones fuera correcta, el hecho es que ambas partes reconocían que existía una clara diferenciación entre diversos grupos de colonos.[373]

A pesar de la falta de datos precisos, en 1911 Oungre intentó evaluar la situación económica de los colonos de Clara y sobre la base de lo que veía llegó a la conclusión de que existían diferencias notorias: "Junto a viviendas muy modestas y depósitos generalmente pobres vi casas muy bien construidas". Ese año recibió un informe del administrador de Moisesville, aprobado por Cociovitch (presidente de La Mutua), que señalaba que unos 50 colonos tenían $50.000-200.000 cada uno, mientras que otros 100 solo contaban con $10.000-50.000. Estas estimaciones incluían tanto los bienes de la chacra como los de

---

[372] HM135, 28.1.1903, 6.5.1901.
[373] *Informe* 1908, pp. 36-37; Gabis 1957, p. 177.

consumo. Debemos recordar que la tenencia de los bienes no es igual a su posesión, porque la mayor parte de ellos estaban hipotecados.[374]

En 1912, I. Kaplan examinó la composición de las deudas de los miembros de la cooperativa de Barón Hirsch:

N° de miembros	Monto de la deuda individual (en pesos)
90	Hasta 500
61	De 501 a 1.000
46	De 1.001 a 1.500
27	De 1.501 a 2.000
9	De 2.001 a 2.500
7	De 2.501 a 3.000
9	De 3.001 a 3.500

En 1914 Starkmeth encontró una distribución similar entre los colonos de Moisesville. Si tomamos en cuenta que existía una correlación entre el monto de crédito concedido y las dimensiones de la garantía suministrada, cabe suponer que la distribución de los datos antes presentados sugiere una distribución similar en las propiedades, que les permitía adquirir más bienes.[375]

Las evaluaciones y estimaciones expuestas son parciales porque se centran en una sola dimensión, y provisorias porque reflejan la situación en un momento determinado sin comparar épocas diferentes. No obstante, indican la presencia de signos de estratificación social en las colonias, a los que haremos referencia a continuación.

---

[374] *Informe* 1911, pp. 62-63, 101-102.
[375] IWO, AMSC1, 29.11.1912; JL428, 16.9.1914.

Los estratos acomodados

Los grupos autónomos que llegaron a la colonia Barón Hirsch lo hicieron con cierto capital. Por ejemplo, el grupo Novibug, el primero que se colonizó en tierras de Leloir, llevó carros, arados y bienes muebles que fueron transportados en 11 vagones hasta la estación de ferrocarril de Carhué y de allí en carretas hasta Leloir. A veces se comprobaba que el equipamiento agrícola no se adecuaba a las necesidades del lugar y en varias ocasiones la JCA aconsejó llevar menos equipos y conservar el dinero para comprar animales y bienes muebles en la Argentina.[376]

También quienes se incorporaron a Barón Hirsch en la Argentina, ya fuera como grupos nuevos o individualmente a grupos ya existentes, debían demostrar una situación económica razonable con un depósito monetario en las oficinas de la JCA. Algunos tenían equipamiento adecuado porque lo habían comprado en la Argentina cuando arrendaban otras tierras antes de incorporarse a esta colonia. El número de los que se incorporaban en la Argentina era considerable: Cazès visitó la colonia en mayo de 1907 y comprobó que la mitad de las 76 familias que residían allí habían sido reclutadas en el sur de la provincia de Buenos Aires y habían logrado ahorrar la suma necesaria para el depósito.[377]

Entre los recién llegados había algunos más ricos que otros; uno de ellos era Yudl Abrashkin, que había llegado con $26.000 (el depósito solicitado a los candidatos era de 3.000 rublos, equivalentes a $2.500) y en 1911 contaba con un terreno en Rivera y un comercio de venta de materiales de construcción, además de la chacra. Simkin, otro colono que se destacaba por sus iniciativas en el rubro

---

[376] JBEx7, 12.1.1905; JBEx8, 22.3.1906; Verbitsky 1955, pp. 62-63.
[377] HM135, 23.5.1907; JL367, 2.5.1907, 19.9.1907.

de la construcción, entre ellas viviendas económicas (aparentemente para los inmigrantes que llegaban a la colonia), ganó una licitación de la JCA para construir locales de comercio con fines de alquiler en Rivera. Otro colono que gozó de notorio éxito fue Kremer, que tenía unos cien toros y equipamiento agrícola costoso que incluía una trilladora y dos molinos de viento para extraer agua. Asimismo, Mijelsohn y el representante Tcherni tenían muchos bienes.[378]

También en otras colonias había ricos, algunos que habían llegado con cierto capital y otros que se habían enriquecido allí. La buena posición se ponía de manifiesto en el nivel de vida y el patrimonio acumulado. En 1897 algunos colonos del grupo Feinberg de Clara mantenían una escuela privada con 60 alumnos y cuatro maestros. Cada colono aportaba ocho pesos para los salarios de los maestros, una suma elevada en comparación con los estándares usuales en las escuelas de la JCA. Algunos colonos ricos de Mauricio y Entre Ríos viajaban periódicamente a la capital, otros agrandaban sus casas, las embellecían y compraban muebles caros. Nandor Sonnenfeld describió la casa de un colono rico en Lucienville que tenía un piano, algo que en su opinión era un signo de estatus económico y social en el país de origen. En Moisesville había colonos que compraban o arrendaban cientos de hectáreas en las que sembraban alfalfa y criaban ganado.[379]

Los bienes de las chacras generaban ganancias que incrementaban el capital de esos colonos. Varios colonos de Lucienville compraron trilladoras, cada una de las cuales costaba $7.000-10.000 y cuya operación en las colonias y sus alrededores producía ganancias. Un colono creó

---

[378] JL346, 18.7.1907; *Informe* 1911, pp. 121-122.
[379] AA, IO,2, 10.1.1897; JBEx7, 12.3.1897; *Informe* 1907, p. 52; *Informe* 1910, pp. 38-39, 41-42; *Informe* 1911, pp. 101-102.

en La Capilla (Clara) uno de los tambos más productivos. Había quienes representaban empresas que vendían maquinaria agrícola a los colonos, otros criaban vacadas en tierras propias, arrendadas o de otros, para invernada. La producción y el comercio a gran escala de alfalfa y ganado incrementaban aun más sus ganancias. Alpersohn mencionó que en 1902 había sembrado 100 hectáreas de alfalfa y comprado 103 vacas y 70 vaquillonas; no caben dudas de que la capacidad de producción de su chacra creció significativamente.[380]

No obstante, se debe tener presente que se trataba de una minoría de colonos.

Los estratos más frágiles

No pocos testimonios mencionan muchas familias en estado de pobreza permanente. Se hablaba de un colono de Clara cuyos pedidos de ayuda se reiteraban año tras año; entre otros, Alpersohn describió a quienes vivían en una situación de pobreza crónica:

> Arn Kazev, un colono que parecía haber sido condenado por la Providencia misma a no emerger nunca de la miseria más extrema. [...] ¿Para qué, si no, escribió Moisés en su *Torá* (Pentateuco, Y.L.) "Nunca faltarán pobres"?.[381]

Parecería que, a pesar de las duras descripciones de Alpersohn y otros sobre los pobres de Mauricio y Clara, no se puede comparar su situación con las estrecheces de muchos colonos de Narcisse Leven en la misma época. En 1911, cuando Yejezkel Shojat llegó allí, los colonos le parecieron mendigos y pordioseros enjutos y semidesnudos.

---

[380] Alpersohn 1930, pp. 72, 78; *Informe* 1906, pp. 10-11, 37-38; *Informe* 1907, pp. 70-72, 77; *Informe* 1910, pp. 37-39; *Informe* 1911, p. 38.
[381] JL397, 3.8.1901; Alpersohn s/f, pp. 371-372.

Como la cosecha había sido mala, viajaban a regiones en las que hubiera probabilidades de encontrar trabajo; algunos ganaban apenas lo suficiente para cubrir los gastos de viaje y otros regresaban exhaustos y retraídos. Los policías de la zona percibieron el sufrimiento de los pobladores y lanzaban galletas a la vera de los caminos para que los hambrientos las recogieran. Las noticias sobre las penurias llegaron hasta París y el consejo accedió a autorizar un préstamo a la Unión Cooperativa de Bernasconi para proporcionar alimentos a sus socios. Simón Weill visitó la colonia en 1913 y captó las dimensiones de la catástrofe agrícola que asolaba a todo el territorio nacional de La Pampa Central. Durante su visita, los colonos organizaron una manifestación y le exigieron pan. Ese mismo año llegó a la colonia la Dra. Itzigsohn, que encontró casos de desnutrición y comprobó que los colonos habían aprendido a cocinar cortezas de árboles para "engañar el estómago".[382]

Las familias que padecían estrecheces económicas tenían dificultades para pagar la atención médica y afrontar los gastos de la educación de sus hijos. En 1897 se señaló que las familias de Moisesville afectadas por enfermedades contagiosas no contaban con los medios necesarios para desinfectar o deshacerse de la ropa de cama de los enfermos, que podía ser causa de contagio. En diversas ocasiones el Dr. Yarcho se refirió a la exigencia de la JCA de obligar a los colonos a pagar parte de los gastos de atención médica e internación y en 1900 sostuvo que solo un tercio de los colonos de Clara le pagaba la visita ($0,50), a pesar de que "mi verdadera obligación es curar a los enfermos [...] Me obligaría a cobrar también por la internación si ellos pudieran pagar". En 1909 hubo socios

---

[382] Shojat 1953, pp. 37-38, 52-53; *Sesiones* V, 11.11.1911; *Informe* 1911, p. 130; Liebermann 1959, pp. 80-81; JL426, 4.12.1913, 11.12.1913, 9.10.1913; Itzigsohn 1993, pp. 20-21.

de La Mutua que no lograron pagar el servicio médico. En 1914 se acordó con el Dr. Wolcovich, el médico de Clara, que los hijos separados de sus padres que tuvieran un certificado de pobreza emitido por La Mutua pagarían la mitad de la suma habitual.[383]

El Consejo de Educación de la provincia de Entre Ríos exigía que los padres de los alumnos pagaran un arancel. En 1901 Lapine pensaba que ese pedido era injustificado porque la JCA financiaba la mayor parte de las escuelas en las colonias y porque "este año los colonos son muy pobres". En ese mismo tono respondió al Consejo de Educación, pero tanto su pedido como la intervención de S. Hirsch revelaron que no se podía obtener una exención grupal, sino solicitar exenciones para los pobres a título personal. En 1903, la JCA se dirigió al gobierno de la provincia de Santa Fe para que este participara en los gastos de mantenimiento de las escuelas de Moisesville según la Ley de Educación Obligatoria, y señaló ante el abogado que la representaba que debía sostener que a tales fines no se podían usar los fondos del impuesto a la educación porque esas sumas eran ínfimas debido a la pobreza de los colonos. En cambio, los colonos de Mauricio podían participar en dichos gastos; por ejemplo, en 1908 pagaron a la JCA $3.000 en concepto de aranceles escolares.[384]

Viudas, huérfanos y otros necesitados

La concreción del deseo de la JCA de colonizar familias completas y sanas para que pudieran cultivar la tierra y vivir de manera productiva se vio dificultada por diversos obstáculos. En 1894 Cazès había informado sobre varias

---

[383] JL333, 1.6.1900; JL399, 19.7.1900, 23.7.1900; JL401, 1.4.1905; MHCRAG, AMA, 25.7.1909; MHCD, ASSIHC, 28.9.1914, 3.12.1914.
[384] JL397, 1.5.1901, 6.5.1901; JL400, 28.5.1903; *Informe* 1908, p. 27.

familias cuya situación económica no tenía solución porque los padres habían muerto y dejado viudas con hijos pequeños. En su respuesta al pedido de los directores de Buenos Aires de ayudar a una viuda, el barón había expresado enérgicamente su oposición a dejarlas en las colonias: "Si quieren librarse de alguien, tienen que darle solo el mínimo necesario para que no muera de hambre, de otra manera verá que la situación es aceptable y no se cumplirá el objetivo". Por esa razón, la JCA incorporaba estas familias a aquellas a quienes el barón estaba dispuesto a pagar el viaje de regreso a Rusia o a cualquier otro lugar. A consecuencia de esta postura, la sociedad rechazaba de plano familias candidatas a colonizarse encabezadas por viudas, aunque fueran familias de agricultores y contaran con suficientes trabajadores.[385]

En 1900, cuando la JCA examinaba a los candidatos de Rumania, Cazès exhortó a no repetir los errores cometidos con los grupos anteriores y a rechazar, entre otros, a ciegos, viudas sin trabajadores, enfermos y discapacitados. Si bien se podía impedir la incorporación de viudas jefas de familia al proyecto de colonización, no se podía garantizar que la situación de la familia no cambiaría con el paso del tiempo. Eran frecuentes los casos de muerte del jefe de familia por enfermedades, accidentes y aun asesinatos. Esas familias solían quedar sin recursos y con grandes deudas y tenían dificultades para recuperarse.[386]

En 1901 un agente de Clara informó que no sabía qué hacer con una viuda y su hijo que, después de la muerte del jefe de familia, no podían hacerse responsables de sus acciones. ¿Cómo actuar con estas familias cuya composición afectaba su capacidad de atender la chacra según los

---

[385] Avni 1973, pp. 216-217; JL363, 16.4.1896; JL29d, 2.10.1903; JL31a, 26.1.1906, 21.6.1906.
[386] JL333, 24.8.1900.

requisitos de la JCA? Después de la desgracia los vecinos, familiares y conocidos acudían y trataban de ayudar a terminar los trabajos de cultivo o siega; por ejemplo, cuando un colono y su hijo se ahogaron en Clara al tratar de cruzar un arroyo caudaloso, la viuda quedó con cinco hijos pequeños y su suegro y dos cuñados la ayudaron a manejar la chacra, pero esa solución solo podía ser temporaria.[387]

Los funcionarios de la JCA revisaban la capacidad de quienes se quedaban para cumplir sus compromisos con la sociedad. En 1905 un colono cayó de un carro y murió, y el agente de Clara escribió a sus superiores: "Una viuda más en la colonia. El finado dejó una familia sin recursos. [...] Una hija está internada en un hospital. [...] Después de la trilla veremos si queda algo para pagar la deuda a la sociedad". Moss y Veneziani pidieron que la familia no fuera tratada con rigor. Un colono de Mauricio murió y "legó" a su familia una deuda de $14.000, y los acreedores estaban por embargar su alfalfa y sus bienes. Cazès y Oungre visitaron la colonia y autorizaron un préstamo de ayuda porque el difunto solía pagar puntualmente sus deudas a la JCA. En 1911 se brindó ayuda a una familia de Clara cuyo padre había ido a trabajar a Moisesville después de la siembra en sus campos, y murió allí en un accidente.[388]

Especialmente difícil era la situación de aquellas familias cuyos hijos eran demasiado jóvenes para trabajar en el campo. En 1901, el médico de Clara expuso ante los directores de la capital la situación peculiar de esas madres: "Estas viudas necesitan ayuda hasta que su situación particular se resuelva con el crecimiento de un hijo o cuando contraigan segundas nupcias". También pidió que se otorgara una asignación mensual modesta a una viuda "nueva"

---

[387] JL397, 31.7.1901, 19.11.1901; JL426, 1.5.1913.
[388] JL397, 4.9.1901, 14.9.1901, 16.9.1901; JL400, 9.9.1901; JL399, 5.1.1905; JBEx11, 12.4.1911.

para que pudiera contratar a un peón de campo, señaló que ya se había concedido una asignación como esa a otra viuda, e informó que esta había contraído matrimonio con su socio en el manejo de la chacra. S. Hirsch y Cazès respondieron que, a pesar de que la ayuda a las viudas debía quedar en manos de los colonos, la JCA estaría dispuesta a colaborar hasta que se organizara dicho servicio. Según el informe de Sonnenfeld, las asociaciones de Mauricio trataban de volver a casar a las viudas y durante su visita en 1902 solo quedaban dos viudas en la colonia.[389]

Viudas y ancianos abandonados

En el momento de aceptar a un nuevo colono se comprobaba la cantidad de hijos varones en la familia, pero con el tiempo se produjeron algunos cambios debidos al curso de los acontecimientos. Algunos hijos que se casaban querían colonizarse por separado, pero la JCA accedía a hacerlo solo si en la familia había más hermanos que permanecieran con los padres; en caso contrario, los hijos casados debían quedarse o encontrar la forma de comprar tierra en otro lugar por sus propios medios. Otros hijos se trasladaban a pueblos y ciudades para trabajar allí, dedicarse al comercio o estudiar. La JCA retenía las llaves de ingreso a las colonias, pero la salida estaba abierta y la consecuencia fue que con el paso del tiempo quedaban en ellas viudas y ancianos abandonados e imposibilitados de manejar sus chacras.

La actitud de la JCA ante los padres abandonados era consecuencia directa de su aspiración a productivizar a los colonos. Así fue como en 1897 en San Antonio trataron de deshacerse de un colono ofreciéndole ayuda económica para que se fuera. En 1904, cuando muchos colonos se

---

[389] JL400, 20.11.1901, 22.11.1901.

fueron de Clara, Leibovich escribió a la capital que en la colonia quedaban padres ancianos abandonados por sus hijos: "Hay un número considerable de inservibles que ocupan terrenos y molestan a los demás colonos". Algunos meses más tarde informó que el fenómeno se había agravado: "Lamentablemente queda una cantidad importante de ancianos, viudas y otros inservibles". Los directores exigían que se presionara a los que quedaban y que se les exigiera el cumplimiento de los artículos del contrato referidos a la cuota anual, que estipulaban que la sociedad estaba facultada a revocar el contrato del colono que no pagara la cuota.[390]

La tendencia que cobraba forma era la de revocar el contrato que prometía la venta de la tierra y reemplazarlo por otro de alquiler a bajo precio para la casa y la pequeña huerta que la rodeaba. De esa manera confiaban en liberar la mayor parte de las tierras para la colonización de jóvenes y, al mismo tiempo, permitir la subsistencia básica de los sectores más débiles. En 1905 intentaron hacer lo mismo con aquellos ancianos y viudas que los empleados de la JCA consideraban imposibilitados de trabajar en el campo. En 1910 Veneziani estimó que en las colonias de Entre Ríos había 21 ancianos en esas condiciones que todavía conservaban parcelas grandes y los dividió en dos grupos: los que tal vez podrían recuperarse con ayuda de sus hijos jóvenes y los que deberían pasar de tener derecho a compra a ser inquilinos de una vivienda y un terreno pequeños. A fines de 1914 Starkmeth estimó que en Moisesville había al menos 40 colonos que no podían pagar la cuota anual porque no estaban en condiciones de trabajar la tierra y tampoco tenían hijos que pudieran hacerlo.[391]

---

[390] JL310, 20.2.1897; JL399, 30.12.1904, 2.6.1905, 17.6.1905, 21.6.1905, 27.6.1905, 30.6.1905.
[391] JBEx7, 16.11.1905, JL351, 15.10.1910; JL428, 26.11.1914.

Algunos querían conservar la tierra y pagar las deudas por medio de un subarriendo. Alpersohn mencionó la expulsión de ancianos de Mauricio en 1906 porque "arrendaron los campos a sus hermanos ricos que gozaban de mucho crédito, por 15-18 bolsas de granos por cada 100 de cosecha". En 1909 se informó sobre viudas, viudos y parejas de ancianos de la misma colonia que habían arrendado sus parcelas y vivían en Carlos Casares. En esa colonia cundía el subarriendo y la JCA se opuso a él recurriendo a las condiciones establecidas en los contratos. Los empleados de la sociedad se irritaban más cuando el fenómeno se daba entre los colonos que, según su ofensiva definición, eran "perjudiciales e inservibles". Cuando Starkmeth llegó a la Argentina implementó la expulsión de esos colonos y cobró fama de cruel e insensible.[392]

La actitud de la JCA se debía a su concepción de que la colonización era una cuestión económica y por eso definía como "inservibles" a quienes no podían aportar. Asimismo, la sociedad se desentendía de cualquier cosa que pudiera parecer caridad o beneficencia. La JCA entendía que debía apoyar la existencia de esos principios pero pensaba que no era asunto suyo sino de las asociaciones comunitarias que serían creadas por los colonos. En 1904 Leibovich confiaba en que los elementos "negativos" dejarían gradualmente sus chacras y pensaba que los otros colonos debían ayudarlos; al mismo tiempo, era consciente de la falta de organización comunitaria y de la gran cantidad de necesitados en la colonia. Un año después, cuando ya existía el Fondo Comunal y empezó a arraigarse la costumbre de reemplazar los contratos de venta por contratos de alquiler, sugirió dirigirse a la cooperativa para que esta creara fondos de ayuda a los colonos abandonados.[393]

---

[392] JBEx10, 9.7.1909; JL494, 29.5.1914, 21.10.1914; Alpersohn 1930, pp. 105, 191-192.
[393] JL399, 14.12.1904, 30.12.1904, 2.8.1905, 9.8.1905.

Otro aspecto a examinar era el grado de capacidad de los colonos de ayudar a los ancianos, viudas, huérfanos, enfermos y minusválidos y sus formas de organizarse. El autor del informe anual de 1912 señaló en 1913 que la situación de los colonos mejoraba día a día y que, como en cualquier sociedad, había gente que gozaba de un verdadero bienestar, y agregó: "Lo que no existe en las colonias es una pobreza como la que se puede ver en Europa". A pesar de esta afirmación y del deseo de la JCA, no podía haber una comunidad sin necesitados, una sociedad integrada solo por personas sanas y jóvenes, en la que todos los jefes de familia fueran varones. Este era un pensamiento utópico porque no tomaba en cuenta los procesos vitales básicos, que incluyen enfermedades, discapacidad y muerte, y porque permitía a quienes así lo deseaban, en especial a los hijos que no estaban contractualmente vinculados con la JCA, salir de las colonias y dejar en ellas a sus padres ancianos y minusválidos. Esta postura de la JCA solo fue posible en las primeras etapas de colonización. No se pudo llegar a una solución radical porque la situación era dinámica y nuevas personas se incorporaban al círculo de ancianos, viudas, huérfanos, enfermos y minusválidos.

La movilidad social

La definición del estatus del colono en función de su situación económica era difícil por las oscilaciones en esta última. La movilidad social vertical en el sentido del paso de individuos o grupos de un estrato a otro era un fenómeno común, especialmente hacia abajo. Había colonos cuya situación mejoraba, como Yankelevich de Clara, que era considerado rico aunque su padre era muy pobre; pero había muchos cuya situación económica empeoraba. Los colonos de Barón Hirsch, que en los comienzos gozaban de una posición económica sólida, padecieron una reducción en sus recursos monetarios. M. Guesneroff informó al respecto en 1909 y Oungre se refirió en 1911 a muchos de esos colonos "que hasta hace dos años eran ricos", cuya situación se había deteriorado después de dos años de malas cosechas.[394]

En la situación económica de parte de los colonos había altibajos. En algunas ocasiones su situación mejoraba después de una cosecha buena o del éxito en la cría de ganado, y en otras perdían sus bienes y contraían grandes deudas. En 1908 parecía que los colonos de Moisesville y Entre Ríos estaban bien encaminados y también los pobres empezaron a gozar de cierto bienestar. Después de la epidemia de 1909, problemas agrícolas en Entre Ríos e inundaciones que anegaron gran parte de Moisesville y Montefiore en 1914, se produjo un cambio notorio en su situación y quedaron sumidos en una honda crisis. I. Kaplan, uno de los líderes del Fondo Comunal, escribió que en aquella época también los "acaudalados" acudían a la cooperativa y pedían harina para sus familias. Asimismo, se supo que los socios acomodados de La Mutua de Moisesville no podían cumplir el compromiso de comprar más acciones.[395]

Se puede decir que la movilidad y el poco tiempo transcurrido desde la creación de las colonias no impusieron la consolidación de estratos socioeconómicos altos, que la mayor parte de los colonos eran pobres y que había algunos ricos que deben ser vistos como casos particulares y no como una clase definida y consolidada.

---

[394] *Informe* 1907, p. 71; *Informe* 1909, p. 44; *Informe* 1911, pp. 63-64; ECS, 3, pp. 293.
[395] JL428, 20.2.1915; Hurvitz 1941, p. 86; Kaplan 1955, pp. 180-182; *Informe* 1908, p. 20.

La jerarquía social

Hasta ahora nos hemos referido al sentido amplio de la estratificación social, pero este concepto tiene también un significado más estricto: ¿en qué medida las diferencias en la situación económica de las personas influyen sobre su ubicación en la escala social y sobre la valoración y el prestigio a los que se hacen acreedoras, y hasta qué punto tienen un estatus permanente e influyen sobre sus acciones y conductas en la comunidad? Además de la situación económica, que tal como ya habíamos visto no implicó una estratificación por clases, sobre el estatus en la sociedad pueden influir también elementos como un cargo político, un rango religioso, el prestigio adquirido por educación o abolengo, etc. En algunas ocasiones, el prestigio comunitario determina la ubicación en la escala social aun más que la posición económica.[396]

La JCA demostraba actitudes diferentes ante colonos de distintas posiciones sociales: en 1901 se preguntó a Lapine (que, como se sabe, era partidario de parcelas pequeñas) por qué no asignar a cada colono una parcela de tamaño similar a las que ya había dado a algunas personas adineradas. Su respuesta fue que estas últimas habían invertido grandes sumas en la compra y mejora de suelos y que se trataba de

> jóvenes instruidos, intelectuales habituados a una buena vida. [...] ¿Acaso se los puede comparar con nuestros colonos, que son pequeños artesanos, simples obreros o pequeños comerciantes que llegan aquí con escasos recursos o en estado de absoluta pobreza?.[397]

---

[396] ECS, 2, 119-121; ECS, 2, 717; ECS, 4, pp. 123-124; ECS, 5, pp. 541-545.
[397] JL352, 8.1.1911.

La actitud difería también en el cálculo de la cuota anual basado en la cosecha, cuyos resultados resultaba difícil verificar. Los directores de París señalaron en una carta que

> lo que ustedes dicen con respecto a datos inexactos de la cosecha no es importante cuando se habla de colonos que viven holgadamente como los de Mauricio, pero conviene ser más precisos en el cálculo de los ingresos de quienes no pagan la cuota anual y a veces disfrutan de los presupuestos que les asignamos.[398]

En 1901 Nemirowsky ofreció una explicación, que fue aceptada por S. Hirsch y Cazès, para entender por qué se abstenía de tomar medidas contra un colono que había faenado ganado de la JCA:

> Él no es el primero que faena animales. Si bien estoy de acuerdo en que en casos como este se debe actuar con severidad, no sería justo elegirlo como chivo expiatorio mientras otros quedan impunes, más aun porque es considerado adinerado, serio, afable y obediente, y no solemos ser rigurosos con colonos de esas características...

No obstante, prometió ser más severo con casos similares en el futuro.[399]

¿Cómo eran las relaciones entre ricos y pobres? Los testimonios que obran en nuestro poder señalan dos pautas, una amistosa y otra hostil, si bien no se trataba de dos polos en los que se concentraban todos los ejemplos mencionados, sino los extremos de una línea en la que había muchos casos intermedios. En un polo de estas relaciones se puede ubicar la actitud severa, impulsada fundamentalmente por intereses personales, como el caso de un colono de Mauricio que en 1902 reclamó el pago de la deuda de

---

[398] JI365, 11.6.1903; JL399, 24.12.1904.
[399] JL397, 7.9.1901, 9.9.1901.

unos colonos, y cuando no lo hicieron embargó sus bienes sin ninguna consideración. Su decisión despertó gran preocupación entre los demás acreedores, y el temor al colapso económico de muchas chacras.[400]

En 1906 Gros examinó la estratificación de los colonos de Mauricio según el monto de sus deudas y señaló que el principal acreedor era un comerciante que había creado diversos tipos de asociaciones con los colonos, que operaba como banquero, que había arrendado las parcelas de unos 20 colonos y que actuaba como comisionista en la compra de animales y cosechas. A principios de 1913, Öttinger envió informes similares sobre las relaciones de ese hombre con los demás colonos.[401]

En las colonias se puede percibir cierto grado de estratificación basada en el prestigio de los individuos y sus familias, al que se hacían acreedores por su origen, patrimonio, poder o estilo de vida. Tampoco en este caso se crearon estratos consolidados y se puede hablar de algunas personas (no siempre colonos), como médicos y maestros, que gozaban de gran prestigio entre los colonos y a veces también ante la JCA, a quienes nos hemos referido en el presente estudio.[402]

En una comunidad pequeña, la cantidad de niveles en la escala social suele ser reducida; lo mismo sucedía con los colonos, más aun porque, tal como ya habíamos señalado, en las colonias no cristalizaron estratos estables cuya ubicación en la jerarquía social era clara y legítima. A ello se debe agregar que, además de los colonos que estaban plenamente dedicados a sus chacras, alrededor de las colonias había una población –en parte permanente y en parte temporaria– que pertenecía a estratos y grupos

---

[400] *Documentos*, 8-9.3.1902, I.
[401] JBEx10, 5.8.1908; JL425, 27.1.1913.
[402] ECS, 5, pp. 209-213.

sociales variados. Estos grupos, que en su mayoría no están incluidos en el presente estudio, mantenían contacto fluido con los habitantes de las colonias y por eso nos referiremos a ellos brevemente:

Nómadas: Fundamentalmente habían nacido en la Argentina, pero había también inmigrantes, a veces perseguidos por la ley, que se contentaban con poco y constituían un riesgo potencial para la seguridad de los habitantes.

Jornaleros agrícolas: Entre ellos había inmigrantes que permanecían allí por un tiempo para ahorrar dinero a fin de llevar a sus familias o para vivir en un entorno judío hasta lograr acomodarse en otro lugar; inmigrantes que trabajaban para los colonos hasta que la JCA accediera a colonizarlos; colonos e hijos de colonos que llegaban para ganarse la vida por la falta de trabajo en sus colonias o para incrementar los ingresos familiares y peones no judíos, nativos o inmigrantes. Su situación económica y sus condiciones de vida eran difíciles, pero los que querían colonizarse tenían la esperanza de mejorar su situación en el futuro.

Artesanos: Entre ellos se contaban inmigrantes judíos y no judíos, y colonos con otro oficio además de la agricultura. Se trataba de personas que vivían en las colonias y los pueblos de la vecindad y dominaban algún oficio. Generalmente no contaban con más capital que su destreza manual, pero a los que también eran colonos, estos oficios les proporcionaban ingresos adicionales.

Dueños de talleres: Los integrantes de este grupo se dedicaban a las mismas tareas que los artesanos, pero su situación era mejor porque tenían un capital, pequeño o grande, que les permitía alquilar o comprar un terreno y construir un taller en alguno de los centros rurales.

Comerciantes: Algunos abrían tiendas en edificios comprados o alquilados en los pueblos cercanos, pero había también vendedores ambulantes que recorrían las colonias y vendían su mercancía a los colonos o les compraban productos de campo. A veces eran colonos que se dedicaban al comercio además de la agricultura.

Representantes de empresas: Representantes de bancos y compañías de ferrocarril, de importadores de maquinaria y equipamiento agrícola y apoderados de empresas que compraban producción agrícola para exportación. Su estatus en la región dependía del poder de la empresa que los enviaba.

Servidores públicos: Jueces de paz, policías, empleados de correo y emisarios de los ministerios nacionales y provinciales que permanecían allí con diversas finalidades, como la lucha contra las langostas, etc. La situación económica de los policías era muy baja, la de los demás era un poco mejor que la de los policías, pero peor que la de sus colegas en la ciudad.

Funcionarios de la JCA: El estatus dependía de su jerarquía en la JCA, según el siguiente orden descendente: administrador, agente, contable, carretero y peón de mantenimiento.

Profesionales: Médicos, enfermeros, maestros, etc. Se trataba de inmigrantes que vivían en los pueblos, egresados de escuelas agrícolas y colonos; algunos eran católicos. Eran contratados por la JCA, por los colonos o sus asociaciones y a veces eran independientes. Su posición económica era, en orden descendente: médico, maestro contratado por la AIU, maestro local, enfermero, partera y maestra de costura.

Tampoco estos grupos estaban consolidados y por eso no deben ser vistos como estratos estables, sino como grupos de individuos con una profesión u ocupación similar.

En el presente capítulo hemos analizado las relaciones sociales desarrolladas dentro de las familias y las funciones que cumplían sus integrantes, las características de las relaciones desarrolladas entre familias y grupos dentro de las colonias y los estratos no cristalizados que se encontraban en ellas. El capítulo siguiente estará dedicado a las asociaciones creadas en esas circunstancias.

11

Organizaciones y dirigentes

En la época estudiada, la sociedad general se caracterizaba, entre otras cosas, por la transición de las relaciones sociales primarias propias de una sociedad simple, cuya existencia gira mayormente en torno del núcleo familiar reducido, a relaciones secundarias que en su mayoría tienen lugar por intermedio de organizaciones, sin que las relaciones primarias desaparezcan por completo. Estas organizaciones eran de dos clases: administrativas, que contrataban empleados para que realizaran la tarea para la cual habían sido creadas (con un método de gestión generalmente burocrático y jerárquico), y voluntarias, en las que activaban personas que no solían recibir paga para promover los fines que les interesaban. Como la actividad en esta clase de organizaciones requiere una inversión personal de esfuerzo, tiempo, trabajo y recursos monetarios, entre sus asociados se contaban fundamentalmente quienes tenían, o podían obtener, los recursos y el tiempo necesarios.[403]

En el período analizado, la organización social en todos sus matices se destacaba más en las colonias que en las ciudades. En el quinto capítulo habíamos descripto la creación de las cooperativas y sus principios; en este nos referiremos a las organizaciones que se ocupaban de necesidades diversas (pobreza, arbitraje y organización del

---

[403] Enoch 1985, cap. 8, pp. 1, 49.

servicio sanitario) y a los objetivos y vías de acción (democracia, organización interna, liderazgo, etc.). Trataremos aquí solo las características generales de las organizaciones educacionales y culturales, y más adelante las examinaremos en detalle.

1. Las asociaciones en las colonias

Organizaciones que intentaban afrontar la pobreza y brindar ayuda a los necesitados

Cajas de ahorro y préstamo

Surgieron para ayudar a resolver los problemas económicos de las familias, sobre la base del ahorro propio y sin recurrir a la ayuda de la JCA ni a la beneficencia pública. Algunas cooperativas mencionaron en sus estatutos el deseo de crear cajas de esta clase. El Fondo Comunal de Clara nació primero como una sociedad anónima y no basada en el ahorro personal, para otorgar préstamos con fines agrícolas; no obstante, sus estatutos señalaban que una de sus metas era fomentar hábitos de ahorro sanos. En 1912 operaba una caja en la que se habían depositado más de $18.000. Los estatutos de La Mutua de Moisesville estipulaban que la sociedad crearía una caja de ahorro que recibiría depósitos pequeños con condiciones a definir por la comisión. Los estatutos de la cooperativa de Barón Hirsch no mencionaban el ahorro y señalaban que la comisión directiva estaba facultada a conceder préstamos si el solicitante presentaba garantías serias.[404]

---

[404] Fondo Comunal, *Estatutos*, pp. 3-4; La Mutua, *Estatutos*, p. 8; Barón Hirsch, *Estatutos*, pp. 4-6; *Informe* 1912, p. 27.

Nos centraremos en una de estas cajas de ahorro para ilustrar su *modus operandi*. En abril de 1901 la cooperativa de Lucienville creó una caja de ahorro y préstamo a la que también podían incorporarse los colonos que no pertenecían al *Farein*. Los socios de la caja debían depositar al menos $10 al año. Su gestión, que se basaba en principios cooperativos, estaba a cargo de los miembros de la comisión directiva del *Farein* que se habían incorporado a la caja. El estatuto señalaba que un socio que hubiera depositado al menos $100 podría retirar la mitad de su depósito con un aviso de tres meses de anticipación. El monto máximo de un préstamo se fijó en $50 y el interés anual en 12%. El tesorero podía tener en su poder hasta $100 y el resto debía ser depositado en una cuenta bancaria a nombre de la comisión directiva.[405]

Hasta agosto se habían depositado $500 y en marzo de 1902 la cifra se había duplicado. A principios de agosto de 1901 se aprobaron algunos préstamos de $50 cada uno, pero a mediados de mes aumentaron las solicitudes y los directores de la caja debieron limitarse a otorgar sumas pequeñas solo a los socios que no podían recibir ayuda de otras fuentes. Estas limitaciones se imponían de vez en cuando, hasta que se reintegraban los préstamos concedidos o se recibían nuevos depósitos. Cuando el dinero no alcanzaba para cubrir todos los pedidos, los directivos definían un orden de prioridades. Por ejemplo, en 1902 se recibieron pedidos de préstamos con el objeto de cavar pozos para suministro regular de agua a los animales, compra de harina y de semillas. La comisión directiva los concedió solo para cavar los pozos, a condición de que el dinero fuera entregado directamente a los contratistas cuando finalizaran su trabajo. Dos meses después y debido a las lluvias

---

[405] ASAIB, APSAI, abril 1901, pp. 52-53.

benéficas, los prestatarios solicitaron derivar el dinero que ya habían recibido para las perforaciones a otros fines que consideraban más urgentes, como regularizar la situación de los familiares inmigrantes que habían llegado a la colonia. Otra razón por la que se solía otorgar préstamos era para ayudar a los padres en las bodas de sus hijas.[406]

Las dificultades económicas se ponían de manifiesto al no completar el depósito anual mínimo de $10 y no reintegrar los préstamos. En agosto de 1904 la comisión directiva se abstuvo de concederlos a varios socios por estas razones, pero a veces entendían las dificultades de los deudores y los otorgaban con la autorización de la asamblea general. En algunas ocasiones, los miembros de la comisión directiva debían presentarse en las casas de los socios para cobrar las deudas.[407]

Una forma habitual de asegurar el reintegro de los préstamos era exigir una garantía. Según los estatutos, el prestatario debía llevar al redil de la administración dos animales en garantía. Para préstamos pequeños de hasta $10 bastaba con la garantía del tambo, de que en caso de que fuera necesario, el colono accedía a que se retuviera ese monto del dinero que le correspondía por la leche que suministraba. Hubo un caso en el que el prestatario no tenía qué ofrecer como garantía y uno de los miembros de la comisión directiva aceptó ser su garante con el depósito de una tonelada de cereales, pero como esto no cumplía con los estatutos se requirió una autorización especial de la asamblea general.[408]

---

[406] Ibíd., 18.8.1901, 5.8.1901, 7.8.1901, 15.8.1901, 22.8.1901, 19.3.1902, 23.9.1902, 19.3.1902, 10.4.1904, 12.5.1902, 7.7.1904.
[407] Ibíd., 18.12.1901, 12.5.1902, 9.10.1902, 19.6.1904, 22.8.1904, 22.8.1904, 2.8.1904, 17.8.1904.
[408] Ibíd., abril 1901, 15.8.1901, 12.5.1902, 19.5.1902, 19.6.1904, 23.9.1902; ASAIB, *Primera memoria*, p. 8.

Había épocas en las que la situación de las cajas de ahorro era buena; por ejemplo, en octubre de 1901 Nemirowsky pidió a la caja un préstamo para el *Farein*, porque la asociación estaba en dificultades y en la caja había excedente de depósitos. Los depositantes firmaron la autorización para usarlos porque no había una identidad total entre los socios de la caja y los del *Farein*, y los estatutos de la caja no mencionaban el otorgamiento de préstamos a socios que no hubieran depositado dinero en ella. Más adelante se modificaron las normas y se estipuló que los socios del *Farein* debían ser también socios de la caja de ahorro. En julio de 1904 se agotó el dinero de la caja, y esta recibió un préstamo del *Farein* para otorgar préstamos a quienes acudían a ella.[409]

La creación de la caja fue un intento de generar una fuente independiente de ahorro y préstamo, sin fines agrícolas. Las sumas depositadas no eran suficientemente grandes como para permitir una actividad estable y regular durante todo el año, y el accionar oscilaba entre dos polos: excedente de fondos en ciertas épocas y extrema escasez en otras. También en las demás colonias las cajas operaban de manera reducida y limitada durante lapsos prolongados, debido a las estrecheces que les impedían brindar una ayuda significativa.

Asociaciones asistenciales y de ayuda mutua

Los inicios en las colonias eran modestos e incluían la caridad ofrecida por familias e individuos. A principios del siglo XX se organizó en Moisesville la ayuda a unas 50 familias de inmigrantes. Un colono del lugar testimonió que las puertas de su casa estaban siempre abiertas a los necesitados, pero como su número crecía, en especial cuando a

---

[409] ASAIB, APSAI, 1.10.1901, 12.7.1904; ASAIB, *Primera memoria*, pp. 8-9.

los colonos se agregaron inmigrantes en situación lamentable, pensaron que sería más útil crear un marco organizativo y el 14.9.1912 fundaron *Der Idisher Arbeiter Hilfsfarein* (sociedad de ayuda de los obreros judíos). La asociación mantenía contactos con grupos obreros de la capital que editaban el periódico *Avangard* (vanguardia), pero sus metas eran "filantropía y ayuda netas". En 1914 había en Moisesville dos organizaciones de trabajadores, la Sociedad Obrera de Socorros Mutuos y la Sociedad de Beneficencia Obrera, que presentaban obras de teatro a fin de recaudar fondos para sus actividades.[410]

En 1906 se fundó en Moisesville la Sociedad *Maoz Ladal* (baluarte para indigentes), a la que podían incorporarse personas honestas dispuestas a pagar una cuota de ingreso no inferior a $0,50 y que se comprometieran a cumplir sus estatutos. Sus objetivos eran recaudar donaciones y aportes para contribuir a los gastos médicos de los enfermos pobres. La asociación *Ahnasat Orhim* (hospitalidad) fue creada en 1913 por el rabino Aarón Goldman. También en las colonias vecinas a Moisesville se crearon asociaciones de ayuda: en Las Palmeras decidieron institucionalizar la beneficencia y pensaron que una organización sería de más provecho, y en la aldea ubicada en el centro de la colonia se brindaba ayuda a los colonos que habían sido expulsados de sus campos por la JCA.[411]

En 1910 se creó la Unión Fraternal Israelita de Palacios destinada a unir a sus socios para fomentar la filantropía, la moral y la instrucción a través de la creación de escuelas, hospitales y una sinagoga en la aldea. Se decidió que cuando contara con los medios suficientes, se asignaría

---

[410] Goldman 1914, p. 196; ACHPJ, HM2/355, pp. 7-8; MHCRAG, ASK, 28.5.1914, 12.7.1914. Alpersohn 1930, pp. 91-94.
[411] Para *Maoz la-Dal*, ver: IWO, AC9; para *Ahnasat Orhim*, ver: Goldman 1914, p. 195; *Las Palmeras* 1990, p. 20.

una suma mensual para ayudar a los socios enfermos. La asociación estaba presidida por Elías Malajovich, que donó el terreno para construir la sinagoga. En 1911 se creó en Basavilbaso la Caja de Socorros Mutuos de los artesanos, pequeños comerciantes y colonos, pero no tuvo éxito, aparentemente por la crisis económica.[412]

En Mauricio, donde la sectorización geográfica coincidía con la sectorización social, cada zona creaba su propia asociación. Según un testimonio, en 1898 se creó en el grupo Alice el *Mahase Almanot* (amparo de viudas), que con el tiempo pasó a ser la asociación *Ezra* destinada, según sus estatutos, a brindar ayuda a los necesitados. En otro grupo, *"Tleisar"* (trece casas), se creó *Bikur Holim* (visita a los enfermos); en Carlos Casares, junto a la colonia, se creó en 1913 el *Hilfsfarein in Carlos Casares* (sociedad de ayuda) presidido por el matarife y supervisor local Menajem Meirof. Además de proporcionar ayuda a los colonos necesitados, estas asociaciones asistían también a los inmigrantes y organizaron una campaña de recaudación de fondos para las víctimas del pogromo de Kishinev.[413]

Las actividades asistenciales y de beneficencia se realizaban también por iniciativa femenina. Las mujeres de la aldea Moisesville se dedicaban a brindar ayuda monetaria anónima con dinero aportado por personas acomodadas, hasta la creación de la Sociedad de Damas de Beneficencia, que en 1912 contaba con 300 socias. En 1910 se creó en Barón Hirsch una asociación de ayuda a los pobres, los enfermos y, en especial, los inmigrantes. Hay también testimonios de una Sociedad de Damas creada en Mauricio.[414]

---

[412] Stadelmann 1990, p. 39; UFIP, 10.3.1910; JBEx11, 15.6.1911; Hurvitz 1932, p. 124.
[413] HM135, 23.5.1907; *Der Farteidiguer*, 24.9.1913; *Informe* 1901, p. 25; *Informe* 1902, p. 6; *Informe* 1903, p. 27; *Informe* 1904, p. 24; Alpersohn 1930, pp.91-94.
[414] Goldman 1914, p. 196; MHCRAG, ASK, 8.12.1912; *Informe* 1910, pp. 9, 15; IWO, AMSC1, 29.11.1912.

En Basavilbaso, próxima a Lucienville, se creó por iniciativa del maestro A. Bratzlavsky la Sociedad de Damas de Caridad, que ayudaba a enfermos y familias pobres. En 1912 se incorporaron a ella 63 socias nuevas. En Escriña, uno de los grupos de Lucienville, las mujeres fundaron una asociación que con el dinero recaudado mantenía una cama para los enfermos del grupo en el hospital de Clara y otorgaba pequeños préstamos a los necesitados. En 1911 la organización tenía 110 socias que pagaban una cuota mensual de $1. En Clara se creó la Sociedad de Damas de la Colonia Clara; tal vez se trate de varias asociaciones que tenían el mismo nombre en momentos diferentes.[415]

Las asociaciones funerarias también proporcionaban ayuda a los pobres. En Lucienville se creó la Sociedad de Beneficencia a nombre del colono fallecido M.M. Heinboim gracias a una pequeña suma legada por él y a donaciones recaudadas por quienes querían honrar su memoria. En Moisesville surgieron varias asociaciones de esta clase, entre ellas *Gmilut Hesed shel Emet* (ayuda verdadera al prójimo) fundada en 1900 por iniciativa de Abraham Gutman. Al principio sus socios pagaban una cuota de $1; la asociación concedía pequeños préstamos sin interés, a veces ofrecía ayuda, se ocupaba del cementerio y de entierros gratuitos para carentes de recursos, aunque tenía dificultades para cobrar las cuotas sociales.[416]

Las asociaciones mencionadas surgieron a iniciativa de personas y grupos de buena voluntad para cumplir un precepto y brindar respuesta a aquellos con quienes la vida se había ensañado. Detrás de estas organizaciones no había ninguna entidad pública sólida que garantizara

---

[415] *Der Yudisher Colonist...*, 1.3.1912, p. 13; Mebashan 1955, pp. 67-68; Hurvitz 1932, p. 59; *Documentos*, 1.7.1911.
[416] ASAIB, HKB, p. 24b; Hurvitz 1932, p. 59; IWO, AC9, Balance de *Gmilut Hesed shel Emet*, Moisesville 1896, p. 3; Merkin 1939, p. 279.

su continuidad y por eso sus actividades eran modestas y reducidas, y solo podían ofrecer un poco de consuelo a quienes golpeaban a sus puertas. Era natural que los necesitados acudieran a asociaciones más fuertes: las cooperativas.

Ayuda de las cooperativas a los necesitados

Independientemente de sus estructuras estatutarias, estas asociaciones trataban de ayudar a quienes se encontraban en situaciones límite. En 1906 y a pedido de la JCA, el *Farein* asumió el cultivo de los campos de los hijos de un colono fallecido. En 1907 Veneziani vacilaba en expulsar a tres colonos minusválidos de Moisesville que habían arrendado su tierra y acudió al *Farein* en busca de ayuda. El Fondo Comunal ayudó desde 1905 a las viudas de la colonia y posteriormente a los ancianos y a los enfermos que por su situación habían quedado sin trabajo, a los huérfanos necesitados de educación y a los inmigrantes sin trabajo. Asimismo, medió entre los necesitados y la JCA y en 1910 criticó a Veneziani, presente en una reunión, porque la JCA presionaba a ancianos y viudas para que accedieran a renunciar al contrato de promesa de venta a cambio de un contrato de alquiler. También La Mutua se ocupaba de los necesitados de todo tipo con asignaciones y préstamos y organizaba el cultivo de los campos en aquellos casos en los que el jefe de familia había muerto.[417]

En 1910, cuando empezó la crisis de la cooperativa, la comisión directiva de La Mutua resolvió restringir la adjudicación de crédito a aquellos socios cuya capacidad de reintegro fuera limitada, por temor a que no pudieran

---

[417] ASAIB, APSAI, 22.8.1906; JBEx11, 16.11.1911; FC, AFC1, 22.8.1905, 6.11.1905, 31.7.1907, 13.5.1908, 31.9.1908; FC, AFC2, 16.8.1909, 13.1.1910; MHCRAG, AMA, 22.8.1909, 19.6.1910, 19.3.1911; Gabis 1957, pp. 55-56, 95; *Informe* 1906, p. 32.

devolver el préstamo; obviamente, los pobres fueron los más perjudicados por esta decisión. Pero las tendencias eran variadas y más adelante, cuando la JCA transfirió un préstamo a ser distribuido solo entre los socios que ya habían reintegrado el préstamo anterior, los directivos de la cooperativa resolvieron conceder crédito también a los deudores cuya situación era crítica.[418]

Resumen

Tres clases de organizaciones trataban de afrontar la pobreza y ayudar a los necesitados: a) cajas de ahorro, basadas en el dinero depositado por los ahorristas para recurrir a él en momentos de necesidad; b) asociaciones de beneficencia, caridad y ayuda mutua; c) cooperativas que, a pesar de sus limitaciones estatutarias, se apartaban de los principios económicos y financieros para ayudar de diversas maneras a los sectores más débiles de las colonias. Aparentemente estas asociaciones eran muy activas, pero se debe prestar atención al hecho de que algunas existieron poco tiempo y otras empezaron a operar solo hacia el final del período estudiado. Asimismo, podían brindar una ayuda muy reducida y a veces ínfima, porque la situación económica general se percibía también en los recursos que podían conseguir, especialmente cuando los pedidos aumentaban.

Instituciones de arbitraje

Las dificultades de adaptación al nuevo país y a ocupaciones económicas diferentes de las habituales, el hacinamiento en que vivían las familias (a veces dos familias juntas) en las chacras, las condiciones de pobreza y las

---

[418] MHCRAG, AMA, 10.7.1910, 21.5.1911, 28.5.1911.

fricciones con los vecinos por alambradas y campos, ingreso de animales a los cultivos, etc., eran terreno propicio para toda clase de disputas. Esa era la situación en muchas aldeas de inmigrantes en aquella época.[419]

En las colonias judías se procuraba preservar la cohesión social. En esos esfuerzos participaban individuos, personalidades religiosas y fundamentalmente organizaciones comunitarias, como las cooperativas, que crearon comisiones de arbitraje que impartían justicia sin necesidad de recurrir a procedimientos complejos y prolongados en los tribunales. Estas comisiones empezaron a actuar a pequeña escala y gradualmente se institucionalizaron y ganaron la confianza de los colonos.[420]

Servicios sanitarios

Había dos clases de organizaciones relacionadas con la salud: las que prestaban servicios (hospitales, dispensarios, farmacias, etc.) y aquellas destinadas a regular la relación triangular entre las sociedades de seguros de salud, los colonos y los prestadores de servicios (médicos, enfermeros, farmacéuticos, etc.).

Al principio, estos servicios eran proporcionados por la JCA. El barón de Hirsch pensaba que los colonos debían asumir los gastos y que el nivel de los servicios debía ser similar al que recibían los demás habitantes de la región. En el período estudiado, los directores de la JCA se contentaban con cumplir el primer requisito y aspiraban a que los colonos gestionaran el tema. En un comienzo, la sociedad solía intervenir en la elección de los médicos porque algunos tomaban partido a favor de los colonos. Por ejemplo, Kessel gozó de la confianza de S. Hirsch porque

---

[419] Levin 2009, pp. 47-55.
[420] Ibíd.

"a diferencia de lo que a veces hacían los médicos judíos en nuestras colonias, se abstenía de intervenir en asuntos entre los colonos y la administración". Pero a continuación la JCA intervenía menos en la designación de los médicos y entregaba a las asociaciones las recomendaciones que le llegaban, para que la relación fuera directa.[421]

Al comienzo los hospitales y dispensarios eran dirigidos por médicos, que debían recibir autorización del administrador de la colonia para usar una parte del presupuesto asignado por la JCA. Este método fue causa de muchos conflictos entre los médicos y la JCA, más aun porque los buenos médicos no eran necesariamente buenos administradores y a veces los requisitos de la administración económica les exigían violar el juramento hipocrático y enfrentarse con dilemas de conciencia. En diversas ocasiones Yarcho reaccionó enérgicamente ante los intentos de injerencia administrativa en la atención de los enfermos. En 1900 rechazó con un sarcasmo mezclado con amenazas de renuncia el pedido de acortar los períodos de internación en el hospital, y señaló que si los directores no acordaban con su forma de actuar podían hacer lo que quisieran, es decir, despedirlo. En esa misma carta se quejó de que Lapine obstaculizaba su accionar y describió un intento de descontar de su sueldo gastos que había efectuado para el servicio médico, porque había usado fondos de un ítem del presupuesto para cubrir gastos de otro.[422]

La desvinculación de la JCA del servicio sanitario no se produjo en todas las colonias al mismo tiempo. En Mauricio fue transferido tempranamente pero no se creó un hospital, aparentemente porque no había una cooperativa que asumiera su construcción. El servicio se prestaba en dispensarios en la colonia y, cuando no había médico,

---

[421] Avni 1973, pp. 178-189; JL329, 12.5.1898; JL425, 16.1.1913, 6.2.1913.
[422] JL399, 19.7.1900, 23.7.1900, 17.8.1900.

en Carlos Casares o en algún hospital, a varias horas de viaje. En algunas ocasiones, las asociaciones *Ezra*, *Agudat Ahim* y la cooperativa El Centro Agrícola (cuando existía) llegaban a un acuerdo con el médico para que visitara la colonia varias veces por semana. Después de Mauricio llegó el momento de Moisesville y las colonias de Entre Ríos, tema que analizaremos más adelante.[423]

En las colonias creadas posteriormente, la JCA no asumió la gestión del servicio sanitario pero a veces lo apoyó con préstamos, etc. En los primeros tiempos de la colonia Barón Hirsch no había un servicio médico organizado. En algunas ocasiones los directores de la JCA señalaron los riesgos implícitos, porque el hospital más cercano estaba en la ciudad de Bahía Blanca, a unas cinco horas de viaje en tren, pero se negó a conceder el préstamo para la construcción porque las garantías que los colonos podían presentar eran ínfimas. Cuando se contrataba un médico, estaba a cargo de *Bikur Holim* o la cooperativa. La piedra fundamental del hospital fue colocada en 1914 y la construcción finalizó un año después.[424]

Narcisse Leven, una colonia pobre, no logró organizar un servicio digno de tal nombre. Durante mucho tiempo no hubo en ella médico ni enfermera y en la aldea cercana Bernasconi había un médico de 70 años que se negaba a atender a quienes no vivían allí, y otro que cobraba una suma elevada. Más adelante, La Unión contrató a la Dra. Wolobrinsky con ayuda de un préstamo de la JCA. Esta médica pasó a la colonia autónoma Médanos por una

---

[423] JBEx7, 30.11.1905; HM135, 23.5.1907; JBEx11, 7.12.1911, 14.12.1911; *Informe* 1901, p. 24; *Informe* 1903, p. 26.
[424] HM135, 23.5.1907; JL367, 17.12.1908; JL351, 7.3.1910; JBEx11, 24.8.1911; JL426, 8.6.1913; Verbitsky 1955, pp. 200-201; *Informe* 1910, p. 32.

discusión con la cooperativa por su salario y se contrató a la Dra. Itzigsohn, que aceptó un sueldo más bajo. Las dos habían trabajado antes con el Dr. Yarcho en Clara.[425]

En la pequeña colonia Dora no había ninguna posibilidad de organizar esos servicios. El médico más cercano se encontraba en el pueblo Icaño, alejado de casi todas las chacras de los colonos. En Montefiore, la JCA obligó a los colonos a depositar en el fondo cooperativo, para el seguro médico, parte de la suma que habían recibido para la colonización. La cooperativa contrató a un médico de la aldea Ceres que visitaba la colonia una vez a la semana y que abrió una farmacia que rápidamente se cerró por las pérdidas económicas.[426]

En las colonias Clara, Moisesville y Lucienville se crearon organizaciones más serias, y se percibe el proceso de transferencia de responsabilidades de la JCA a las cooperativas en una primera etapa, y de estas a manos privadas, provinciales o estatales en la segunda, que excede el período estudiado.[427]

La evolución de los servicios sanitarios hasta su transferencia a las cooperativas

A principios del siglo XX la colonia Clara estaba en proceso de expansión, el dispensario resultaba pequeño y anticuado y su mantenimiento requería grandes gastos que no eran del agrado de la JCA. En 1901 se resolvió construir un nuevo hospital en Domínguez y reorganizar el servicio, con la transferencia de la administración a un contratista que lo operara, cobrara una módica suma a los colonos y lo compensara recibiendo enfermos de fuera de la colonia.

---

[425] JL351, 24.2.1910; JL352, 22.10.1910; JL425, 17.4.1913; *Documentos*, 18.9.1911 (*Informe* de la dirección a los concejales); Shojat 1961, p. 187; Shojat 1953, p. 40.
[426] JL426, 8.3.1913; JL428, 4.12.1914.
[427] Kaplan 1961, pp. 99-108; Itzigsohn 1993, p. 25.

El plan fue elaborado por Lapine, que lo consideraba "un golpe decisivo al sistema de subsidios", y el Dr. Yarcho. La JCA aceptó la propuesta a condición de que se le presentara un presupuesto exacto, que el hospital le perteneciera y que ella tuviera el derecho de interrumpir la vinculación con el contratista. La construcción del edificio tuvo muchos problemas debidos a una mala planificación y un presupuesto mal calculado. Varios meses después de que el contratista asumiera la tarea, se quejó de que los techos seguían goteando y que tenía pérdidas porque la situación de las salas de internación para pacientes privados no le permitía ingresarlos.[428]

Para la administración del hospital llegaron a un acuerdo con Tieffenberg, un farmacéutico hijo de un colono al que Yarcho definía como "un joven talentoso, honesto y activo que sabe ejecutar las misiones que se le imponen". El hospital debía prestar servicios a todas las colonias de la JCA en la provincia, y con esos fines se contrató a tres enfermeros en los grupos alejados. En el hospital trabajaban enfermeros, enfermeras, empleados y el Dr. Yarcho, que estaba a cargo de todos los aspectos médicos. Se acordó que Tieffenberg cobraría $0,75 por día de internación de un colono o familiar de colono, y que la JCA pagaría un tercio de esa suma.[429]

En 1901, cuando se inició la construcción, el colono Miguel Abramovich promovió la creación de la asociación *Bikur Holim* para financiar los costos de internación. Solo colonos podían asociarse a la organización por una cuota mensual mínima de $0,25, y $2 más después de la cosecha, es decir, $5 anuales. En el momento de la creación se

---

[428] JL399, 17.1.1901, 22.1.1901, 30.1.1901, 1.2.1901; JL397, 7.8.1901, 11.8.1901; JL400, 7.8.1901, 9.8.1901, 14.8.1901, 5.9.1901, 9.9.1901, 13.9.1901, 17.5.1902; *Sesiones* II, 11.5.1901.
[429] JL399, 4.6.1901; JL335, 4.10.1901; HM135, 27.3.1903; *Sesiones* II, 11.10.1901.

registraron más de 100 socios que se comprometieron a pagar una suma mayor que el mínimo estipulado. En junio de 1902, cuando el Dr. Yarcho y M. Guesneroff estaban al frente de la asociación, se resolvió aceptar como socios también a los maestros de hebreo y matarifes de la colonia, pero con una cuota más alta. También se fijaron fechas para las visitas de familiares de los pacientes internados y las formas en que la organización supervisaría la limpieza, la calidad de la comida y la atención a los internados. Para completar la financiación necesaria la asociación organizó una fiesta en la colonia. En 1903, el pago anual mínimo por familia era de $6.[430]

En 1905 la JCA informó al Fondo Comunal que pensaba dejar de aportar al financiamiento del servicio sanitario de Clara. La comisión directiva recibió la noticia con satisfacción porque, a pesar de la carga económica que implicaba mantenerlo, consideraba que esa transferencia era "un honor y un paso serio hacia la prosperidad de la colonia", más aun porque en aquellos años el servicio era rentable. En enero de 1906 la gestión administrativa del hospital pasó a manos del Fondo Comunal, y este designó una comisión que preparó –junto con Leibovich, Yarcho, Mellibosvky y otros– un estatuto que estipulaba una cuota de $15 al año por un seguro familiar de internación. De esta manera, el Fondo Comunal cumplía también la función de la asociación *Bikur Holim*. En los primeros años de implementación del sistema hubo ganancias.[431]

A principios del siglo XX Moisesville se expandió y S. Hirsch, Cazès y Sonnenfeld apoyaron el otorgamiento de un préstamo para construir un hospital y una farmacia, a

---

[430] JL397, 12.10.1901, 15.10.1901; JL400, 22.6.1902; HM135, 27.3.1903; *Documentos*, 27-28.9.1902, I.
[431] JBEx8, 24.1.1907; HM135, 25.4.1907, 6.5.1907; JBEx9, 20.8.1908; FC, AFC1, 22.8.1905, 2.10.1905, 15.11.1905, 22.11.1905, 15.12.1905; Kaplan 1961, p. 105.

condición de que los colonos se comprometieran a comprar el equipamiento y mantener la institución una vez finalizada la construcción. En 1905 el Dr. León Lapine propuso reorganizar el servicio en Moisesville, basado en una concepción influida por las fallas que había encontrado en Clara y las diferencias entre las distintas regiones. El principal problema que percibió en Clara fue que todo el sistema se apoyaba en un solo médico que, además de los colonos, debía atender a los pacientes privados del contratista. En su opinión, las diferencias entre las regiones consistían en que la población de la provincia de Santa Fe era fundamentalmente de inmigrantes que preferían a un médico de Piamonte y un hospital italiano y por eso no se podían reducir los gastos con la internación de estos pacientes. Propuso basar la financiación del hospital en cooperación con los judíos de la aldea Moisesville, porque en cuestiones de salud "no hay que hacer diferencias entre un judío colono y otro judío", y contratar a una familia sin hijos para que se ocupara de la huerta, la cocina, el lavado de ropa, etc., a cambio de un sueldo bajo.[432]

También propuso unificar el hospital y la farmacia, que era rentable, para cubrir el déficit del mismo. León Lapine sostenía que se debía encontrar un contratista dispuesto a dirigir ambas instituciones o delegar la gestión en la comunidad. Sugirió que la responsabilidad médica debía continuar en sus manos y según sus cálculos, un día de internación costaría $1, incluida la cama, la comida, la atención médica y los medicamentos. La JCA aceptó su plan con algunas objeciones y se comprometió a transferir una suma para el seguro de salud de los nuevos colonos.[433]

---

[432] JL355, 1.11.1901; JL337, 30.5.1902, 14.11.1902; JL401, 1.4.1905; Kaplan 1961, p. 104; *Informe* 1904, p. 24.
[433] JL401, 1.4.1905, 3.4.1905.

L. Lapine dejó la colonia en 1906 y durante algunos meses se sucedieron varios médicos. A fines de ese año Moisesville quedó sin médico y el hospital se cerró. Los colonos pidieron a Veneziani que contratara un médico y les debitara los gastos, pero este se negó porque no había una comisión local que se ocupara del servicio y porque pensaba que la necesidad los forzaría a organizarse. A principios de 1907 Crispin reunió a varios colonos que accedieron a organizarse: fijaron el monto *per cápita* del seguro anual de salud, contrataron un médico y eligieron una comisión que se ocupó del asunto. A principios de 1908 se creó La Mutua, que a fines de ese año asumió la dirección del servicio médico.[434]

Durante algunos años, los servicios de internación en Lucienville se basaron en el hospital de Clara. Si bien el seguro de internación era personal, el *Farein* representaba a sus socios en las tratativas con el Fondo Comunal cuando este asumió su administración. Para ayudar a sus socios, el *Farein* creó un fondo llamado *Bikur Holim*. En noviembre de 1905 se firmó un acuerdo *ad hoc* entre ambas asociaciones cuya renovación periódica estaba acompañada por discusiones, porque la gran distancia desde la colonia (en especial de los grupos del sur) y su ampliación convirtieron la necesidad de un hospital en algo crucial. En 1908 la JCA autorizó un préstamo para la creación de un hospital según un plan esbozado por el administrador local. El *Farein* designó una comisión administradora y contrató al Dr. Leiboff. La construcción finalizó en 1910, año del centenario de la Revolución de Mayo en la Argentina y por eso

---

[434] JBIn1, 12.12.1906; JBEx8, 22.3.1906, 27.12.1906, 10.1.1907, 24.1.1907; JBEx9, 16.7.1908, 29.10.1908, 28.1.1909; La Mutua, *Estatutos*, p. 4.

fue llamado "Centenario", pero solo empezó a funcionar en junio de 1911. Así llegaron a tres los hospitales en manos de las cooperativas de Clara, Lucienville y Moiseville.[435]

¿Cuáles eran sus características? En 1912, Jacques Philippson (hijo de Franz Philippson, miembro del consejo de la JCA) efectuó una visita privada a algunas colonias y transmitió sus impresiones a su padre. Entre otras cosas, describió los hospitales: en los tres había dos salas principales, una para mujeres y otra para hombres; en Moisesville y Lucienville eran relativamente nuevas, amplias, ventiladas y limpias; en Moisesville había agua caliente y en Lucienville lámparas de acetileno. Las construcciones en Clara eran bajas, sin ventilación, sucias y estrechas; también lo eran los quirófanos, la sala de aislamiento y los diversos servicios; las salas de internación eran muy hacinadas. En Moisesville había 18 camas, en Lucienville 29 y en Clara 37, y se decía que en tiempos de Yarcho –que había muerto pocos días antes de la visita de Philippson– había 55 internados. El hacinamiento y las condiciones eran insoportables: "En estas salas antihigiénicas reina un hedor terrible y si los enfermos sanan en esas condiciones, es señal de que son robustos".[436]

Las cooperativas dejan de responsabilizarse por los hospitales

Clara

Después de haberse hecho cargo del servicio, el Fondo Comunal se ocupó también de contratar a los médicos que ayudarían a Yarcho en la colonia. A partir de 1909

---

[435] FC, AFC1, 2.10.1905, 15.11.1905; HM135, 25.4.1907; JBEx9, 20.8.1908; JL367, 5.11.1908; JL351, 15.2.1910; JBEx11, 13.7.1911; JL357, 28.11.1912; Hurvitz 1932, pp. 65-66; Shitnitzky 1964, pp. 114-115; *Sesiones* IV, 31.10.1908.
[436] JL357, 31.10.1912. Ver la correspondencia de Jaques Philippsohn en *Documentos*, 26.10.1902, I.

se contrató a elección de Yarcho a varios médicos provenientes en su inmensa mayoría de Europa, entre ellos el Dr. Klein en San Antonio, la Dra. Itzigsohn en San Salvador y la Dra. Wolobrinsky en el hospital. Yarcho enfermó a principios de 1912 y era obvio que no volvería a ejercer la profesión, el Fondo Comunal empezó a buscar médicos que lo sustituyeran y entretanto lo reemplazó la Dra. Itzigsohn. Yarcho murió a fines de julio, antes de que los otros médicos, sobrecargados de trabajo por una epidemia de tifus que había estallado en la colonia, hubieran asumido la conducción de los servicios sanitarios.[437]

Muchos asuntos del hospital no estaban legalmente regulados; por ejemplo, cuando Yarcho murió se comprobó que la farmacia operaba sin licencia. Aparentemente, el gobierno confiaba en la autoridad del médico, cuya fama cundía por toda la región, y le concedió la licencia para ejercer la medicina en la provincia en 1895.[438]

Además de ello y tal como se ve en el informe de Philippson, el estado del edificio era malo y en opinión de la JCA se necesitarían más de $100.000 para refaccionarlo. En la situación económica de la cooperativa en aquellos años no era posible recaudar esa suma, más aun porque los gastos del hospital habían crecido considerablemente. Los colonos tenían dificultades para pagar las cuotas en constante aumento y las reservas acumuladas en los años anteriores se agotaron. Los numerosos problemas causados por una gestión desacertada y la falta de fondos dificultaban aun más la posibilidad de encontrar una solución

---

[437] JBEx9, 18.3.1909; JL351, 31.3.1910; JL352, 18.8.1910; JBEx11, 21.9.1911; JL355, 14.3.1912, 26.3.1912, 25.4.1912; JL356, 1.8.1912.
[438] FC, AFC2, 14.8.1912; *Informe* 1912, pp. 37-38; MHCD, Serie 1, Sala Hospital, 20.5.1895.

adecuada. Como primera medida se creó una comisión de siete miembros para ocuparse de los aspectos organizativos.[439]

I. Kaplan, miembro de la comisión directiva del Fondo Comunal, se dirigió en 1913 a los socios de la cooperativa reunidos en asamblea y con tono conmovido los exhortó a brindar ayuda material y moral. En consecuencia se nombró una comisión de diez miembros para dirigir el hospital de manera totalmente independiente. A continuación, la comisión directiva resolvió que para mantener el servicio se debía cobrar una cuota anual y un arancel por cada tratamiento. Ninguna de estas medidas resultó efectiva y un año después el Fondo Comunal decidió renunciar por completo a la responsabilidad por el servicio y nombró una comisión que sería no solo independiente a nivel administrativo sino que también se haría cargo de la recaudación y administración de fondos. Sajaroff, Abramovich y Kaplan fueron designados para redactar los estatutos de la nueva asociación y obtener la personería jurídica. A consecuencia de esta resolución se creó la Sociedad Sanitaria Israelita para el Hospital de Clara.[440]

La asociación se creó formalmente en septiembre de 1914 en una reunión en Domínguez en la que se decidió aceptar como socios a quienes pagaran una cuota mensual anticipada de $2,50 (colonos), $2 (obreros) y $5 (comerciantes, maestros y matarifes). El objetivo declarado era vincularse con un médico y una farmacia que prestaran servicios adecuados a un precio razonable para los socios, y reanudar el funcionamiento del hospital de acuerdo con los medios que la asociación obtuviera. Se resolvió que los socios de la misma abonarían $0,50 por consulta, pero

---

[439] FC, AFC1, 31.9.1908; Gabis 1957, pp. 61, 89, 194; *Informe* 1912, pp. 37-38.
[440] FC, AFC2, 13.8.1913; *Documentos*, 27.9.1913; JL428, 16.9.1914 (Informe de Starkmeth sobre las cooperativas en Entre Ríos).

deberían pagar por las vendas. Quienes se incorporaran a la asociación estando enfermos pagarían una primera cuota doble. Asimismo se eligió un presidente, un secretario y un tesorero.[441]

Las tratativas con el Dr. Wolcovich, que sucedió a Yarcho, fueron difíciles por las diferencias entre las propuestas de la asociación y sus exigencias. Es probable que estas se debieran a su deseo de no trabajar en las agotadoras condiciones que habían consumido las fuerzas de Yarcho. Entretanto no había atención médica y algunos miembros de la asociación querían desafiliarse, razón por la cual la comisión directiva llegó a un acuerdo con el médico para que empezara a trabajar a principios de diciembre. Paralelamente mantenía tratativas con el farmacéutico para que no interrumpiera su acuerdo con el Fondo Comunal, y un debate para prorrogar el acuerdo de la asociación con el Fondo Comunal sobre la transferencia del hospital y su equipamiento a la asociación. Los debates se prolongaron más allá del período estudiado, razón por la cual no los examinaremos.[442]

Moisesville

Cuando La Mutua asumió la gestión del hospital, preparó un estatuto que unificaba las funciones de este con las del seguro médico. Una cuota anual de $4 garantizaba a los asegurados atención gratuita en el dispensario o el hospital y un arancel reducido en las visitas domiciliarias del médico ($1 en el centro y $2 en la periferia) y en las internaciones. Se creó una comisión entre cuyos miembros se contaban colonos de los grupos Palacios y Monigotes. También en Moisesville crecieron los gastos de mantenimiento del

---

[441] Ibíd., MHCD, ASSICH, 28.9.1914.
[442] MHCD, ASSICH, ver: 8 reuniones 9.10.1914-30.11.1914.

servicio, aumentó la cuota anual y a los socios les resultaba difícil pagarla. Para resolver la situación se introdujeron cambios en el estatuto, en el método organizativo y en las formas de cobro; por ejemplo, en 1909 se resolvió que la cuota del seguro familiar (que incluía a los hijos comprometidos en matrimonio que trabajaban en la misma chacra y habían firmado el mismo contrato con la JCA) sería de $25, y la cuota individual llegaría a $4. Los montos fueron fijados después de dividir entre 400 colonos los gastos calculados y restar los ingresos. También se designó una comisión para manejar el servicio.[443]

Estas medidas no resolvieron los problemas y en septiembre de 1913 se redactaron nuevos estatutos que, entre otras cosas, estipulaban que la comisión directiva de La Mutua elegiría a sus representantes en la comisión del hospital, la cual debería ser independiente, gestionar el hospital, supervisar al plantel médico e informar mensualmente a la comisión directiva; asimismo, estaría facultada a intervenir y aprobar gastos hasta cierta suma. También se reguló el seguro médico para los maestros, las indicaciones sobre la inscripción de nacimientos y defunciones de acuerdo con las normas del Registro Civil, etc., pero ninguno de estos cambios surtió efecto y a fines de 1914, cuando la crisis económica se agravó, la asociación debió cerrar el hospital. Las alternativas que quedaban eran dirigirse a los hospitales alejados en las ciudades de Santa Fe y Rosario y comprar medicamentos en farmacias privadas.[444]

---

[443] MHCRAG, AMA, 14.1.1909, 7.2.1909, 25.7.1909, 1.8.1909, 22.8.1909, 19.9.1909, 7.4.1910, 21.5.1911, 27.7.1913; JL351, 23.2.1910.
[444] MHCRAG, AMA, 10.8.1913, 21.9.1913, 25.10.1914; JL428, 20.2.1915.

Lucienville

La construcción del hospital finalizó cuando la crisis económica de la colonia se había agravado. Además de ello, el costo de la construcción –de mejor calidad que la de Clara– excedió con creces las sumas recaudadas y quedó una deuda de $46.000, hecho que llevó a que los gastos corrientes superaran las cuotas sociales y al aumento de la deuda. El plantel, compuesto por doce personas, era demasiado grande y podía prestar servicios a 25 camas, pero el promedio diario de internados llegaba apenas a siete. En 1914 Leiboff sostuvo que el hospital estaba en condiciones de atender a una población de 25.000 almas pero que prestaba servicios a unas 3.500 personas. Al igual que en otras colonias, la cooperativa se desvinculó del hospital y todo el personal, a excepción del médico, fue despedido. Se siguieron prestando primeros auxilios en dos habitaciones, las familias de los pacientes les llevaban comida y se ocupaban de lavar la ropa, y si el enfermo requería atención permanente, contrataban a un enfermero.[445]

Resumen

Durante el período estudiado los servicios sanitarios no tenían el mismo nivel en diferentes colonias. En Clara, Moisesville y Lucienville se crearon pequeños hospitales, pero en las demás colonias solo había dispensarios atendidos por médicos y enfermeros que vivían allí o llegaban de otros lugares.

La JCA se ocupó del tema en las colonias veteranas hasta que transfirió la responsabilidad a los colonos. En las tres colonias que crearon hospitales, estos fueron transferidos a las cooperativas o a las comisiones creadas por ellas,

---

[445] Ibíd., 16.9.1914; *Informe* 1911, pp. 43-45, 51; Basavilbaso 1987, p. 95.

pero hacia fines de este período estas no pudieron asumir la carga económica y las instituciones se cerraron. En Clara se creó una asociación administrativa y presupuestariamente separada que conducía el hospital; en Lucienville el hospital funcionaba por medio de un seguro parcial y en Moisesville se cerró definitivamente. En las colonias nuevas, estos servicios fueron definidos como asunto de los colonos y en otras colonias no había servicios continuos y suficientes: en Mauricio por la ausencia de una cooperativa y aparentemente por la falta de solidaridad entre los colonos, y en las demás colonias jóvenes porque tenían dificultades para mantenerlos solas y, fundamentalmente, por la crisis económica de la segunda década del siglo XX. En la mayor parte de las colonias surgieron asociaciones de seguro médico, que generalmente fueron de corta vida.

2. Características de las organizaciones

Las cooperativas: ¿entidades económico-comerciales o seudocomunidades de vastas funciones?

La dedicación de las cooperativas a cuestiones sociales, culturales, educacionales, sanitarias, etc., además de los asuntos económicos, era un hecho consumado a fines de la primera década del siglo XX. Esta diversificación convirtió a las cooperativas de Clara, Moisesville y Lucienville en una especie de comunidades organizadas. La JCA lo veía como la concreción de la autogestión y se congratulaba de que las asociaciones se hicieran cargo de los gastos en esos ámbitos, en especial cuando obtuvieron la personería jurídica que les permitía asumir obligaciones. En la segunda década del siglo XX estas actividades padecieron la falta de recursos económicos; el crecimiento de los servicios en tiempos de crisis dificultó la estabilidad financiera de las asociaciones y se hicieron oír voces que exhortaban a separar las funciones y dejar solo las económicas en manos de las cooperativas. Un activista del Fondo Comunal señaló más adelante que en aquella época

> debido a la falta de conocimientos y experiencia, cometimos errores: asumimos también los asuntos comunitarios, municipales y asistenciales; la sanidad, los puentes y caminos exigían mucho tiempo y recursos.[446]

En 1914 y a principios de 1915 Starkmeth visitó las colonias y las asociaciones cooperativas y llegó a conclusiones claras: sostuvo que La Unión de Narcisse Leven se ocupaba de demasiados asuntos y propuso crear otra institución que se dedicara a los aspectos comunitarios y se manejara con un presupuesto separado. Con respecto al Fondo Comunal, señaló que en cuestiones comunitarias había asumido más gastos de los que sus recursos le permitían y sugirió que este y el *Farein* de Lucienville separaran las funciones comunitarias de las económicas. En Moisesville comprobó que, al menos, cobraban aranceles de internación y cuotas de seguro médico que aliviaban la carga económica de la asociación. Con respecto a la cooperativa de Montefiore, opinó que todavía no había cometido errores significativos en el desarrollo de diversos servicios y que el hecho de ser nueva le permitiría aprender de la experiencia ajena. No obstante, atribuyó a la JCA la responsabilidad de haber incluido servicios excepcionales, porque esa era una condición *sine qua non* para que apoyara a esas organizaciones, y añadió que no se debía culpar a los colonos porque "les hemos impuesto un amplio programa de trabajo".[447]

---

[446] Shitnitzky 1964, pp. 110-113; *Informe* 1908, pp. 14-15; *Informe* 1911, pp. 51-52; 76-77, 131; Kaplan 1961, p. 104.
[447] JL427, 20.3.1914; JL428, 16.9.1914, 4.12.1914, 20.2.1915.

Las cooperativas: ¿ampliación o preservación del marco social?

El conocimiento cercano entre los miembros era uno de los principios del cooperativismo, tal como fueron formulados por sus fundadores. Este conocimiento permitía generar una solidaridad basada en cierto grado de familiaridad entre los miembros y una gestión económica fluida basada en la posibilidad de generar relaciones frecuentes entre los colonos de un mismo lugar. En sus comienzos, las asociaciones creadas en las colonias actuaban en un medio reducido que se adecuaba al modelo antes descripto, pero con el tiempo creció el número de socios y se expandió el ámbito geográfico de su accionar, entre otras cosas debido a la necesidad de incrementar el capital emitiendo nuevas acciones. Este tema fue debatido en 1908 en el Fondo Comunal: algunos socios temían que el ingreso de nuevas personas afectara los derechos de los fundadores y hubo quienes propusieron estipular montos reducidos de crédito para los nuevos socios, pero finalmente se emitieron más series de acciones sin establecer diferencias en los derechos. Otra razón para la expansión era la incorporación de nuevos grupos creados después de la fundación de las asociaciones. Esta tendencia, que se destacaba en Clara y sus grupos, se apoyó en el respaldo de la JCA, que prefería que los marcos existentes se ocuparan de los asuntos de dichos grupos.[448]

La unificación institucional de varias colonias o grupos pequeños se produjo en varios lugares. En 1910, los grupos autónomos colonizados en tierras de Leloir (Crémieux, Montefiore, Philippson, Clara, Günzburg y Barón Hirsch) delegaron su representación en la Sociedad Cooperativa Barón Hirsch. El proceso de concentración permitió que los colonos se presentaran como un

---

[448] FC, AFC1, 9.9.1908; FC, AFC2, 21.2.1909, 16.8.1909; Gabis 1957, pp. 93, 95.

cuerpo único ante la JCA en su reclamo de recibir más tierras, pero el aumento de miembros de las asociaciones y su dispersión por amplias extensiones se convirtieron en inconvenientes. Se comprobó que la coordinación y mantenimiento de servicios para los grupos alejados al mismo nivel que en las zonas céntricas excedía las posibilidades de los centros, tanto a nivel económico como organizativo. Por esa razón el Fondo Comunal se negó en 1908 a ordenar el servicio médico en los grupos del norte de Clara, y hubo oposiciones similares a organizar la carnicería y crear bibliotecas y baños rituales en los grupos alejados. Los asociados de la periferia se sentían discriminados por vivir lejos del centro; por ejemplo, el precio de la harina en los depósitos de La Mutua en Palacios, Monigotes y Las Palmeras era más alto que en el centro de Moisesville.[449]

Las comisiones directivas de las asociaciones, cuyas oficinas se encontraban en centros alejados de las viviendas de gran parte de sus socios, tenían dificultades para cobrar las deudas de sus miembros y no controlaban lo que pasaba. Lo mismo sucedía con la Sociedad Cultural *Kadima* de Moisesville y el Fondo Comunal, cuyos intentos de cobrar las deudas de los grupos marginales tropezaban con más obstáculos que en el centro. En 1914 se comprobó que las obligaciones que los grupos en la periferia de Clara habían contraído con el Fondo Comunal llegaban al 40% de la deuda total, mientras que los reintegros llegaban escasamente a un 25%.[450]

---

[449] JL351, 9.6.1910, 16.6.1910, 23.6.1910, 30.6.1910; JL426, 17.7.1913; FC, AFC1, 9.9.1908; FC, AFC2, 18.10.1911, MHCRAG, AMA, 25.6.1911, 26.7.1911.
[450] MHCRAG, ASK, 20.12.1911, 15.6.1912; JL428, 16.9.1914.

Los representantes de los grupos en las cooperativas

Los representantes de los grupos, que eran sus voceros en el centro y, al mismo tiempo, representaban a la asociación ante sus mandantes, debían mediar entre el centro y la periferia. El *Farein* creó un consejo consultivo que incluía a los miembros de la comisión directiva y de la comisión controladora y a los representantes de los grupos. Según su tamaño, cada grupo elegía de dos a cuatro representantes, y también el grupo del centro tenía derecho a enviar los suyos. Para compensar a la periferia por los inconvenientes causados por su distancia del centro de actividades, se fijó el quórum para las reuniones del consejo consultivo en dos tercios de los representantes de los grupos alejados y los miembros de la comisión controladora; el cálculo no incluía a los representantes del centro. El consejo consultivo estaba facultado a decidir sobre los gastos extraordinarios, proponer cambios en los estatutos, etc.[451]

Todos los miembros de la comisión directiva de La Mutua eran elegidos según el principio de un representante por cada grupo que tuviera más de diez miembros en la asociación. Si en el grupo había más de 50 miembros, se elegían dos representantes; si había menos de diez, se incorporaban al grupo vecino. Entre estos representantes se elegían los que fungirían en los principales cargos de la asociación. Los estatutos de la Sociedad Cultural *Kadima* señalaban que la comisión directiva estaría compuesta por siete miembros elegidos y un representante de cada grupo que tuviera al menos diez socios. También se estipuló que al menos una reunión al mes de la comisión directiva debía realizarse con la presencia de los delegados de los grupos. Precisamente el Fondo Comunal de Clara (una colonia

---

[451] ASAIB, *Primera memoria*, pp. 9-10; ASAIB, Reglamento, pp. 3, 7; ASAIB, APSAI, 20.8.1906.

muy extensa y con muchos grupos) no especificó en sus estatutos la elección de una representación de grupos en la asociación; es posible que en el momento de su creación no hayan prestado atención a la posibilidad de ampliación. En 1907 se debatió la necesidad de que cada grupo eligiera un representante al que la comisión pudiera consultar, pero la implementación se postergó hasta 1908.[452]

Solo en 1912 se decidió formar una comisión directiva de 27 miembros que serían elegidos en seis distritos electorales. Cuatro distritos eligieron cinco representantes cada uno y los dos distritos restantes eligieron cuatro y tres, respectivamente. Cada distrito debía elegir también un síndico. El mínimo legal de participantes en la asamblea de distrito era de 50 miembros. En la asamblea general de la asociación se estipuló un quórum legal de 150 miembros de al menos cuatro distritos electorales. En esa reunión se debía elegir entre los representantes de los grupos al presidente, vicepresidente y síndico de la asociación. El secretario y el tesorero debían ser elegidos directamente por los miembros de la comisión directiva. En Moisesville se efectuó un cambio similar y se decidió que los representantes de los grupos de La Mutua serían elegidos en tres distritos: Monigotes, Moisesville y alrededores, Palacios y alrededores.[453]

También la representación se caracterizaba por numerosos problemas: en primer término, no siempre los miembros de los grupos sabían que tenían derecho a designar a sus representantes; en segundo lugar, no todos tenían tiempo disponible para elegirlos; en tercer lugar, a veces las elecciones en los grupos estaban acompañadas

---

[452] La Mutua, *Estatutos*, pp. 11-13; *Kadima, Estatutos*, artículos 6, 7 y 8; FC, AFC1, 20.4.1908.
[453] FC, AFC2, 20.3.1912, 2.5.1912; *Der Yudisher Colonist*..., 1.4.1912, pp. 15-16, 14.6.1912, pp. 3-4; MHCRAG, AMA, 8.10.1912.

de conflictos y el recuento de votos suscitaba discusiones, y finalmente, una vez elegidos los representantes resultaba difícil garantizar su participación en las reuniones. Por ejemplo, en 1902 muchos representantes se abstuvieron de participar en las reuniones y asambleas de la comisión directiva del *Farein* y el número de miembros presentes no llegaba al quórum; en 1913 Öttinger informó que el consejo consultivo se reunía pocas veces y que 19 representantes no se interesaban por lo que pasaba en el *Farein*. En la Sociedad Cultural *Kadima* de Moisesville los representantes debían avisar su ausencia por anticipado, porque la falta de quórum causaba la anulación de las reuniones.[454]

¿Cómo se superaban estas dificultades? Algunas asociaciones facultaron a sus asambleas y comisiones directivas para designar a los representantes de los grupos que no lo habían hecho por sí mismos, en otras los miembros de las comisiones directivas recorrían los grupos más alejados para supervisar la elección de delegados, y en algunas ocasiones informaban a los grupos que debían elegir representantes y fijaban fechas de reunión que no coincidían con la siembra y la siega, para que los colonos pudieran presentarse.[455]

En el Fondo Comunal estas medidas no lograron superar la falta de relaciones directas entre los socios, ni entre la comisión directiva de un grupo determinado con los miembros de los otros grupos. Esto, sumado al "paquete de servicios" amplio que la cooperativa aspiraba a ofrecer a sus socios tornaron imposible su existencia cuando la crisis económica se agravó. En 1913 y 1914 se comprobó que la ampliación de la asociación –más allá de la

---

[454] ASAIB, APSAI, 23.9.1902, 28.4.1907; JL425, 9.4.1913; MHCRAG, ASK, 15.6.1912; MHCRAG, AMA, 6.5.1909, 13.11.1910; FC, AFC1, 12.4.1908; FC, AFC2, 8.10.1913.
[455] FC, AFC1, 20.4.1908, 17.6.1908; FC, AFC2, 30.8.1911; MHCRAG, ASK, 4.5.1912, 5.7.1914.

capacidad de control de la comisión directiva y la posibilidad de los socios de identificarse con la asociación de manera directa y frecuente incorporando grupos nuevos y alejados– era un error. En consecuencia se propuso dividir la cooperativa en cuatro, según un criterio geográfico: a) Santa Isabel y Palmar, b) San Antonio, c) los grupos del norte, d) los grupos del centro. Pero estas propuestas no se implementaron debido a la falta de una actividad adecuada de la cooperativa, y solo San Antonio se separó del Fondo Comunal en 1915, época que excede el período estudiado.[456]

De la gestión correcta y democrática a la institucionalización

La aspiración a una gestión democrática se puso de manifiesto desde la primera época. Los miembros del *Farein* se reunieron en 1900 para debatir una propuesta de obligar a los socios a comprar bolsas, hilos y aceite de máquina solo en la asociación, de otra manera "el *Farein* no tendrá ninguna función importante". Nemirowsky pensaba que debían aprender de otras organizaciones que ya habían adquirido experiencia e intentaban conseguir descuentos en bien de la asociación, y que no se debía obligar a los socios a nada. Muchos asistentes participaron en el debate y Nemirowsky quedó en minoría a pesar de ser administrador y fundador de la organización. En 1907 el Fondo amplió varios incisos de sus estatutos para asegurar la elección y el reemplazo democrático en sus instituciones; así fue como en el diario *Der Yudisher Colonist in Arguentine* dio lugar a opiniones opuestas a la postura de la comisión directiva, y publicó una carta de Abraham Rosenfeld de Mauricio, que señalaba que primero la había publicado en

---

[456] FC, AFC2, 3.2.1913, 8.10.1913; JL428, 16.9.1914; Gabis 1957, pp. 104-105.

el periódico *Di Folkshtime* (la voz del pueblo) de la capital porque pensaba que no accederían a difundirla, pero después comprobó que se había equivocado.[457]

En una etapa temprana se preocupaban también por una conducción honesta y un manejo cuidadoso de los bienes de las asociaciones. Por ejemplo, Nemirowsky firmaba recibos por el dinero ingresado y lo transfería al tesorero del *Farein*; para no hacerse responsable del dinero que no estaba a su disposición, pidió a la comisión directiva de la asociación un documento firmado por los encargados. Problemas de este tipo surgieron especialmente en la etapa de creación de las asociaciones, porque hasta la regularización de la personería jurídica no se podía abrir una cuenta de banco a nombre de la asociación, sino de los miembros de la comisión directiva. Por eso, en 1901 el *Farein* resolvió tener en caja hasta $200 y el resto depositado en las cuentas de Friedlander y Nemirowsky. El dinero era tema de protestas y rumores; por ejemplo, en 1907 un colono sostuvo que de la caja del *Farein* habían desaparecido $2.000, pero la queja resultó infundada.[458]

Las cooperativas prestaban atención a este tema y trataban de demostrar su integridad. Así fue como Noé Cociovitch, presidente de La Mutua, se abstuvo de conducir la sesión de la comisión directiva que debatió asuntos relacionados con su grupo para que no se dijera que aprovechaba su posición en beneficio de su grupo. Asimismo, se dedicaron muchas reuniones y asambleas a la entrega de rendiciones de cuentas presentadas por las comisiones controladoras y los síndicos sobre la gestión económica y organizativa de la comisión directiva; también se habló de los procedimientos administrativos adecuados

---

[457] Hoijman 1961, pp. 64-66; ASAIB, APSAI 19.10.1900; FC, AFC1, 13.10.1907; *Der Yudisher Colonist...*, 15.8.1911, p. 11.
[458] ASAIB, APSAI, 22.8.1901, 18.12.1901, 26.8.1907.

y se redactaron ordenanzas al respecto. Las asociaciones cooperativas tenían depósitos en los que se almacenaban productos y equipamiento agrícola. En algunas ocasiones había irregularidades en la conducción de los mismos, que llevaban a la presentación de quejas, revisiones del inventario, regulaciones y reemplazo de los encargados inadecuados o sospechosos de deslealtad. La importancia de una gestión adecuada estaba clara para La Confederación y uno de sus dirigentes previno que "un fracaso administrativo puede brindar armas a quienes se oponen a la organización".[459]

La Confederación se ocupaba de revisar, arbitrar y aconsejar a las cooperativas que daban sus primeros pasos o que no lograban estabilizarse. En 1912, I. Kaplan ayudó a la asociación de Barón Hirsch, en la que reinaba un gran desorden; en su opinión, esa situación que había generado muchas tensiones sociales se debía a la falta de conocimientos y experiencia. Dos años después, Leibovich sostuvo que la administración de La Unión de Narcisse Leven era deficiente: "En las reuniones no hay un orden del día, se tratan todos los temas a la vez y generalmente no deciden nada con claridad". También propuso orientar a los socios de la cooperativa y no renunciar a la misma.[460]

Pero la democracia no se construye solo con la conducta de los líderes, sino también con la participación de los liderados. Una de las formas de incrementar la conciencia de los socios e integrarlos al proceso democrático era difundir información confiable; otra era institucionalizar procedimientos destinados a que tuvieran un punto de referencia claro para sus pedidos y para recibir servicios.

---

[459] MHCRAG, AMA, 3.3.1910, 30.4.1911, 10.11.1912, 11.9.1913; ASAIB, APSAI, 2.11.1903, 20.8.1906, 22.11.1903; IWO, AMSC2, 14.1.1912, 22.1.1912; IWO, ASF2, 14.4.1912; FC, AFC2, 13.9.1911.
[460] IWO, AMSC2, 25.9.1912, 15.10.1912; JL428, 15.12.1914.

En 1907 se fijaron en el *Farein* horarios de atención al público, fechas de reuniones y sesiones, etc., y en 1911 Sajaroff hizo lo mismo en el Fondo Comunal; en 1912 La Mutua decidió realizar dos reuniones al mes; la Unión Fraternal Israelita de Palacios resolvió informar sobre la realización de las asambleas con dos semanas de anticipación por medio de anuncios que se fijaban en las puertas de la comisaría, el juzgado, el correo, la administración y otros lugares públicos. En 1913 Öttinger afirmó que la participación de los miembros del *Farein* era mínima y propuso difundir sus actividades en ídish.[461]

Parte del proceso de institucionalización implicaba la apertura de oficinas y la contratación de empleados. En 1907 el *Farein* decidió contratar un empleado y ampliar sus oficinas, el Fondo Comunal resolvió construir un edificio para su asociación; dos años después La Mutua compró un terreno para construir su sede y la cooperativa de Barón Hirsch decidió hacer lo mismo en 1912. A diferencia de ellas y para ahorrar dinero, La Confederación se conformó con una casilla de correos en la capital y decidió realizar sus reuniones en las colonias. Según un informe de Starkmeth, Cociovitch no recibía mucha ayuda de sus compañeros de La Mutua y por eso debió rodearse de numerosos empleados.[462]

Cuando la dirigencia no era formal, las reuniones no se convocaban regularmente sino de acuerdo con las circunstancias, pero había determinadas normas y cargos. Alpersohn describió una reunión en Mauricio: "Sacaron al patio una mesa y sillas, pusieron sobre la mesa dos 'lámparas del Barón', llevaron papel y pluma y Gerstel, el

---

[461] ASAIB, APSAI, 28.7.1907; *Der Yudisher Colonist...*, 15.8.1911, passim; MHCRAG, AMA, 8.10.1912; MHCRAG, ASK, 15.6.1912; JL425, 9.4.1913; UFIP, 10.3.1910.
[462] ASAIB, APSAI, 21.4.1907; FC, AFC1, 13.10.1907, 31.10.1907; MHCRAG, AMA, 18.7.1909; IWO, AMSC2, 7.1.1912, 7.9.1912; JL428, 20.2.1915.

secretario eterno de todas las reuniones, se dispuso a trabajar...". La reunión estaba presidida por un veterano respetado por todos los colonos y como su voz flaqueaba, el colono sentado a su derecha repetía sus palabras en voz alta y leía las resoluciones ante todos los presentes.[463]

En las asociaciones que operaban formalmente había fechas y procedimientos fijos para las asambleas. Según los estatutos, las asambleas ordinarias se realizaban una vez al año y en ellas se presentaba el informe de las actividades económicas y otras de la asociación, y se elegía la comisión directiva para el año entrante. Además de ellas, había asambleas extraordinarias que se llevaban a cabo a pedido de un número determinado de socios o de la comisión directiva, para debatir aquellos asuntos que, según los estatutos, solo podían ser tratados en el plenario, tales como la modificación de los estatutos y el tratamiento de asuntos especiales que la comisión directiva no podía resolver, como catástrofes naturales, etc. Algunas asociaciones habían estipulado que la asamblea sería conducida por una persona o comisión que no formara parte de la comisión directiva para preservar la independencia de la asamblea, en especial en tiempos de elecciones internas. A veces se pedía a los representantes de los grupos alejados que presentaran su carta de nombramiento; así se hizo en el *Farein*, en el Fondo Comunal y en La Mutua.[464]

Los socios de las organizaciones podían elevar a la asamblea temas, propuestas y quejas si cumplían el procedimiento formal de presentar un número mínimo de peticionantes. Por ejemplo, a principios de 1908 el Fondo Comunal convocó a una asamblea a pedido de 56 socios. De hecho, los dirigentes podían influir sobre las asambleas

---

[463] Alpersohn 1930, pp. 43-44.
[464] ASAIB, APSAI, 9.4.1907; FC, AFC1, 13.10.1907, 12.4.1908; MHCRAG, AMA, 17.4.1911, 24.11.1912.

pero también debían presentar informes según lo estipulado en los estatutos y elevar aquellos temas sobre los cuales la comisión directiva no podía decidir sin el acuerdo de la asamblea. Este era un campo propicio para confrontaciones entre quienes tenían diversos intereses, pero los temas que se trataban (a excepción de la creación de la asociación, la definición de sus estatutos y la frecuencia de las reuniones) hacían que la función de la asamblea fuera secundaria y la mayor parte de los temas eran tratados por la comisión directiva. No obstante, la presencia de los socios en la asamblea no era pequeña y esto ponía de manifiesto el deseo de estar actualizados y oír de primera fuente lo que sucedía, influir sobre lo que se hacía y encontrarse con los demás socios.[465]

Con el paso del tiempo, las asociaciones se institucionalizaron y esta formalización sentó las bases de una gestión adecuada y permitió la intervención de los socios en consonancia con los estatutos. Las regulaciones y procedimientos diferían de una colonia a otra, pero no caben dudas de que había influencias mutuas al establecerlos, porque las asociaciones solían enviar emisarios a otras colonias para aprender sus pautas de organización antes de redactar sus propios estatutos. Las asociaciones eran un experimento previo a la creación de instituciones sociales y al surgimiento de la dirigencia; por ello había fracasos e irregularidades que a veces se debían a intereses contrapuestos y generalmente a la inexperiencia. Todo esto, aunado a la tendencia de algunos colonos a oír y difundir rumores llevó a insatisfacción, quejas y chismorreo. Con el objeto de superarlos se desarrollaron formas de transmitir la información y procedimientos que aseguraban una supervisión apropiada. En ese sentido, las cooperativas

---

[465] Ibíd., 7.5.1911, 18.5.1911; FC, AFC1, 18.4.1906; FC, AFC2, 12.4.1910, 27.4.1911, 8.10.1913.

fueron una escuela que enseñó a los colonos cómo gestionar sus asuntos y elevar el nivel moral del hombre de campo.

3. El surgimiento de dirigentes

Los líderes son personas que pertenecen al grupo y pueden influir sobre sus miembros ejerciendo cargos formales o no formales y actuando de determinada manera para sostener la sociedad, incrementar la cooperación y promover sus objetivos. La dirigencia formal actúa según las normas de la asociación, que fijan los objetivos y las formas de actuar de los dirigentes y que rigen también para ellos. El liderazgo no formal, también llamado "natural", no es elegido ni actúa según un estatuto y se basa en el acuerdo de los miembros del grupo o en la capacidad del líder para convocar seguidores. Este liderazgo es menos estable, si bien no necesariamente más débil, porque se basa en una personalidad que necesita el acuerdo de quienes lo apoyan, mientras que el dirigente formal se respalda en el estatuto del cual provienen sus atribuciones. Además de los dirigentes formales, algunas comunidades u organizaciones tienen líderes naturales paralelos.[466]

En la zona de las colonias el gobierno estaba en manos de autoridades provinciales y nacionales y no era suelo propicio para la actividad de los pobladores. El acceso a cargos en la JCA estaba bloqueado casi por completo a los colonos, que podían participar solo en actividades económicas, en especial en las cooperativas, y en actividades

---

[466] ECS, 3, pp. 578-579.

comunitarias voluntarias en el ámbito médico, asistencial, religioso y cultural, a las que también se dedicaban las cooperativas o las comisiones nombradas por ellas.[467]

Los primeros dirigentes eran informales; a veces eran elegidos como representantes o emisarios del grupo para ejecutar una misión específica. S. Hurvitz describió la actitud de los colonos recién llegados a Lucienville hacia los veteranos como la postura de los hijos ante los padres en quienes despositaban su confianza. Cociovitch fue designado por sus compañeros para llevar grupos de colonos de Rusia a Moisesville; algunas comisiones fueron elegidas *ad hoc* y supervisadas de cerca por quienes las habían designado; Alpersohn, nombrado junto con otros dos colonos para exigir pan a S. Hirsch cuando este visitó la colonia, describió la situación: "Entramos con él a la oficina y toda la gente, como de costumbre, sitió puertas y ventanas".[468]

Entre los líderes no formales había quienes gozaban de prestigio, como los médicos, personalidades religiosas e intelectuales. Se destacaba en especial el Dr. Yarcho, que además de ser el médico de la colonia fungió en numerosos cargos (algunos de ellos formales) en el Fondo Comunal, por lo cual era un líder de las dos clases. Cuando se creó La Confederación, Yarcho fue elegido vicepresidente debido a su prestigio y no a su capacidad de gestión. En una carta a Sajaroff, Bab señaló que había sido un error nombrar a un médico para un cargo que, en caso de ausencia del presidente, requería su presencia: "Habría sido preferible designarlo presidente honorario en La Confederación y en el Fondo Comunal".[469]

---

[467] JL425, 10.4.1913; JL427, 25.8.1914.
[468] Avni 1973, p. 155; Alpersohn s/f, p. 287; Hurvitz 1932, pp. 18-19.
[469] IWO, AMSC2, 19.2.1912.

Las dimensiones del liderazgo religioso eran generalmente más reducidas que las que los colonos habían conocido en Europa del Este. En Moisesville había dos líderes naturales: el rabino Aarón Halevi Goldman, llegado de Podolia, y el rabino Mordejai Reuben Hacohen Sinai, procedente de Lituania, que se retiró de la colonia a fines del siglo XIX. A la zona de Clara llegaron varias autoridades religiosas, entre ellas los rabinos Yosef Aarón Tehran y David Mazowiecki, y varios matarifes. Ante la ausencia de otra autoridad espiritual, en algunos lugares los matarifes y *mohalim* (circuncidadores) eran líderes con reconocimiento público. Como ejemplos se puede citar al matarife y supervisor Menajem Meirof en Carlos Casares, Karel en Mauricio y Moisés Rikles en Narcisse Leven. En Mauricio había personalidades con estudios religiosos pero sin ordenación rabínica y los colonos ultraortodoxos de la pequeña colonia Algarrobo eran liderados por las familias de Leib Diner y Alter Rozenzvaig, que según Alpersohn eran personalidades respetadas que "daban el tono a todo el ambiente". En las otras partes de Mauricio había grupos de la pequeña colonia Alice, cuyos miembros no eran ortodoxos, y según las fuentes entre sus dirigentes se contaban "los más apasionados rebeldes [...] allí vivían afilados políticos; todos los enfrentamientos con la administración fueron planeados allí", y "gente con una concepción más amplia de la vida, librepensadora".[470]

Todos ellos eran, al menos en los primeros años de la colonización, líderes naturales. Los miembros de los grupos pequeños sabían que estos formaban parte de una colonia grande y de un movimiento general de colonización que no estaba conducido por sus compañeros sino por una administración externa; cabe suponer que por esa

---

[470] Goldman 1914, pp. 35-37, 103, 201; Avni 1973, p. 155; Hurvitz 1932, p. 57; Alpersohn s/f, pp. 355, 358-359; Mirelman 1988, p. 132.

razón no tendían a tomar parte en la conducción y organización formal de las colonias, más aun porque eso requería esfuerzos que podían afectar el desarrollo de sus propias chacras. Además, la rivalidad entre grupos y colonos dificultaba la elección de dirigentes acordados. Lapine encontró estos obstáculos en 1896 cuando creó la comisión de delegados, pero supuso que se debía a las características de los judíos de Rusia: "Los judíos no son fáciles para la disciplina y la obediencia y cada uno se cree el mejor...". En aquellos años la JCA trató de descubrir líderes adecuados para la actividad de las comisiones de delegados, pero en la mayor parte de los casos fracasó porque esperaba que los dirigentes actuaran según los intereses de la sociedad. En algunas ocasiones resultaron elegidas personas sin las condiciones apropiadas y los colonos los veían como emisarios de la JCA; así pensaban que Lapine había recurrido a una comisión para expulsar a algunos colonos.[471]

Alpersohn describió crudamente las luchas de los colonos contra una comisión que, en su opinión, estaba integrada por estafadores sometidos a las directivas de la JCA que solo se ocupaban de sus propios intereses: "Durante bastante tiempo se había acumulado en el patio una gran cantidad de basura y sobre ella había surgido y crecido un nido de ratas...". Es muy posible que su afirmación fuera exagerada y que hubiera sido escrita a la luz de las discrepancias entre los colonos, pero en 1903 el autor del informe anual de la JCA reconoció que "hasta el momento los representantes han sido elegidos de manera un tanto arbitraria y no siempre han sido los auténticos representantes de la mayoría". Ese mismo año la JCA difundió en Rusia una circular destinada a los candidatos a la colonización en la Argentina, en la que recalcaba que los

---

[471] Lapine 1896, pp. 41-42, 75, 78-79.

colonos elegían a sus representantes que se ocupaban de los asuntos comunitarios, arbitrajes, etc. Paralelamente, y mientras era administrador de Clara, Veneziani organizó la elección democrática de representantes.[472]

Estos procedimiento se llevaban a cabo en la Argentina, pero había un filtro previo en Rusia, cuando la JCA examinaba a los candidatos a la colonización y rechazaba de antemano (excepto los fundadores de Barón Hirsch) a aquellos con potencial de liderazgo, por miedo a que se rebelaran contra ella. Un ejemplo entre muchos es el consejo dado en 1900 por Cazès a los directores de París que examinaban a los candidatos de Rumania:

> Queremos rechazar sin contemplaciones a los oradores, los incitadores de masas, los presuntos disertantes, los periodistas y todos los que se presentan como defensores de los oprimidos. Lamentablemente, todos ellos se cuentan en gran número entre estos jóvenes y todo lo que hacen es incitar a los demás y obstaculizar cualquier intento serio de organización.[473]

Un cambio significativo se produjo cuando se crearon asociaciones que aspiraban a obtener personería jurídica por medio de sus estatutos, como las cooperativas. En estos marcos se desarrollaron dirigentes formales que en parte eran líderes naturales, como Cociovitch, y que también eran aptos para la actividad formal requerida por las asociaciones con personería jurídica. Sajaroff y Kaplan fueron también dirigentes formales que además de sus condiciones naturales debieron desarrollar conocimientos administrativos, agrícolas y comerciales, y relaciones con compañías de comercialización. No es casual que entre los activistas de las cooperativas hubiera empleados de

---

[472] Alpersohn 1930, pp. 34-35; JL29d, 22.11.1903; HM135, 1.4.1903; *Informe* 1903, pp. 22, 27, 39.
[473] JL333, 24.8.1900; JL29d, 2.10.1903, 10.11.1903; JL72(10), 30.10.1903.

la JCA, porque reunían esas condiciones y gozaban del respaldo de la sociedad colonizadora. Algunos se convirtieron en colonos y activistas leales de las cooperativas, como Bab, que se colonizó en 1906 en Barón Hirsch; Leibovich, Yarcho, Mellibovsky y Sidi, que no se colonizaron pero participaron activamente en la creación y gestión del Fondo Comunal, y Nemirowsky, una personalidad clave en la creación del *Farein*. En el quinto capítulo habíamos señalado que todos los miembros de la primera comisión directiva de La Unión de Bernasconi, excepto uno, eran empleados de la JCA y que, en la comisión directiva de La Sociedad Agrícola de Montefiore, Simón Weill era el síndico, y el contable local de la JCA fungía como tesorero y secretario; Elmaleh fue nombrado tesorero de El Progreso Agrícola de Dora. En 1910 Mellibovsky, el administrador de Mauricio, fue designado presidente de El Centro Agrícola, pero al cabo de un año fue destituido y Oungre sostuvo que desde entonces la JCA no sabía qué pasaba en la asociación. A diferencia de los socios de esa cooperativa, Mellibovsky gozó de la confianza de los representantes de las otras, que lo designaron miembro de la comisión directiva de La Confederación.[474]

En la primera comisión directiva de La Mutua había tres funcionarios de la JCA: el tesorero Jacobo Faber era el contable local de la sociedad, el vicepresidente Gutman era un empleado y el secretario era el maestro Carmel. Moss y Veneziani no lo consideraban un obstáculo, porque pensaban que entre los colonos no había quienes pudieran administrar los fondos y brindar el impulso necesario a los primeros pasos de la asociación. Con el tiempo, en lugar de estos empleados se designó a colonos para ejercer los cargos más importantes: cuando Leibovich se retiró

---

[474] JBEx8, 9.8.1906; JL367, 7.4.1910; JBEx11, 20.4.1911; FC, AFC2, 12.4.1910, 27.4.1911, 8.8.1911; IWO, AMSC2, 7.11.1912; Gabis 1957, pp. 43-44, 103.

del Fondo Comunal, Sajaroff fue nombrado presidente del mismo y A. Bratzlavsky fue elegido secretario del *Farein* cuando Nemirowsky terminó sus funciones. Aun así, en las asociaciones quedaban empleados de la JCA en diversos cargos; de esta manera, la sociedad colonizadora recibía información e influía sobre lo que acontecía en las asociaciones.[475]

En diversas ocasiones se ha señalado que no había suficientes líderes capaces de dirigir esas organizaciones y los existentes no alcanzaban a adquirir experiencia. Por ejemplo, Starkmeth suponía que en Dora no faltaban colonos inteligentes, pero no contaban con los conocimientos necesarios para administrar las instituciones y por eso propuso adjuntarles un agente que los capacitara. También sostenía que los dirigentes del *Farein* carecían de conocimientos y experiencia. En la comisión directiva de la cooperativa de Narcisse Leven vio a personas inteligentes, pero no encontró una reserva capaz de ocupar otros cargos. Según el testimonio del colono Shojat, los líderes de esa cooperativa carecían de la experiencia necesaria para cumplir sus funciones; así fue como informaron sobre la cosecha prevista sin una evaluación precisa y compraron cantidades demasiado grandes de bolsas, equipamiento y maquinaria que no se podían utilizar. En Mauricio y en otros lugares se señaló la inexperiencia de los dirigentes como la causa más importante del fracaso de la asociación.[476]

A diferencia de eso, Kaplan definió a los dirigentes de Moisesville como "buenos planificadores que pusieron en práctica un buen programa de manera sistemática y

---

[475] HM135, 16.1.1908; JL425, 30.1.1913; JL427, 13.5.1914; JBEx11, 29.6.1911, 21.12.1911.

[476] JL427, 20.3.1914; JL428, 1.12.1914; Shojat 1953, pp. 39, 44, 48-49, 55-56; *Informe* 1909, p. 39.

gradual". También los dirigentes de Clara y Barón Hirsch fueron elogiados por su accionar, pero cabe suponer que todos los líderes, tanto los veteranos como los nuevos, adquirieron experiencia solo después de varios años de aprendizaje y práctica. Solo unos pocos tenían experiencia en activismo público, fundamentalmente en asociaciones que se dedicaban a beneficencia, caridad, estudios religiosos, etc. Starkmeth lo entendió y en un informe escribió que "no debemos quejarnos de los colonos, que son jóvenes, simples y a veces carentes de instrucción, por la falta de dirigentes profesionales".[477]

Derechos y deberes de los dirigentes

Los dirigentes formales estaban sujetos a estatutos que estipulaban sus derechos y deberes y que fijaban los ámbitos de actividad de quienes fungían en diversos cargos. Por ejemplo, el estatuto de la Unión Fraternal Israelita de Palacios señalaba que el presidente debía representar a la asociación ante los tribunales y responder a demandas, lograr que se implementaran las resoluciones de la asociación y convocar reuniones y asambleas. El estatuto de *Kadima* de Moisesville establecía que los miembros de la comisión directiva estaban obligados a participar en todas las asambleas y a fungir en los cargos que se les impusieran. En algunos lugares se limitaban los derechos de los miembros de la comisión directiva: el estatuto del *Farein* estipulaba que dichos miembros no podían recibir préstamos pero hubo discusiones sobre esta resolución, en especial porque los miembros de la comisión directiva, que no recibían pago alguno por el ejercicio de sus funciones, se veían perjudicados por su disposición a actuar en pro de la asociación. Nemirowsky pensaba que, por principio, no

---

[477] IWO, AMSC2, 10.11.1912; Kaplan 1950, pp. 7-8; JL428, 16.9.1914.

se podía aceptar esa prohibición y que "el estatuto no pregunta quién pide el préstamo, sino cuál es la garantía presentada". En 1903 se anuló ese inciso y la situación de los miembros de la comisión directiva fue como la de todos los socios. En el Fondo Comunal, por ejemplo, se resolvió no otorgar a los miembros de la comisión directiva préstamos para comprar vacas lecheras.[478]

Periódicamente se presentaban y publicaban quejas contra los miembros de las comisiones directivas que presuntamente aprovechaban su estatus en beneficio propio. Un colono acusó sin fundamento a cuatro miembros de la comisión directiva del Fondo Comunal. En 1906 se presentó a la comisión controladora del *Farein* una queja por tejemanejes en los que aparentemente estaban involucrados los miembros de la comisión directiva, con pagarés entregados como avales y no reintegrados cuando caducó el motivo de la garantía. En una revisión se comprobó que la asociación acostumbraba quemar los documentos una vez vencida la garantía. Para impedir quejas futuras se decidió abandonar esa costumbre y, en lugar de eso, marcar los documentos como anulados y conservarlos en la oficina. Varios socios de la caja de ahorro del *Farein* se quejaron de que sus depósitos no habían sido inscriptos en el registro de ahorristas. Esta revelación causó un gran revuelo porque la queja resultó ser cierta. Las conclusiones de la revisión, que señalaban un error en el registro y no dinero desaparecido, fueron dadas a conocer en una asamblea general para eliminar dudas y se acordó que todos los meses se presentaría un informe sobre el estado de los ahorros. Por razones similares, en 1908 el Fondo Comunal

---

[478] UFIP, 10.3.1910; *Kadima, Estatutos*; ASAIB, APSAI, 7.8.1901, 15.8.1901, 20.2.1903; ASAIB, *Primera memoria*, p. 8; Gabis 1957, p. 73.

introdujo una libreta personal que cada socio tenía en su poder, en la que se registraban todas las operaciones monetarias realizadas entre el colono y la asociación.[479]

En general, los dirigentes, tanto los naturales como los formales, estaban expuestos a la crítica pública que provenía de rumores y, a veces, de la ausencia de una gestión adecuada. Por ejemplo, cuando Cociovitch viajó a Rusia en busca de candidatos, sus opositores difundieron el rumor de que había recibido de la JCA $150 por cada colono que llevara a Moisesville; más aun, publicaron un periódico con firmas falsificadas de colonos que presuntamente ratificaban la veracidad de la noticia. En 1912, cuando ya era colono en Barón Hirsch, Bab sostuvo que Tcherny, el representante de la colonia en La Confederación, había perdido su autoridad moral como dirigente porque había recibido una parcela de la JCA en arriendo en momentos en que esta se negaba a otorgar parcelas similares a otros:

> La asamblea de la cooperativa criticó por ello a "nuestro viejo zorro" y cabe suponer que la comisión directiva de la cooperativa solicitará que La Confederación intervenga ante la JCA por esta acción cometida a nuestras espaldas.[480]

En general, los dirigentes no eran colonos ricos y su actividad requería muchos esfuerzos y les causaba pérdidas. Muchos de ellos activaban en las asociaciones además de su trabajo en el campo y por eso las comisiones directivas tenían dificultades para reunirse en las temporadas de cultivo y cosecha. Así fue como Joel y S. Hurvitz de Lucienville e Hirsch Kaller de Moisesville informaron que si la comisión de La Confederación de Cooperativas se reuniera en febrero de 1912 no podrían participar por la cosecha.

---

[479] ASAIB, APSAI, 2.8.1904, 22.8.1904, 22.8.1906; FC, AFC1, 31.9.1908.
[480] IWO, AMSC2, 22.1.1912; Bizberg 1942, pp. 14, 36-37.

En la mayoría de los casos, los dirigentes no recibían pago alguno por su actividad en las asociaciones; solo se sabe que el presidente y el secretario del *Farein* recibían $100 mensuales al final del período estudiado, pero también trabajaban allí como empleados.[481]

Como ejemplos de confrontación entre los intereses personales y la actividad pública se pueden mencionar dos casos: cuando Cociovitch viajó a Rusia por primera vez lo hizo después de finalizada la siembra en su parcela, es decir, no interrumpió la actividad regular en su chacra. El segundo viaje se prolongó demasiado y Feinberg propuso a los directores de París que no lo abandonaran en esa difícil situación: "Hace un año que este hombre desdichado se encuentra lejos de su familia y la chacra está abandonada. Afronta muchas dificultades y lo impulsa el gran interés por el éxito de la colonización". El segundo ejemplo se refiere a I. Kaplan en tiempos de la gran crisis económica en las cooperativas. En esa misma época el Fondo Comunal tenía dificultades para mantener a sus empleados y Kaplan fungía en varios cargos. Los acreedores se presentaban a diario y no había con qué pagar las deudas. En una ocasión fue al banco por los embargos y pidió un préstamo a su nombre para la asociación, y en otra escribió a Sajaroff que "la situación es insostenible, dije a los acreedores que dentro de una semana habrá dinero para liberarme de ellos mientras tanto". Finalmente presentó la renuncia, porque esa actividad agotaba sus fuerzas: "Estoy arruinado y se acerca la temporada de trabajo en el campo".[482]

---

[481] JL425, 15.2.1913, 9.4.1913; IWO, AMSC2, 17.1.1912, 27.1.1912.
[482] HM134, 10.3.1899; *Documentos*, 8-9.3.1902, III, 12.2.1902; IWO, ASF2, 1.1.1911, 26.12.1911, 16.4.1912, 30.4.1912, 23.5.1913, 6.2.1904.

Cambio de guardia

Para examinar la rotación debida al recambio generacional o a la incorporación de nuevos sectores que no estaban representados en las organizaciones se requiere un lapso más prolongado que el que abarca el presente estudio, y si bien es pertinente hablar de los primeros indicios de recambio lo haremos solo con respecto a las organizaciones formales, en especial las cooperativas, creadas en la colonia veterana Moisesville y en las primeras colonias en la provincia de Entre Ríos. Por ello examinaremos la participación de los colonos en las comisiones directivas de dichas organizaciones. La participación de personal de la JCA en esas comisiones no es relevante para el recambio porque llegaban y se iban según las directivas de la JCA. En Mauricio, que también era una colonia veterana, no existió una organización formal de existencia prolongada y por eso el recambio de dirigentes no es relevante.

Cociovitch fue presidente de La Mutua de Moisesville, fundada en 1908, durante muchos años. Los demás cargos estaban ocupados rotativamente por los colonos Abraham Gutman (que durante un tiempo fue empleado de la JCA), Yosef y Dov Trumper, Hirsch Kaller y A.I. Hurvitz. También el cargo de presidente de la Sociedad *Kadima* de Moisesville era estable y fue ejercido por José Flaisher desde la creación de la misma en 1909 hasta 1914, año en que presentó la renuncia. En los demás cargos hubo muchos más cambios por conflictos personales y no por el recambio generacional.[483]

En el *Farein* se pueden distinguir dos etapas. En la primera, desde su creación en 1900 hasta 1907, un año después de obtenida la personería jurídica, hubo estabilidad

---

[483] MHCRAG, AMA, 4.2.1908, 28.4.1909, 30.4.1911, 8.10.1912, 6.5.1909; MHCRAG, ASK, 1.5.1909, 29.4.1911, 1.5.1912, 17.5.1913, 14.3.1914.

en los cargos. Entre los activistas más destacados se contaban Freidenberg, A. Bratzlavsky, Isaías Schebaliev, H. Zentner y M. Kosoy. La estabilidad se vio afectada hacia el final de este período, cuando los cambios personales se volvieron más frecuentes no por luchas de poder sino por la dificultad para encontrar personas dispuestas a activar. Öttinger consideraba que esta era una de las razones por las cuales la asociación no podía introducir cambios y mejoras; no obstante, algunos dirigentes siguieron actuando durante la mayor parte del período y constituían una especie de hilo conductor. Entre ellos se destacaba Hirsch Zentner, uno de los fundadores del *Farein* que había fungido como miembro de la comisión controladora, presidente y vicepresidente.[484]

En el Fondo Comunal de Clara había mucha estabilidad en la dirección de la cooperativa. En 1907 la JCA trasladó a Leibovich a otro lugar y el Dr. Yarcho lo reemplazó. A partir de 1908 lo hizo Sajaroff durante todo el período, a excepción de un año. Otros dirigentes destacados fueron I. Kaplan e Isaac M. Sas.[485]

De todo lo señalado se desprende que en las asociaciones examinadas no hubo luchas por el poder entre los colonos veteranos por una parte y sus hijos y los colonos nuevos por la otra, porque los nuevos se colonizaron en grupos alejados del centro y porque el escaso tiempo transcurrido no les permitió arraigarse y aspirar al liderazgo. La representación de los grupos nuevos se puso de manifiesto en la cooptación, un proceso de incorporación de líderes de grupos con intereses diferentes a los de los grupos

---

[484] ASAIB, APSAI, 12.8.1900, 12.8.1901, 23.9.1902, 2.11.1903, 13.5.1904, 13.8.1905, 20.8.1906, 21.4.1907; Hurvitz 1932, pp. 94-96; JL355, 18.4.1912; JL425, 9.4.1913; JL428, 27.8.1914.

[485] FC, AFC1, 18.4.1906, 12.4.1908; FC, AFC2, 12.4.1910, 27.4.1911, 2.5.1912, 13.5.1913, 13.8.1913; Gabis 1957, pp. 159-163.

anteriores introduciendo cambios formales que permiten su integración. En este caso, los representantes de los grupos se incorporaron a la comisión directiva y se crearon consejos consultivos que integraron a los representantes. Así se fijó el quórum en las asambleas y reuniones con métodos que no perjudicaran a los delegados de los grupos alejados, en su mayoría compuestos por socios nuevos. Por ejemplo, en 1911-1912 Leib Kosoy, representante de Monigotes, logró ser designado en Moisesville vicepresidente de La Mutua, pero es un caso excepcional. Generalmente los nuevos socios no participaban regularmente en las reuniones y aparentemente, el ejercicio de funciones de liderazgo implicaba sacrificios que disuadían a los postulantes de luchar por el recambio generacional en las asociaciones.[486]

Resumen

A principios del período estudiado, el liderazgo de las colonias era natural; en algunas ocasiones los dirigentes eran personalidades religiosas y en otras, colonos de prestigio. Los intentos de la JCA de crear una dirigencia por medio de comisiones de representantes fracasaron porque generalmente resultaban elegidas personas que los colonos no veían como sus auténticos representantes y porque a veces estos dirigentes aprovechaban su estatus en beneficio propio. El liderazgo formal que actúa por fuer de estatutos y sujeto a ellos se desarrolló en especial a partir de la creación de asociaciones que aspiraban a obtener la personería jurídica, en particular cooperativas. La JCA estaba involucrada en estas asociaciones y formaba parte

---

[486] MHCRAG, AMA, 23.5.1909, 30.4.1911, 3.9.1911.

de sus consejos directivos, que se ocupaban de preservar los intereses de los colonos y de la JCA. Los dirigentes estaban sujetos a la crítica pública, a veces injustificada. En algunas ocasiones, sus actividades en las asociaciones tenían lugar a expensas de sus intereses personales y esa es una de las razones por las que no había luchas por el recambio de los dirigentes.

Quinta parte.
Identidad y cultura

12

La dimensión psicológico-social de la comunidad

La tercera dimensión de la comunidad es la sensación de pertenencia de los individuos a ella. La identificación del individuo con su grupo, especialmente en las colonias que no eran sociedades completas y cristalizadas durante la incorporación de los colonos, no debe ser vista como un hecho sino como un proceso de acomodación al lugar y a los demás habitantes, una creación conjunta de normas y valores e integración a la identidad local. En una sociedad cristalizada se necesita recibir aprobación o legitimación de la comunidad a través de una ceremonia, ritual, etc., por lo cual no hay identidad por sí misma y desconectada de la sociedad. La identificación tiene connotaciones positivas, porque quien se identifica se siente orgulloso de su grupo y se alegra con sus logros y, por ello, está dispuesto a defenderlo y esforzarse para que progrese; asimismo, responde a la necesidad del ser humano de pertenecer a una sociedad de la cual espera recibir apoyo, comprensión y campo de acción.[487]

La identificación con la sociedad consolidada, con una base firme y un marco estable, implica la internalización de normas y valores compartidos, el conocimiento del legado del pasado y la visión de la comunidad como un organismo vivo con conciencia e identidad propias, cuya vida se prolonga a pesar de los cambios de población

---

[487] Para identidad, ver: ECS, 5, p. 183; II, pp. 114-115; Schwarz 1982, p. 62.

debidos a la llegada de integrantes nuevos y el retiro de los más antiguos, los nacimientos y las muertes. En las colonias, en donde los procesos de cristalización de la comunidad estaban en sus comienzos y los recambios de población eran frecuentes, resultaba difícil la identificación de los colonos con una comunidad carente de identidad clara y definida. La pertenencia a la comunidad no contradecía la posibilidad de que cada individuo y la sociedad en sí se sintieran pertenecientes a un marco más amplio como el pueblo judío o los agricultores argentinos, o a varios marcos, como ser judíos y ser agricultores, ser de Mauricio y ser argentinos, etc. Por lo tanto, se puede hablar de la fuerza relativa de las diversas identidades y la centralidad de una identidad u otra.[488]

Durante el proceso de conformación de las comunidades en las colonias cristalizó también la identidad de cada colono, que fusionaba tres identidades básicas que se ponían de manifiesto en el título del libro de Baruj Reznick, *Un agricultor judío en los campos argentinos*, y varias subidentidades, como la identificación con la provincia en la cual se encontraba la colonia (Entre Ríos, etc.), con el grupo pequeño (Sonnenfeld, Monigotes, etc.) y con las personas del mismo origen (Lituania, Jersón, etc.). Como ejemplos de fusión de identidades mencionaremos a Alpersohn, que describió las relaciones de los colonos con un gaucho que entonaba canciones que despertaban "intensas nostalgias por nuestro hogar y nuestra patria, nuestras almas sobrevolaban los dolidos campos de Sion, el Carmelo y el Bashán...". Los miembros del grupo Monigotes en La Mutua de Moisesville se opusieron a dividirse en dos grupos autorizados a enviar dos representantes separados al consejo consultivo de la asociación y

---

[488] ECS, 5, p. 209; Herman 1979, pp. 20-21, 45-46, 49.

exigieron ser considerados una sola región, autorizada a enviar dos representantentes elegidos en conjunto porque en esa zona había más de 50 socios. La representación era idéntica en número, pero para ellos era importante enfatizar la identidad conjunta de la colonia pequeña frente a la de la colonia grande. Otros grupos tenían posturas similares.[489]

La identidad judía y la identidad de procedencia no dependían de la integración a las colonias, si bien hubo una evolución. Las dos estaban hondamente arraigadas en la conciencia de los colonos aun antes de llegar a la Argentina y después de abandonar las colonias, por ello se pueden definir las identidades de procedencia étnica y geográfica como portadoras de una dimensión histórica. Casi todos los que partían de las colonias pasaban a ciudades y perdían la identidad agrícola, pero si permanecían en la Argentina podían seguir desarrollando la identidad local. Por eso esta última debe ser considerada una identidad no arraigada, pero con aspiraciones a serlo, que no dependía de la permanencia en la colonia, mientras que la primera debe ser vista como una identidad no arraigada y abandonada cuando el colono pasaba a otro entorno.

1. El componente agrario de la identidad

La posibilidad de recibir en la Argentina parcelas mucho más extensas que las que tenían en Rusia era un poderoso foco de atracción para los judíos que vivían en creciente hacinamiento en la zona de residencia y en el sur de Rusia. A pesar del duro trabajo y las difíciles condiciones de vida que les esperarían, el programa insufló a masas de judíos

---

[489] MHCRAG, AMA, 16.5.1909; Alpersohn s/f, pp. 325-326; Reznick 1987.

sin recursos la esperanza de convertirse al cabo del proceso en pequeños propietarios de una tierra que tenían prohibido comprar en el país que abandonaban. Por ejemplo, 35 familias que habían sido apartadas de la agricultura en una aldea en Podolia se dirigieron en enero de 1901 al consejo de la JCA en San Petersburgo y le informaron que no tenían más oficio que la agricultura, que al haber sido alejadas de ella quedaban sin sustento y pasaban hambre, que la ayuda y las limosnas no serían de utilidad y que querían labrar la tierra en la Argentina.[490]

El gran flujo de inmigrantes judíos que en aquella época llegaba a América del Norte se estableció principalmente en ciudades; en cambio, entre los que llegaron a la Argentina se destacaba un alto porcentaje que lo hizo para colonizarse por medio de la JCA. Algunos señalaban la dimensión ideológica o moral que subyacía en su pedido de colonizarse en las pampas: un candidato solicitó hacerlo porque no quería dedicarse al comercio, otro prefería la labranza a recurrir a la caridad, un tercero explicó que no causaría preocupaciones a la JCA porque no se consagraba a los estudios talmúdicos y agregó que sus hijos "no son dormidos". Algunos querían demostrar al mundo que los judíos no son parásitos y que son capaces de trabajar la tierra; cinco judíos que llegaron a Mauricio querían cultivar la tierra porque pensaban que esa era una forma recta y decente de ganarse el sustento; los comerciantes que llegaron a Barón Hirsch no tenían nociones de agricultura pero contaban con la disposición de ánimo para convertirse en hombres de campo y cambiar radicalmente su forma de vida.[491]

---

[490] Bizberg 1942, pp. 24-25; *Informe* 1904, p. 10; *Informe 1908*, pp. III, 3.
[491] Gabis 1955, p. 191; Bizberg 1942, pp. 26, 29-30; Reznick 1987, p. 128.

Los colonos solían vivir modestamente. Nicolás Rapoport de Clara mencionó que las jóvenes de la colonia, a excepción de algunas presumidas, no se maquillaban y se conformaban con agua y jabón, y el maestro Levy del grupo Sonnenfeld describió la vestimenta pulcra, pero sencilla, y agregó que los jóvenes habían adoptado las bombachas criollas. Pero junto a esto penetraron en las colonias, y en especial en los centros rurales, las costumbres de la ciudad; por ejemplo, en La Capilla (Clara) había un peluquero que cortaba el pelo a la moda parisiense y confeccionaba pelucas para los actores del teatro vocacional. Alpersohn se abstenía de encargar ropa lujosa para las bodas de sus hijas si bien contaba con recursos para hacerlo, pero con el paso del tiempo y a pesar de que no estaba satisfecho con ello, llevó un piano a su casa.[492]

A fines del siglo XIX Lapine señaló que no había un problema más grave que convertir a una persona urbana "y más aun, a un urbano de los nuestros" en agricultor, sobre todo cuando el traslado a la ciudad era tan fácil; a principios del siglo XX Nemirowsky sostuvo un argumento similar. Los informes mencionaban la tendencia de algunos colonos y sus hijos a pasar a la ciudad o llevar sus refinamientos a la aldea. Por ejemplo, Alpersohn escribió:

> Nuestros hijos dan rápidamente la espalda al trabajo duro, ellos tomaron la resbalosa senda del libertinaje y nuestras hijas, que crecieron con las terneras, saben criar pollos y conocen los trabajos del campo y la huerta, se han vuelto niñas mimadas de la ciudad....[493]

---

[492] Rapoport 1957, pp. 60-61; ver anuncio del peluquero en *Der Yudisher Colonist...*, 15.8.1911, p. 15; Alpersohn, pp. 387-388; *Documentos*, 30.4.1904.
[493] HM134, 12.10.1899; JL397, 10.10.1901; Alpersohn 1930, p. 126.

La partida de los hijos a la ciudad guardaba relación con el trabajo, los estudios y un marco social que les permitiera materializar otras aspiraciones, un fenómeno a veces descripto como "sembrar trigo y cosechar doctores". Por ejemplo, Dickmann se trasladó a la capital para concretar dos ideales: un anhelo de infancia de cursar estudios superiores y el deseo de cumplir una idea social e incorporarse al incipiente movimiento socialista. La senda de las jóvenes solía estar relacionada con la posibilidad de concertar un matrimonio conveniente con un médico, estudiante, empleado, etc.[494]

La partida de las colonias era un fenómeno permanente, pero a pesar de ello empezó a surgir una población estable de veteranos e hijos de colonos que paulatinamente se asimilaban a las costumbres locales y generaban su propios hábitos. Un aspecto importante giraba en torno de la cría de animales. Hasta la introducción de tractores, los caballos servían de fuerza de trabajo y medio de transporte, por eso los agricultores debían entender de caballos. Circulaban relatos y leyendas sobre las vivencias de cría y doma, los caballos que escapaban o eran robados, la compra de caballos domados y potrillos fuertes pero salvajes, a quienes los colonos aprendieron a domar por sí mismos. Dickmann señaló que domar caballos y uncir los animales a las máquinas agrícolas eran tareas difíciles pero muy atractivas, porque forjaban el carácter, fortalecían el cuerpo y simbolizaban el triunfo de la inteligencia sobre la fuerza bruta y la superioridad del hombre sobre la bestia.[495]

Uno de los aspectos de la vida campestre estaba relacionado con las fiestas y reuniones especiales. La yerra solía hacerse en una fecha determinada y en un lugar

---

[494] Avni 1972, p. 74; Alpersohn 1930, pp. 8485; Dickmann 1949, p. 51.
[495] Reznick 1987, pp. 58-62; Dickmann 1949, p. 42; Ortiz 1955, pp. 71-72; Shojat 1953, pp. 28-31.

elegido junto con la cooperativa o la administración de la JCA; así fue como el *Farein* y la agencia de la JCA en Lucienville invitaron en 1902 a los colonos del lugar a llevar sus animales. Reznick de Moisesville describió esa atmósfera como "una especie de ceremonia" en la que familiares y vecinos se reunían en un encuentro social peculiar. También los días de trilla eran acontecimientos especiales; muchos relatos describen la aparición de una trilladora enorme y pesada que avanzaba lentamente rodeada por decenas de trabajadores de aspecto extraño y munidos de facones, que azuzaban a los bueyes a rebencazos y con gritos terribles. Cuando la trilladora empezaba a echar humo por la chimenea, el colono y su familia corrían hacia el tubo que vertía los granos en las bolsas para examinar su calidad. Alpersohn narró que los colonos veían esta fecha como un acontecimiento festivo: "Uno gorjeaba 'te alabaremos' y otro entonaba los poemas de Simón Frug...".[496]

Se deben distinguir las posturas que los colonos llevaban consigo o desarrollaban con el tiempo de aquellas sostenidas por la JCA, que esperaba que se convirtieran, si no la generación de los fundadores al menos la siguiente, en auténticos agricultores según el modelo que habían conocido en Europa: campesinos arraigados en la tierra que vivían modestamente de su propio trabajo. En esta concepción se produjeron cambios cuando se comprobó que la agricultura en la Argentina no se parecía a la usual en las aldeas europeas. En las condiciones existentes de libre desplazamiento de personas y bienes, la JCA temía que, en lugar de cultivar sus tierras, los colonos las cedieran en arriendo o las vendieran después de pagar las deudas y obtener el título de propiedad; por ello los contratos aseguraban que la JCA vendería las parcelas a sus colonos

---

[496] ASAIB, APSAI, 9.10.1902, Reznick 1987, p. 78; Alpersohn 1930, p. 45; Liebermann 1959, p. 81; JL397, 12.9.1902.

solo después de completar los pagos y cumplir todas las condiciones del contrato, incluidas aquellas destinadas a mantenerlos en las parcelas e impedir su arriendo o venta. Además, los directores de la JCA pensaban que no se debía renunciar al cobro de las cuotas anuales por la tierra, porque suponían que después de algunos pagos los colonos intentarían arraigarse para no perder la inversión realizada.[497]

Tal como ya se ha señalado, la postura de los colonos en diversos aspectos relacionados con su arraigo en la labranza no se oponía necesariamente a la de la JCA, y había quienes apoyaban las acciones de la misma orientadas a esos fines. Pero en la JCA se despertaba de vez en cuando el temor de que los colonos volvieran a dedicarse al comercio o la especulación. En 1901 Lapine dio a conocer a los colonos nuevos una circular en la que advertía que no debían cultivar parcelas demasiado grandes con ayuda de trabajadores contratados para enriquecerse rápidamente: "Eso no es cultivo de la tierra sino especulación, habéis llegado a este país para vivir de vuestro trabajo y ganar el sustento, no para enriqueceros".[498]

La importancia que la JCA asignaba al trabajo físico se puso de manifiesto en 1897, cuando se negó a ayudar a los colonos de Clara que querían comprar segadoras para la alfalfa con el argumento de que "es deseable acostumbrar a los colonos a hacer los trabajos manuales sin recurrir a máquinas sofisticadas y con ayuda de los familiares, para que se conviertan en auténticos agricultores". Ese mismo año Cazès mencionó que algunos colonos trillaban la cosecha con ayuda de caballos al galope, pero la mayoría contrataba los servicios de las trilladoras. Si bien era más caro, no caben dudas de que en las grandes extensiones

---

[497] Avni 1973, pp. 220-221; JBEx1, 30.8.1906, 11.10.1906.
[498] JL397, 10.5.1901, 11.5.1901.

cultivadas por los colonos no había más alternativa que recurrir a esas máquinas. Muchos compraban maquinaria moderna, pero había lugares, generalmente pequeños, en los que se trillaba el trigo con caballos y el maíz con el trabajo de toda la familia, sin recurrir a extraños.[499]

La intención de crear una sociedad agrícola tropezaba con muchas dificultades. A veces la JCA se oponía a colonizar a los hijos de los colonos con el argumento de que debían trabajar con sus padres y heredar la tierra en el futuro, pero a raíz de las catástrofes naturales y otros problemas les permitía pagar las cuotas anuales durante un lapso más prolongado. De esa manera se generaba una situación en la cual los colonos podían recibir sus títulos de propiedad después de más de 20-30 años, lo que implicaba que la familia trabajaba la mayor parte de su vida (en una época en que las expectativas de vida eran mucho más bajas que en la actualidad) para recibir la tierra y legarla a la generación siguiente; pero no había seguridad de que los hijos, que no estaban ligados a ningún contrato con la JCA, decidieran proseguir. Además de eso, en 1910 la JCA recibió una opinión jurídica según la cual en los contratos de los colonos no se podía indicar cuál de los hijos heredaría la parcela porque la ley de suelos estipulaba que la tierra se repartiría entre todos los hijos, incluidos los que habían abandonado a sus padres sin ayudarlos a mantener la chacra ni asistirlos en momentos difíciles. Todo esto actuaba en contra del deseo de los hijos de permanecer en el campo, por lo cual era difícil concretar la intención de crear una sociedad rural compuesta por varias generaciones.[500]

---

[499] JL328, 24.9.1897; JL363, 20.10.1897; JL329, 15.2.1897; JL332, 8.12.1899; JL399, 2.8.1905.
[500] JL351, 7.7.1910. Según la Organización Mundial de la Salud 2006, p. 7, el promedio de expectativas de vida en el mundo era de 39 años y, en los países ricos, menos de 50.

Los principios que orientaron a la JCA en la creación de las colonias (una chacra en la cual la familia realiza la mayor parte de los trabajos, se alimenta fundamentalmente de sus propios productos y no cría animales para venderlos en el mercado) no se adecuaban al momento ni al lugar, por varias razones: a) la tendencia general a dejar el campo y trasladarse a la ciudad, b) el método de colonización con pequeños chacareros estaba en retroceso y era reemplazado por el de arrendatarios y chacras grandes que contrataban a trabajadores asalariados, y c) la creación de chacras particulares basadas en cultivos de secano, con trabajo y consumo propios, mientras que la agricultura argentina se basaba en el desarrollo capitalista y el libre desplazamiento del trabajo y los capitales. Más adelante la JCA debió recurrir a una gran dosis de pragmatismo para introducir cambios de vasto alcance que cerraran las brechas, como ampliar las parcelas, otorgar medios y posibilidades de desarrollar la cría de animales y permitir la contratación de trabajadores asalariados, incluidos inmigrantes judíos que querían colonizarse.

Paulatinamente se desarrolló una sociedad campesina que echaba raíces en la tierra y vivía mayormente de su trabajo, cuyos integrantes se acostumbraron a una vida rural sencilla a la que se incorporaban las costumbres y enseres que llegaban de la ciudad y permitían condiciones más cómodas y gratas. La mayor parte de los veteranos no eran labradores de nacimiento y por eso debían habituarse a esa vida; sus hijos nacidos en el lugar sí lo eran y por eso les resultaba fácil ver el entorno como su ambiente natural. No obstante, crecía en ellos el deseo de no conformarse con la sencillez del campo y aspiraban a mejorar su nivel de vida ya fuera permaneciendo en la colonia o trasladándose a la ciudad, unas veces por la dificultad para colonizarse y crear una familia y otras por la falta de oportunidades para cursar estudios avanzados después de las escuelas primarias de las colonias, tema que será tratado más adelante.

2. Señales de continuidad de la identidad anterior

El concepto de identidad supone la existencia de una secuencia de continuidad en la conciencia que permite que la persona se defina como perteneciente a determinada comunidad y señale sus datos de identidad. Los colonos provenían de otro lugar y eso generó un desgarramiento en dicha secuencia, porque habían abandonado un país con el que estaban emocionalmente ligados y llegaban a otro que no les resultaba conocido. Se pueden encontrar manifestaciones de esta situación en la dificultad para desvincularse del lugar conocido, sus bienes, amigos y parientes enterrados en los cementerios, y más adelante en la nostalgia por la familia, el paisaje y la cultura que habían dejado atrás, la preservación del contacto por medio de cartas, el interés por lo que sucedía allá a través de periódicos y visitantes y las manifestaciones de solidaridad. Un candidato a la colonización escribió que no había logrado encontrar un comprador y que estaba "esposado a su casa", otro mencionó que había viajado a Slonim para despedirse de sus parientes y del cementerio, algunos expresaban la dificultad emocional de alejarse de la sinagoga, la aldea y los muertos que "se quedan solos", y después de llegar a la Argentina escribían cartas impregnadas de arrepentimiento por haber abandonado el hogar. Aunque haya sido perseguido en su patria, el inmigrante se siente culpable por abandonarla, una sensación similar al duelo o la pérdida de la madre, porque a veces se compara a la patria con el regazo de una madre amorosa que protege a sus hijos, y el paso de un país a otro con el corte del cordón umbilical y un nuevo nacimiento. Krukoff señaló que a pesar de las persecuciones y penurias padecidas en Rusia, los colonos la añoraban sin rencor ni hostilidad, y sostenían que "ella es nuestra patria y todos aman a su patria, aquí somos libres y nos permiten vivir en paz, pero en alguna medida, todos somos extraños".[501]

El maestro Fabián Halevi escribió en *Hatzefira* que la raíz de los enfrentamientos entre los colonos y la administración de la JCA se encontraba en

> las tendencias del alma humana, porque cuando una persona es trasplantada de su lugar y su patria a un país extraño, lejos de sus parientes y conocidos y de todo lo que amaba, su corazón se desintegra y en su ánimo ve a la tierra natal como un paraíso y a sus conocidos como ángeles de Dios, y no encuentra sosiego...

Según otra descripción, la nostalgia influía sobre la salud de los colonos y el Dr. Yarcho trató de disuadir a uno de ellos de su deseo de "regresar a las ollas de pescado y carne en Egipto". El colono Gorskin intentó justificar la nostalgia explicando que era un sentimiento no solo de "la criatura más excelsa" sino también de los animales, que después de ser vendidos tratan de volver al lugar del que provienen. Algunos sostenían que las añoranzas y la situación difícil les impedían desarrollar una vida espiritual y que por eso se limitaban a la vida material.[502]

Los colonos llevaron consigo tradiciones trasplantadas de la antigua patria, según las cuales trataban de comportarse y organizar sus actividades espirituales en las colonias; por ejemplo, uno de los objetivos de la Unión Fraternal Israelita de Palacios era revivir sus tradiciones,

---

[501] Schwarz 1982, p. 63; Ansaldi y Cutri, 1991, p. 1; *Informe* 1904, pp. 44-45; Bizberg 1945, p. 31; Bizberg 1942, pp. 37, 43; Leibovich 1946, pp. 26-27, 68, 99-102.
[502] *Hatzefira*, 6.1.1897; Bizberg 1953, pp. 68-70; Gorskin 1951, pp. 20-21.

difundir los elevados principios de la ética y la moral bíblicas, etc. La vida cultural y la vida social de los colonos coincidían: estudiaban la Biblia, leían textos iluministas, entonaban canciones y representaban obras de teatro similares a las habituales en las aldeas judías de Rusia. El libro de la sociedad funeraria de Lucienville, que había sido trasladado por los protegidos de Löwenstein (cuyo nombre habían elegido en un principio los colonos del grupo Novibug I) es un ejemplo notorio del traspaso de las tradiciones de una pequeña comunidad de Jersón a su nuevo lugar. En él se decía, por ejemplo:

> Para la eternidad de quienes nos sucedan en la Argentina, para que lo enseñen a sus hijos y ellos lo relaten a los suyos hasta la última generación; porque Israel no está solo cuando despierta en casa de hombres piadosos para salir del asedio y la opresión.

El libro agrega una explicación de quienes lo tenían en custodia, Eliezer hijo de Haim Zvi Bratzlavsky y el primer encargado de la sinagoga Israel Zeev hijo de Pesaj Halevi, sobre la importancia de los libros de las sociedades funerarias para la historia de la comunidad. A fin de preservar la costumbre, se consultó a los ancianos de la comunidad sobre los hábitos usuales en Rusia en casos especiales, como el entierro de la víctima de un asesinato.[503]

Solidaridad e interés por los acontecimientos en el mundo judío

El interés por lo que sucedía en el mundo judío se ponía de manifiesto en la prensa que leían los colonos. Por ejemplo, un diario de los colonos publicó en junio de 1912 noticias sobre los intentos de limitar el número de judíos en la Duma (parlamento) rusa, las calumnias de crimen ritual

---

[503] UFIP, 10.3.1910, p. 3; Reznick 1987, pp. 83, 91; ASAIB, HKB, passim.

en el Cáucaso, el pogromo en Marruecos español, la muerte de varios judíos adinerados en el naufragio del Titanic y las personalidades judías que habían festejado *Pesaj* en la Tierra de Israel. La información recibida impulsaba las actividades solidarias en diferentes colonias, como campañas de recaudación por la hambruna en Besarabia, el pogromo en Kishinev, los ataques a los judíos de Marruecos en 1912, etc. En 1913 los colonos de Narcisse Leven realizaron un evento de protesta por el caso Beilis.[504]

La nostalgia por la Tierra de Israel y la relación concreta con ella se expresaban por diversos cauces; por ejemplo, algunos pasajeros del vapor Pampa llegaron a la Argentina después de haber comprobado que las puertas de la Tierra de Israel se cerraban ante ellos. No pocos llegaban con un acervo sionista, solían adornar sus casas con un retrato de Herzl junto a los del barón y la baronesa de Hirsch y se interesaban por el Movimiento Sionista. Para otros, el sionismo se relacionaba con un precepto religioso y había algunos (como Hirsch Jacuboff, de Mauricio, que en Rusia se había dedicado a fundar escuelas hebreas en lugares alejados) que querían viajar a la Tierra de Israel para ser sepultados allí. Los estudios religiosos dejaron en Boris Garfunkel una impronta de nostalgia por la Tierra de Israel y sus paisajes, pero se convirtió en un sionista entusiasta gracias a los escritos de Abraham Mapu que, tal como lo señaló, le habían producido un "éxtasis pasional".[505]

Las relaciones entre los colonos y sus parientes en Palestina eran concretas, a través de cartas, ayuda monetaria, transferencia de herencias, la llegada de colonos que

---

[504] JL363, 26.7.1900; JL333, 29.6.1900; MHCRAG, ASK, 4.5.1912, 19.5.1912; AA, IIO,4, 28.11.1905, 25.4.1912, 8.7.1912, 24.9.1912; Alpersohn 1930, p. 93; Shojat 1953, p. 51; *Der Yudisher Colonist...*, 14.6.1912, p. 16.
[505] JL332, 27.12.1899; Jarovsky 1990, p. 34; Sigwald Carioli y Almirón (1991), p. 67; Garfunkel 1991, pp. 145-147.

habían vivido en la Tierra de Israel o los que después de haber vivido en las pampas viajaban allí. Algunos se escribían con rabinos de Jerusalén y enviaban donaciones a sinagogas y otras instituciones.[506]

Otra relación se daba con el Movimiento Sionista, tanto en la actividad local (reuniones, recaudación de fondos, etc.) como en el contacto e interés por lo que se hacía en el movimiento mundial y en sus congresos. Entre los colonos había simpatizantes de *Jovevei Tzion* (movimiento en pro de la colonización judía en la Tierra de Israel), como el médico José Iafe, que obtuvo su cargo en la Argentina por recomendación de uno de esos grupos en Rusia, o Bratzlavsky de Lucienville, que provenía de un grupo de la misma orientación en Odesa y pensaba que la colonización en la Argentina era una escala en el camino hacia la Tierra de Israel. En el grupo Novibug I de su colonia había un círculo sionista activo desde los primeros años. Los ecos del Primer Congreso Sionista de 1897 llegaron también a las colonias de la JCA en la Argentina: M. Guesneroff describió la emoción que cundió en Clara y señaló que uno de los argumentos de quienes abandonaban las colonias era el "conocimiento" de que el pueblo judío estaba por reunirse en la Tierra de Israel, un proceso del que muchos colonos querían formar parte. En Mauricio cundió el rumor de que la colonia sería vendida y los colonos se trasladarían a Palestina. El colono Efraim Wegmeister, que en los años ochenta del siglo XIX había estado a punto de inmigrar a la Tierra de Israel, propuso colonizarse en la Galilea, porque "allí podremos dedicarnos a cultivos de secano y no solo a las viñas".[507]

---

[506] JL425, 25.2.1913; Bizberg 1945, p. 44.
[507] Hoijman 1961, pp. 72-73; Hurvitz 1932, p. 119; Avni 1973, p. 179; Alpersohn 1930, p. 12; ASC, J/225, 1.5.1908.

La continuidad de la identidad que los colonos habían llevado consigo desde la antigua patria se manifestaba en diversos ámbitos, como las dificultades para despedirse de ella, la nostalgia por los parientes, paisajes, comidas y costumbres, y la relación, interés y solidaridad con los judíos y los movimientos en el mundo. A continuación se examinará cómo asumían los colonos, munidos de la carga emocional que habían llevado consigo, la identidad argentina.

3. La integración a la nación argentina

La definición formal de "argentino" incluye tanto a quienes han nacido en el país como a los extranjeros legalmente nacionalizados. Por ello, la nación es la suma de todos esos individuos, pero es más que la suma casual de individuos o grupos sin relación entre sí que se han asentado en un lugar determinado; para definirla se requiere la dimensión de un pasado conjunto en cuyo transcurso surgieron una historia común, una cultura compartida y una relación de varias generaciones con el país de residencia. Al igual que los otros inmigrantes que querían adoptar la identidad argentina, los colonos judíos debían adquirir ese componente de identidad a través del contacto con los residentes del lugar y el aprendizaje de sus costumbres, cultura, idioma, etc. En épocas de inmigración masiva, la población no tiene una identidad nacional única sino heterogénea y cambiante; por eso la definición de la identidad argentina era problemática, sus valores estaban en proceso de cambio continuo y las relaciones entre los habitantes de la Argentina se basaban más en las regulaciones gubernamentales y económicas o el aprendizaje del idioma local, etc., y menos en un pasado conjunto. En una realidad como esa no debe asombrar que en el curso de la búsqueda de la identidad nacional, escritores, estadistas y otros tendieran a imitar culturas extrañas. Después de las luchas por la independencia y antes del inicio de la inmigración masiva se vacilaba entre el retorno a la cultura española o la adopción de valores europeos (excluidos los de España), y esta última tendencia fue la que se impuso.[508]

A fines del siglo XIX se volvió a plantear el interrogante de la identidad. A raíz de la inmigración masiva se produjo un cambio drástico en la composición de la población, creció notoriamente el número de habitantes y surgieron ideologías llegadas desde afuera, como el socialismo y el anarquismo, acompañadas por acciones terroristas atribuidas a los extranjeros. Todo ello significó un nuevo desafío a la definición de la nación, en especial después de la crisis económica de los años noventa que revistió también un carácter cultural y gubernamental. El problema de identidad se agudizó hacia 1910 con los festejos del Centenario, ante los sentimientos patrióticos que las celebraciones suscitaron. En esa época cristalizó el modelo de nación basado parcialmente en la visión del gaucho como prototipo de la argentinidad.[509]

La elección del gaucho como paradigma del argentino típico servía a los colonos también de modelo de emulación, aunque solo fuera en su aspecto exterior. Los gauchos se encontraban en las zonas de las colonias, no como modelo ideológico sino como una figura concreta, ya fueran jornaleros que iban de un lugar de trabajo a otro, arrendatarios y trabajadores que vivían en un lugar relativamente estable o nómadas que ocasionalmente eran gauchos matreros que solían vivir al margen de la ley. Los gauchos eran diestros en el cuidado de los animales y los trabajos de campo y habían adquirido hábitos de vida adecuados

---

[508] Wright y Nekhom 1978, pp. 350-351; Romero 1956, pp. 49-50.
[509] Terán 1991, pp. 86-88.

a la pampa y su clima, como la vestimenta y las fechas de arada; por eso podían orientar a los colonos en el trabajo, la monta, la doma, etc. Además, emanaba de ellos cierto encanto romántico que podía atraer a los jóvenes con sus canciones y relatos de proezas sobre sí mismos y sus padres. Alpersohn describió a un gaucho sensible, sencillo, primitivo e ingenuo cuyas canciones y relatos de heroísmo, amor y libertad oían los colonos de Mauricio y sus hijos sentados alrededor del fogón mientras asaban carne y tomaban mate.[510]

Los colonos adoptaron características externas de los gauchos; por ejemplo, Dickmann contó que después de haber ganado unos pesos fue a la tienda a comprar ropa como la que se usaba en el campo y que "de gringo me transformé en criollo". Había quienes eran hábiles en el uso del facón, el lazo y las boleadoras; muchos usaban bombachas, tomaban mate, comían asado *kasher* (apto para el consumo según las normas judías) y cuidaban, al menos al principio de la época estudiada, el descanso sabático.[511]

La expresión "gauchos judíos" constaba de dos aspectos: la conciliación entre las dos culturas que confrontaban en el alma del colono (la cultura judía que habían llevado consigo o que los hijos habían recibido en el hogar paterno, y la cultura gaucha, no en su sentido nacional sino como forma de vida) y la legitimación del judío de las colonias al incluirlo en el sector de población identificado en aquella época con la argentinidad, aunque estaba claro que los judíos no eran gauchos nómadas sino inmigrantes

---

[510] Alpersohn s/f, pp. 304-305; Mellibovsky 1957, pp. 128-129; Lewin 1969, p. 117; Mirelman 1988, p. 142; Gerchunoff 1950, pp. 53, 140; Goodman 1973, pp. 86-87, 93-96, 112, 115.
[511] Mellibovsky 1957, pp. 103-104; Winsberg 1963, pp. 19-23; Lewin 1969, p. 117; Dickmann 1949, pp. 38-39; Sigwald Carioli 1976, p. 13.

que intentaban ser agricultores. Los veteranos incorporaron pocas facetas de la cultura local, mientras que la generación joven se asimiló muchas más.[512]

La adopción de símbolos argentinos

A principios del siglo XX, con el aumento de la inmigración se agudizó el interrogante de la argentinidad y recrudecieron las manifestaciones de celo nacional que intentaban frenar la influencia cultural de los inmigrantes, difundir mitos patrióticos relacionados con los próceres, celebrar las fiestas nacionales y usar símbolos como el himno y la bandera. Los inspectores del Consejo Nacional de Educación supervisaban la transmisión de los valores y símbolos nacionales en las clases de historia, lengua y geografía del país; los niños aprendían el himno y lo cantaban en las fiestas, y al finalizar el año lectivo, en las escuelas se izaba la bandera y en las aulas se veían retratos de los próceres. Las fiestas patrias, celebradas también en las colonias judías, contaban generalmente con la presencia de los pobladores no judíos de los alrededores.[513]

Un ejemplo de la confusión que reinaba con los símbolos en los primeros años de las colonias se puede encontrar en el *Hilfsverein* de Carlos Casares. Cuando se creó, la asociación decidió que la bandera rusa sería su símbolo; en 1905 su presidente, el Dr. Demetrio Aranovich, se dirigió a las autoridades y señaló que la única bandera que debía ondear en la asociación era la argentina. En su opinión, la bandera rusa, "que de ningún modo es una bandera nacional israelita", había sido elegida con ligereza y constituía un

---

[512] Mirelman 1988, pp. 78-79; Goodman 1973, pp. 86-87, 93-94, 107, 115; Liebermann 1959, p. 89.
[513] FC, AFC1, 17.6.1908; MHCRAG, AMA, 23.5.1909; Verbitsky 1955, pp. 94-95; *Informe* 1906, pp. 57, 70; *Informe* 1907, pp. 116, 119, 136.

obstáculo en los procedimientos que la asociación había emprendido para que sus miembros obtuvieran la ciudadanía argentina.[514]

Aparentemente, algunos colonos judíos encontraron puntos de contacto entre estos símbolos y los símbolos nacionales judíos. Por ejemplo, solían decir que los colores celeste y blanco eran comunes a la bandera nacional judía y a la bandera argentina. También en las palabras iniciales del Himno Nacional Argentino: "Oíd, mortales, el grito sagrado: ¡Libertad! ¡Libertad! ¡Libertad!", encontraban elementos conocidos. Alpersohn sostenía que los colonos veían en él un paralelo con el cántico "Prestad atención, oh cielos" (Deuteronomio XXXII) y Gerchunoff percibió en ese canto de libertad una semejanza con el valor de la libertad en *Pesaj* y lo consideró el Cantar de los Cantares argentino.[515]

El Registro Civil

Oficialmente, los habitantes de la república, tanto nativos como inmigrantes, deben inscribir en el Registro Civil los nacimientos, matrimonios y defunciones. En la provincia de Entre Ríos la Ley de Registro Civil debió enfrentar la oposición del clero, porque era un registro secular: el Registro Civil exigía la inscripción de las parejas como condición para la validez de los matrimonios, pero no impedía la realización de una ceremonia religiosa, además del matrimonio civil. Asimismo, existía la obligación de obtener una autorización para sepultar a un difunto y mantener un cementerio. También en este punto los mecanismos de inscripción en las zonas periféricas eran incipientes. En

---

[514] Aranovich 1991, p. 105.
[515] Alpersohn 1930, pp. 5-6, 84-85; Gerchunoff 1950, pp. 25-26, 27; Yaakov ben Yosef, "Cartas de Argentina", *Haolam*, 8.6.1911.

Santa Fe y Entre Ríos la ley fue promulgada solo a fines del siglo XIX y su cumplimiento en las zonas rurales era lento. En Mauricio podían inscribir los nacimientos y defunciones en la aldea cercana de Carlos Casares, pero para contraer matrimonio debían viajar a la capital del partido.[516]

La consecuencia era que quienes vivían en zonas alejadas no podían cumplir la ley, más aun porque aparentemente no eran muchos los que la conocían. Por ejemplo, en 1896 se registraron declaraciones de habitantes de Palacios (en su mayoría franceses, españoles e italianos) sobre nacimientos de hijos en los diez años precedentes; algunos padres figuraban como solteros, lo que demuestra que no se cumplía el registro de las bodas. Un año después la comisión de fomento debatió el problema de emitir autorizaciones de sepultura, porque no había médico allí. Para deshacerse de la responsabilidad, la comisión resolvió que cuando hubiera enfermos graves se debería informar al jefe de policía y llamarlo en caso de fallecimiento, y que los certificados de defunción serían otorgados solo después de recibir la autorización del jefe de policía. La oficina local del Registro Civil se creó en 1908.[517]

Pinjas Glasberg, uno de los pioneros de Moisesville, instituyó la inscripción de nacimientos, bodas y defunciones en un registro que había llevado desde Rusia. Pero en los primeros años en los que la colonia estaba subordinada a la comisión de fomento de Palacios, esta no reconocía el registro como un documento oficial y en 1895 elevó una queja al gobernador de Santa Fe porque en Moisesville se enterraba a los muertos sin su autorización previa. Asimismo, exhortó a sancionar a los colonos para que aprendieran a respetar las leyes del país que les había dado amparo.

---

[516] "Situación legal", p. 139; Guber 1983, pp. 76-78; Bosch 1978, p. 268; Gianello 1978, p. 349.
[517] CP, ACFP, 15.3.1896, 29.3.1896, 10.7.1897, 4.10.1897.

A fines de ese año se creó una comisión similar en Moisesville y la de Palacios le solicitó los datos de los fallecidos en el período anterior: nombre, fecha de defunción, nacionalidad, edad, estado civil, color de piel, oficio, religión y causa del fallecimiento. El registro de Glasberg estuvo en vigencia hasta 1898 y obtuvo estatus legal; más adelante los jefes de policía de Moisesville y Palacios fungían también como funcionarios del Registro Civil. En 1913 se resolvió que el hospital de Moisesville manejaría el registro de nacimientos de la colonia.[518]

Al principio, los distritos de la provincia de Entre Ríos tenían un registro de matrimonios, pero no contaban con suficiente personal ni con un método de registro unificado. En aquellos lugares en los que no había juez, el registro de nacimientos y defunciones estaba a cargo del alcalde, pero era un sistema provisorio hasta su transferencia a las cabeceras de los partidos. El registro de matrimonios solo podía realizarse en esas ciudades; a veces se tomaban en cuenta las grandes distancias y se permitía que los jueces de paz cumplieran esa función, tal como sucedía en el grupo Primero de Mayo de Lucienville. Después de una conversación con Lapine, el gobernador Enrique Carbó autorizó el registro de matrimonios en el despacho del alcalde de Clara para ahorrar a los contrayentes el viaje a Villaguay. En 1904 se resolvió subordinar las oficinas al gobierno provincial y su número creció de 14 a 47. Entre otras, una oficina como estas se estableció cerca de Clara y los directores de la JCA en París exigieron que los agentes fueran más severos con los colonos que no concretaran la inscripción en el Registro Civil. En aquella época se empezó a cumplir la Ley de Registro Civil en las zonas rurales de la provincia. En

---

[518] Ibíd., 16.5.1895, 12.8.1895; "Situación legal", p. 141; MHCRAG, AMA, 21.9.1913; MHCRAG, Primer libro de Registro Civil, Moisesville 1890-1898.

1905 Halfón informó que los colonos de Clara conservaban la costumbre de no registrar los nacimientos, matrimonios y defunciones como estipulaba la ley.[519]

El gobernador de Entre Ríos advirtió a la JCA a través de su representante en Paraná sobre las posibles sanciones contra los infractores que no registraban los nacimientos, y la sociedad distribuyó una circular entre los colonos. Estas advertencias y circulares se reiteraban, había colonos que no cumplían la obligación legal y aparentemente eso preocupaba a la JCA, porque en 1914 los directores de París escribieron:

> Obviamente no tenemos el derecho formal de exigir a nuestros colonos que se adecuen a las leyes del país que los ha acogido, pero sí tenemos el deber moral de velar para que nuestros protegidos se comporten como buenos ciudadanos y cumplan todas las obligaciones que la ley les impone.

En consecuencia, envió una circular a los agentes con el objeto de que persuadieran a los colonos de registrar a sus hijos, "para que estén inscriptos al llegar a la edad del servicio militar".[520]

Más problemático era el cumplimiento de la ley en caso de divorcio. Por ejemplo, el rabino Aarón Halevi Goldman de Moisesville escribió en 1892 una carta a dos grandes eruditos, los rabinos Elhanan Spector de Kovno y Naftali Adler, que presidía el tribunal rabínico de Londres, y les preguntó cómo redactar un acta de divorcio en la colonia, porque "lamentablemente han surgido aquí casos que requieren divorcio", y qué hacer "para que las desdichadas

---

[519] "Ley de registro del estado civil de las personas de la Provincia de Entre Ríos", *Tellus, Cuadernos entrerrianos de divulgación cultural,* Paraná 5.4.1948, no 3, pp. 73-89; "Situación legal", p. 144; JL400, 26.2.1903; JL365, 2.4.1903; AA, IIO,4, 7.6.1905; MHCD, Libretas del Registro Civil, 10.9.1900, 10.2.1912.
[520] JL401, 27.7.1904, 1.8.1904, 10.11.1904, 12.11.1904; JL399, 12.11.1904; JL494, 2.7.1914; JL427, 6.8.1914.

jóvenes judías no sean *agunot* [abandonadas por sus maridos sin haberles concedido el divorcio]". Las consultas eran básicamente técnicas, porque los nombres del marido y la mujer deben figurar en el acta de divorcio sin errores y se deben agregar señales que identifiquen el lugar.[521]

Se conoce el caso de un maestro que quería casarse con la hija de unos colonos que ya había estado casada por matrimonio civil porque creía que "la inscripción en el Registro Civil es similar al compromiso". Por eso realizaron la ceremonia religiosa y cuando entendió que solo el matrimonio civil era válido, renunció a su cargo y explicó que lo había hecho porque comprendió que en la Argentina el divorcio no era legal y también <u>por antecedentes del pasado</u> [el subrayado es mío, Y.L.], lo que implica que ya se habían producido casos similares.[522]

Los testimonios, comisiones y preguntas a diversas personalidades en cuestiones de divorcios indican dos posibilidades: que se trataba de divorcios de parejas que no habían inscripto sus matrimonios en el Registro Civil, o de la separación de parejas casadas por matrimonio civil y separadas por un procedimiento religioso. En este último caso, dicho acto legitimaba la vida por separado en la comunidad, pero formalmente seguían estando casados e impedidos de contraer nuevo matrimonio, porque el divorcio estaba prohibido en la Argentina.

---

[521] Goldman 1981, pp. 96-98.
[522] AA, IO,2, 15.12.1903.

4. La interrelación con el entorno

Los judíos de la Argentina eran una minoría étnica que convivía con otras en un país mayoritariamente católico. Algunas características de las relaciones con el gobierno y la administración local (como la ley de educación obligatoria, gratuita y libre de coerción religiosa y la inscripción de los matrimonios en el Registro Civil) debilitaban la preservación del idioma y la cultura anteriores en el seno de la comunidad. En el período estudiado estos mecanismos estaban en sus comienzos en las zonas periféricas y por eso su influencia en las colonias era muy escasa, más aun porque en su entorno inmediato, las colonias eran sociedades de mayoría étnica en las cuales también eran importantes las relaciones internas de reciprocidad.[523]

Cabe suponer que los veteranos de las colonias no se planteaban con toda su importancia la cuestión de la identidad argentina; sabían que eran extranjeros y así los veían los demás, pero además eran una minoría dentro de otras minorías extranjeras. Esto era importante porque se consideraba legítimo tener una identidad que incluía a la madre patria además de la patria adoptiva, sin que surgiera crudamente el dilema de la doble lealtad. Por eso se podía conciliar la identidad antigua con la nueva, que en sí misma se encontraba en proceso de formación porque la población de la Nación Argentina estaba en estado de fusión, sin necesidad de elegir una de ellas.[524]

Había varios niveles de relaciones y cooperación con no judíos. En un país en proceso de desarrollo capitalista acelerado era natural que la integración económica, comercial y profesional de los colonos se destacara: por

---

[523] Guber 1983, p. 76; Bargman 1991, pp. 1-2; JL427, 25.8.1914; JL428, 20.2.1915.
[524] Spector 1993, p. 3; Davis 1967, pp. 7-8.

ejemplo, viajaban en los mismos trenes, iban a las mismas ferias y participaban en exposiciones agrícolas regionales y nacionales como los demás campesinos. También eran importantes las relaciones que se desarrollaron en el marco de las asociaciones cooperativas y las organizaciones agrícolas de productores regionales y nacionales. En estos marcos, las cooperativas de las colonias cumplían funciones importantes y aun de liderazgo, y promovían relaciones con los funcionarios de gobierno relacionados con temas agrarios. Los estatutos de las asociaciones incluían artículos destinados a promover las relaciones con otras organizaciones agrícolas, independientemente de la procedencia de sus socios. A veces los intereses económicos eran causa de competencia y hostilidad; por ejemplo, los carniceros y otros proveedores de Moisesville que suministraban carne y diversos productos a la zona de Palacios mantenían un enfrentamiento arduo y prolongado con la comisión de fomento del lugar porque no pagaban impuestos, y esto causaba pérdidas a la caja de la comisión y a los competidores locales.[525]

Otro aspecto de los conflictos eventuales o de la cooperación basada en un problema agrícola difundido se podía percibir en las relaciones con Defensa Agrícola, una institución oficial que debía proteger a la agricultura de desastres naturales, como la plaga de langostas, para la cual recibía grandes presupuestos y amplias atribuciones, entre ellas la de obligar a los agricultores a eliminar estos insectos, multarlos y llevar a juicio a los renuentes. Los presupuestos asignados y los salarios de los empleados (que

---

[525] FC, AFC2, 19.4.1910, 13.5.1913, 1.1.1914; IWO, AH, Confederación, *Estatutos*, pp. 1-2; MHCRAG, AMA, 9.11.1913; JL346, 11.7.1907, 31.10.1907; JL351, 3.3.1910; JL401, 18.11.1904, 7.1.1905; JL399, 18.11.1901, 28.11.1904; CP, ACFP, 29.3.1895, 12.6.1895, 12.7.1895, 7.8.1895, 12.8.1895, 23.9.1895, 10.10.1895, 2.11.1895, 15.12.1895, 4.5.1896.

a veces eran elegidos por su lealtad con personajes influyentes o su filiación política y no por sus aptitudes específicas) aunados a las distancias entre las zonas afectadas y los centros de poder eran un suelo propicio para el uso de los fondos con fines privados y no para los objetivos asignados. Por ello abundaban las quejas contra funcionarios que se aprovechaban de los agricultores (los principales afectados por la langosta), imponiéndoles tareas que no podían cumplir y sometiéndolos a juicios.[526]

Por una parte la JCA exigía que los colonos participaran en acciones contra las langostas y recurría a la amenaza de multas de la comisión para persuadirlos, y por la otra proseguían los conflictos entre sus agentes y los colonos por un lado, y los funcionarios de la comisión por el otro, tal como pasaba con colonos de otros orígenes. Los colonos de la JCA tenían un motivo más para entrar en conflicto: la obligación de exterminar las langostas era absoluta e incluía trabajar los sábados. En 1910 el presidente de la comisión de la región de Moisesville multó a muchos colonos que se negaban a participar en esas actividades en su día de reposo. La JCA solicitó la intervención de Enrique Nahm, que había sido su empleado y en esos momentos era subinspector de la comisión. Nahm realizó una investigación que llevó al reemplazo del funcionario que imponía multas por otro que estaba dispuesto a actuar con menos rigor.[527]

---

[526] CP, ACFP, 31.10.1899; MHCRAG, AMA, 13.11.1910; *La Verdad*, 13.8.1898, 29.9.1908, 29.10.1908, 3.11.1908; FAA, *La Tierra*, 29.7.1913, 27.2.1914; *La Prensa*, 10.1.1904, 12.1.1906, 3.1.1909, 6.1.1909, 7.7.1909.
[527] JL363, 13.1.1898; JL367, 17.2.1910; JL352, 6.10.1910.

La interacción cultural

Particularmente interesantes eran las influencias recíprocas en este ámbito. En general, la mayoría influye sobre la minoría y no a la inversa, pero cada comunidad se distingue también por sus características específicas y constituye una microcultura diferente de la de cualquier otra comunidad de la región y con un desarrollo propio. La cultura de la comunidad y la de la región que la rodea no son idénticas, ni cuando la región es homogénea ni cuando no lo es, como sucedía en el entorno de las colonias. La interacción entre los grupos y dentro de ellos dio lugar al surgimiento de culturas separadas que se influían mutuamente y que generaron marcos en los que nació una cultura mixta de grupos que en términos generales conservaban ciertas peculiaridades y convivían en armonía.[528]

Las fiestas patrias eran uno de esos marcos. En su visita a Moisesville, Sonnenfeld asistió a una celebración con su esposa, quien redactó un informe que mencionaba una carrera de caballos en la que habían participado sin distinciones hijos de colonos y otros habitantes de la zona; todos vestían ropa festiva y felicitaban a los judíos que habían ganado la carrera. Un colono joven agradeció a la patria que los había cobijado bajo sus alas: "Todos los presentes tenían los ojos llenos de lágrimas". Los pobladores judíos influyeron sobre los católicos, sus costumbres y festividades. Alpersohn solía explicar a un criollo que vivía en su colonia la tarea del matarife, las bendiciones y plegarias, y este se asombraba de ellas; asimismo, describió las conversaciones que un joven simpatizante del sionismo mantenía con un criollo sobre las luchas de los macabeos y la rebelión de Bar Kojva. Se hablaba de no judíos que comían alimentos *kasher*, bendecían el vino y usaban

---

[528] ECS, 5, p. 212; Liebermann 1959, p. 138; Goodman 1973, pp. 104-107.

palabras en ídish, y de criadas criollas que cuidaban las normas alimentarias judías en casas de colonos. Visitantes de la JCA vieron una interesante combinación musical: guitarras españolas junto a balalaicas y mandolinas.[529]

Los idiomas

En el análisis de la identidad comunitaria en las colonias, resalta el obstáculo que implicaba el idioma para forjar la identidad local. Mientras construían su nueva identidad, los colonos debían lidiar no solo con las dificultades para aprender español sino también con los escollos que les imponía la heterogeneidad lingüística, que a veces era causa de divisiones y dificultades para plasmar una identidad comunitaria uniforme. La lengua materna de algunos colonos era el ruso y los que no hablaban ídish tenían dificultades para comunicarse con otros colonos; por esa razón Sajaroff empezó su actividad cooperativista varios años después de su llegada. Otro ejemplo es el de los hijos que no sabían ídish cuando llegaron con sus padres, y que sufrieron las burlas de sus compañeros de clases hasta que aprendieron español. Se insinuó que el maestro Tubia Oleisker, que era hebraísta, se fue de Moisesville porque quienes hablaban ídish lo acosaban y lo llamaban "Don Quijote", y algunos egresados de escuelas agrícolas que llegaron a las colonias se sentían solos y no conseguían trabajo porque no sabían ídish.[530]

La falta de armonía resaltaba también entre quienes hablaban ídish, porque había diferentes acentos según las zonas de procedencia; por ejemplo, los colonos reclutados por Cociovitch hablaban con el acento lituano considerado

---

[529] Informe de la señora Sonnenfeld en *Documentos*, 27-28.12.1902; Gerchunoff 1950, pp. 74-79; Alpersohn s/f, pp. 310-312; Alpersohn 1930, p. 15; Gorskin 1951, pp. 38-40; *Informe* 1910, p. 38; *Informe* 1911, p. 42.
[530] Goldman 1914, 8.9.1910; Bronshtein 1969, p. 369; Gorbato 1991, pp. 61-62.

estándar, y en Santa Isabel y Narcisse Leven había una población heterogénea llegada de Lituania, Jersón, Besarabia, Yekaterinoslav y Podolia. El origen de los grupos se reconocía por el acento de los hablantes y estas diferencias eran causa de malentendidos y situaciones graciosas que llevaron al colono Shojat a definir la situación como una "torre de Babel de colonos". También en otras colonias había incidentes similares: en Lucienville algunos padres pidieron que se reemplazara a un maestro al que los niños no respetaban porque su acento de Besarabia les parecía cómico. El acento formaba parte de la identidad anterior de los colonos y en el encuentro con hablantes de acento diferente se generaba una sensación de ajenidad en uno de los componentes básicos de la identidad étnica.[531]

Los colonos no hablaban solo entre sí, sino que tenían contacto con instituciones oficiales y con los habitantes no judíos de la zona, ya fueran argentinos nativos o inmigrantes de otros países. Entre ellos había campesinos rusos que vivían cerca de algunas colonias y con los que hablaban en ruso, pero con la mayoría podían comunicarse básicamente en español, el idioma que algunos periódicos de la época definían como "un lugar neutral, la base para crear una identidad argentina sobre la heterogeneidad lingüística que reinaba en las vastas extensiones de la república". También al respecto había situaciones risueñas, a diferencia de los malentendidos y conflictos descriptos por varios escritores, que expresaban no solo las diferencias en los idiomas sino también en las estructuras de pensamiento

---

[531] Bizberg 1942, p. 21; Hoijman 1946, p. 61; Gorskin 1951, pp. 17-18; Shojat 1953, p. 20; AA, IO,2, 26.1.1909; Bargman 1991, pp. 5-6, 14.

exteriorizadas con palabras, como la discusión entre un enfermero judío y un curandero local, o el caso de un gaucho que mató a un colono porque no se entendían.[532]

La gestión de las asociaciones en español (redacción de actas de reuniones y asambleas y publicación de informes monetarios) era una condición crucial para obtener la personería jurídica. En apariencia, este requisito no estaba suficientemente claro en las primeras etapas de organización. Alpersohn informó que las primeras actas de la comisión comunitaria creada en Mauricio en 1898 fueron redactadas en ruso, después en ídish y finalmente en una mezcla de ídish y español. En la fundación del *Farein* se decidió escribir las actas en ídish pero en 1902 Nemirowsky presentó a los miembros de la comisión directiva una copia del primer informe bienal en español. También La Mutua de Moisesville redactó sus primeras actas en ídish y solo pasó al español cuando quiso obtener la personería jurídica; en el Fondo Comunal las actas se escribieron en español desde el principio. En 1914 Leibovich se asombró al comprobar que La Unión de Bernasconi (que tenía personería jurídica) redactaba las actas en ídish a pesar de que esto contravenía la ley. La Confederación era consciente del problema, tal como se comprueba en el intercambio epistolar de sus dirigentes. La asociación *Ezrat Ahim* de Moisesville publicó sus estatutos en hebreo y español.[533]

El aprendizaje del español era más fácil para los hijos de los colonos que para los veteranos. Algunos ejemplos: a fines del siglo XIX los egresados de *Mikveh Israel* informaron que, a diferencia de los colonos de Clara, los hijos hablaban español y por eso podían mantener relaciones

---

[532] Ibíd., pp. 8-9; *Informe* 1910, p. 41; Sinai 1947, pp. 69-70; Goodman 1973, pp. 107-109, 112-114; *El Municipio*, 16.9.1910.
[533] ASAIB, APSAI, 12.8.1900, 11/1902; JL428, 15.12.1914; IWO, AMSC1, 25.9.1912; MHCRAG, ASFM, 16.6.1913; Alpersohn 1930, p. 33.

sociales y culturales con ellos y participar juntos en un grupo de teatro vocacional que presentaba obras en español. Sidi escribió sobre sus compañeros: "Natan Alchevsky sabe ruso y por eso se hospeda en casas de colonos; Bassan y yo visitamos a las familias que hablan español, el idioma que los jóvenes suelen usar". El inspector de educación de la JCA en Clara explicó a Jules Huret que los colonos adultos eran demasiado mayores para aprender un nuevo idioma en lugar de ídish y ruso, pero sus hijos ya sabían español. Öttinger, que llegó a Barón Hirsch para asesorar en la plantación de árboles, asesoraba a los padres en ídish y a los hijos en español.[534]

La Sociedad *Kadima* de Moisesville, un lugar propicio para las actividades culturales de la generación joven, solía publicar anuncios y catálogos de la biblioteca, que estaba también al servicio de los veteranos, y manejaba todos los aspectos formales de su actividad en español. Halfón sostenía que la mayor parte de los colonos hablaban fundamentalmente en ídish (en sus palabras, "un idioma judeoalemán extremadamente deformado"), y que el dominio del español, difundido entre los jóvenes, era totalmente ajeno a los mayores: "Es un grave defecto que debe ser corregido". El maestro Goldman informó en 1903 que los padres no sabían español y por eso no hablaban con sus hijos en esa lengua, un hecho que afectaba la enseñanza tanto del español como de las materias generales. No obstante, se debe recordar que el ídish era el idioma que se hablaba en familia, y que también los padres hablaban con sus hijos y nietos un español mezclado con palabras y dichos en ídish.[535]

---

[534] ASC, J41/219, 21.9.1897; J41/230, 5.4.1899; JL428, 1.12.1914; Huret 1911, pp. 413-414.

[535] MHCRAG, ASK, 11.8.1912, 2.3.1913; *Documentos*, 19-20.5.1906, I; AA, IIO,4, 16.7.1903; Posesorky 1991, pp. 90-93.

No obstante, se conocen casos de veteranos que dominaban el español, como Isaac Hurvitz, corresponsal de *Hatzefira* en Moisesville, que investigaba la lengua hebrea y el Talmud y hablaba un español fluido. Pero no era un fenómeno difundido, porque durante el día estaban atareados y solo podían aprender el nuevo idioma en cursos vespertinos, y tampoco tenían contacto frecuente con hablantes de español, algo indispensable para practicar el uso de la lengua. Quienes lo hacían por razones comerciales, para la representación ante instancias externas, etc., hablaban un español macarrónico; por ejemplo, Bab envió a Sajaroff una carta en la que se disculpaba por su ortografía defectuosa y prometía mejorarla en el futuro. A diferencia de los veteranos, sus hijos estudiaban en escuelas que enseñaban el programa oficial en español.[536]

Para los inmigrantes, el aprendizaje del idioma es un proceso lento acompañado por una lucha interna. Pocos son capaces de pronunciar correctamente la nueva lengua y ese hecho, que a veces genera vergüenza y frustración, es más notorio entre los adultos porque la adquisición del idioma implica la adopción de un nuevo componente de identidad que se incorpora a los ya existentes y socava parte de su yo. Los errores lingüísticos, el acento diferente y la integración de sonidos de un idioma en otro expresan el proceso de reconstrucción de la identidad, una especie de aviso sobre la coexistencia de dos mundos sin la posibilidad o la voluntad de renunciar a ninguno de ellos y sin entrar en conflicto consigo mismo ni con el grupo de pertenencia por haber renunciado a una de las identidades.[537]

---

[536] Goldmann 1914, p. 193; Cociovitch 1987, p. 48; MHCRAG, ASK, 29.4.1911, 9.4.1914; IWO, ASC2, 28.8.1912.
[537] Ansaldi y Cutri, 1991, pp. 4-5; Erikson 1964, pp. 90, 92; Berger & Berger, 1972, p. 74; Spector 1993, pp. 3-5.

Los idiomas de los colonos se reflejaban en los libros de las bibliotecas creadas en las colonias. Por ejemplo, en el *Farein* se resolvió que entre los libros que comprarían para la biblioteca habría obras maestras de la literatura universal traducidas al ídish. En 1906 el director de la escuela de Lucienville creó una biblioteca, porque los hijos de los colonos "olvidan el español que aprenden en la escuela y descuidan su instrucción". La biblioteca de Barón Hirsch, creada en 1912, compró libros en español por $400, en ídish por $300 y en hebreo por $100.[538]

En otros lugares había proporciones similares. En 1911 la Sociedad *Kadima* compró libros por las siguientes sumas: en español, $500; en ídish, $300 y en hebreo, $100. Es evidente la preferencia por los libros en español. Hasta 1914 la cantidad de libros en español en la biblioteca creció a 1.400, un 47% del total de 3.000 libros, que incluían 1.200 en ídish (40%) y 400 en hebreo (13%). Pero el idioma de lectura no dependía de la cantidad de libros de la biblioteca, porque según las estadísticas elaboradas por los bibliotecarios, desde la creación de la biblioteca se habían prestado 25.000 libros: 80% de ellos en ídish, 12% en español y 8% en hebreo. El porcentaje de lectores en español había crecido en el último tiempo a un 17%, a expensas de los otros idiomas, y cabe suponer que ese dato refleja el aumento de hijos que estudiaban en la escuela. Por eso, durante el período estudiado y a pesar de la compra creciente de libros en español, la inmensa mayoría de colonos de Moisesville seguía leyendo en ídish.[539]

Un fenómeno característico del lugar y de la época era la mezcla de idiomas, expresiones y grafías. Por ejemplo, el ídish incorporó palabras del ruso y el español y,

---

[538] ASAIB, APSAI, 27.10.1903; *Informe* 1907, p. 70; Verbitsky 1955, p. 150; Levin 2013, p. 189.
[539] Ibídem.

en especial, del entorno agrícola, como cerca, poste, redil cercado, aldea, yegua, cosecha, producción, etc. A veces se deformaba el final de la palabra para que sonara como en ídish y estos vocablos se incorporaban a la correspondencia con la JCA y también en cartas enviadas a Rusia; cabe suponer que no eran entendidos por los destinatarios. Un ejemplo ilustrativo es una carta enviada a la JCA por los representantes de Mauricio con respecto a la colonización de los hijos en Santo Tomás. El idioma principal era un hebreo retórico, con palabras en ídish y español, la mayor parte del texto estaba en escritura Rashi (tipo de letra semicursiva usada para diferenciar sus comentarios de los textos talmúdicos) y algunas partes en el alfabeto hebreo usual, en ídish y español; una veces una palabra en español estaba escrita con caracteres hebreos y otras en ídish (es decir, no había coherencia), y la carta termina con decenas de firmas, algunas en ídish y otras en español; algunos agregaron junto al nombre en ídish su nombre en español. Cartas de este tipo no eran infrecuentes.[540]

La mezcla de idiomas daba origen a confusiones en los nombres y otros problemas. Por ejemplo, el apellido de los hijos de un colono fueron inscriptos con una grafía diferente del apellido del padre y por eso tenían dificultades para cobrar la herencia; el rabino Goldman de Moisesville consultó a otros rabinos porque dudaba si escribir en el acta de divorcio el nombre de un lugar tal como era o tal como lo llamaban los colonos. Öttinger visitó a un activista de una cooperativa y describió que "el dueño de casa hablaba ídish y ruso con un importante agregado de expresiones locales sobre la cosecha, las clases de granos,

---

[540] IWO, AB, "EL ídish en las colonias", p. 3; Gorskin 1951, p. 216; JL337, 1.10.1902; Verbitsky 1955, pp. 84, 135.

la calidad del pastoreo, etc.". Sus hijos de 10 y 13 años hablaban español, y la hija, novia de un trabajador judío en la chacra vecina, hablaba ídish, ruso y español.[541]

Aparentemente, el ídish estaba difundido en la lectura y el habla de los veteranos que todavía no habían aprendido español, pero gracias a la escuela los hijos lo dominaban cada vez más. Asimismo, este era el idioma de las relaciones comerciales y oficiales con las autoridades. El hebreo era la lengua sagrada de los veteranos y la que los alumnos estudiaban en las clases de religión, y a veces se lo usaba para asuntos profanos, pero mucho menos que el ídish. La cantidad de idiomas, las diferencias de pronunciación, los problemas de traducción, la incorporación de palabras de un idioma a otro y los errores en el habla y la escritura ilustran la conmoción en la identidad de los colonos al pasar del mundo viejo al nuevo. El idioma era el documento de identidad que testimoniaba que el hablante se encontraba en proceso de construcción de una nueva identidad sin renunciar a la anterior. En esa situación se encontraban en especial los colonos que habían llegado en la madurez. Los inmigrantes más jóvenes y los niños nacidos en las colonias forjaron su identidad en el nuevo lugar y por eso las crisis lingüísticas eran menos perceptibles en ellos y parecían haberse adaptado mejor al idioma como indicador nacional distintivo.[542]

La argentinización: entre el segregacionismo y la adaptación

Este tema, una de las facetas más críticas de la integración, tenía tres aspectos. El primero estaba relacionado con las intenciones de la JCA y sus funcionarios; el segundo, con la voluntad de los colonos, y el tercero, con la actitud del

---

[541] Berenstein 1953, pp. 8-9; Öttinger 1942, pp. 110-111.
[542] *Informe* 1907, p. 125; *Informe* 1910, p. 8.

entorno hacia los judíos. La JCA veía la argentinización de los colonos como la condición y el medio necesarios para su arraigo en el país; esta postura se basaba en la concepción de la AIU, según la cual se debía asegurar el derecho a la libertad de culto junto a la obtención de derechos civiles y la integración a la nación receptora.[543]

Esta postura podía contradecir la preservación de la cultura de origen de los colonos y enfrentarlos con el entorno cuyos valores debían internalizar, pero como dicho entorno era heterogéneo no surgieron conflictos de carácter cultural sino precisamente con la JCA, porque no pocos colonos consideraban que esta negaba su cultura y menospreciaba su estilo de vida al uso de Europa del Este.

La JCA entendió que los colonos tendrían dificultades para asimilarse a la nueva cultura y por eso en 1904 envió al rabino Halfón, que había nacido en Rusia y estudiado en una academia rabínica en Francia, en la que recibió su ordenación en 1901. Su misión fue definida, entre otras, como destinada a capacitar a los colonos para la transición del pasado al presente. Después de tomar conocimiento con ellos señaló que había comprobado que la residencia en un país libre ejercía una influencia positiva. Además de eso, la JCA se ocupaba de adecuar la educación impartida en sus escuelas a sus propios objetivos. Sabah, el maestro e inspector educacional de la JCA que influyó notoriamente sobre los métodos educativos en las colonias, pensaba que

> los maestros deben educar –además de transmitir conocimientos sobre nuestro pasado glorioso, nuestras tradiciones y nuestros preceptos religiosos– para asimilar los fundamentos de la argentinidad y para amar y bendecir a su nueva patria.[544]

---

[543] Para la actitud de AIU, ver: Chouraqui 1965, passim.
[544] Bauer 1931, p. 187; *Informe* 1904, pp. 36-37; HM134, 7.6.1901.

Generalmente los colonos querían integrarse al nuevo país sin relegar sus creencias y su cultura anteriores. Así fue como diversos autores escribieron elogios a la Argentina, un refugio descripto como la madre que acoge al hijo en su seno. La actitud solía ser optimista y había quienes decían que "si bien el idioma nos resulta extraño, suena dulcemente". Otros expresaban su disposición a respetar las leyes, adaptarse y cultivar la tierra para ser dignos de la hospitalidad que se les había brindado. Los colonos parecían sentirse cómodos cuando en las festividades y otros eventos expresaban sentimientos patrióticos y elogiaban a la Argentina y sus valores. Más aun, había escritores que vertían contenidos locales en moldes literarios judíos e integraban motivos católicos y judíos. Por ejemplo, en *Los gauchos judíos* Gerchunoff presentó de esa manera a los colonos que conservaban algunas tradiciones pero adoptaban estilos de vida característicos de los gauchos, a los que elevaba al grado de símbolos nacionales. Retrataba personajes judíos que eran patriotas argentinos y comparaba personalidades y conceptos judíos con los católicos; así describió los ojos azules de una joven judía como "el azul que tiembla en las pupilas de la Virgen", y de Rabí Abraham de barba rubia y densa, que fue asesinado y yacía envuelto en un lienzo blanco, decía que "parecía Nuestro Señor Jesucristo, velado por los ancianos y las santas mujeres de Jerusalem". Los judíos de sus relatos incorporan a su habla expresiones católicas usuales, como "Ave María" para expresar saludo y sorpresa. Él mismo esperaba que en los festejos del Centenario, después del tedeum en la catedral se elogiara a los héroes hebreos.[545]

---

[545] Liebermann 1959, pp. 44-45; Gerchunoff 1950, pp. 38, 84, 110, 138; Mirelman 1988, pp. 78-79; Goodman 1973, pp. 93-98; Gerchunoff 1939, pp. 63-64; Yanover 1983, p. 197.

Aparentemente, cuando la República celebraba su centenario se percibían señales de una adaptación mayor de los colonos que residían en las pampas y de los comienzos de la integración de sus hijos que se habían educado en el país. A pesar de que esa situación debía satisfacer los deseos de la JCA, paralelamente surgieron otros fenómenos que preocupaban a la sociedad colonizadora. En 1910 varios periódicos publicaron la noticia de que un emisario judío llegado de Londres había descubierto que los judíos de las colonias perdían su judaísmo, es decir, se asimilaban. A raíz de esas publicaciones, Veneziani y Moss pidieron a los directores de París una copia del informe en el que se basaban los periódicos. En aquellos años Halfón, Oungre y Cazès visitaron las colonias e informaron que los jóvenes se interesaban por asuntos materiales y perdían las pautas morales judías. Halfón vio la situación con gran pesimismo y recalcó que le parecía extremadamente grave porque los jóvenes se alejaban de los principios religiosos que las escuelas de la JCA trataban de impartirles y no entendían el significado del judaísmo y la moral judía.[546]

La actitud del entorno hacia los colonos judíos tenía varias facetas; una de ellas era la postura oficial y correcta que consideraba que se debían garantizar todos los derechos de los habitantes y confiar en ellos, y que se ponía de manifiesto en las visitas de los funcionarios de gobierno a las colonias y en sus discursos positivos. En 1912 el gobernador de Santa Fe Manuel Menchaca y el director político Burmeister visitaron Moisesville y expresaron públicamente su asombro ante los logros de los colonos, y Menchaca efectuó una donación a la Sociedad *Kadima*. Un año después, la colonia recibió la visita del ministro de Agricultura y el director de Defensa Agrícola. Los funcionarios de

---

[546] *Documentos*, 24.9.1910, I, 1.7.1911 I; JL352, 1.9.1910; Avni 1985, p. 43; *El Municipio*, 16.9.1910; *La Prensa*, 26.8.1910; *La Nación*, 28.8.1910.

la JCA solían encontrarse con gobernadores de provincias para debatir asuntos de las colonias y lograron entrevistarse con algunos ministros; por ejemplo, en septiembre de 1905 Moss y Veneziani visitaron al presidente de la república y le entregaron una copia del informe anual de la JCA.[547]

La actitud hostil hacia los colonos judíos puede dividirse en tres grupos:

a. La que respondía a razones particulares, intereses económicos y otros que llevaban a enfrentamientos sin relación con sus respectivas procedencias. Parte de los incidentes se debían a la situación socioeconómica; los gauchos se sentían amargados porque los inmigrantes, no precisamente judíos, recibían las tierras. Ese sentimiento se fortaleció por las identificaciones clasistas: el gaucho era el peón de campo y el colono era el dueño de la tierra, porque para parte de los gauchos que deambulaban de un lugar a otro sin una vivienda estable, los inmigrantes eran ricos. Por otra parte, había casos en los que los colonos hablaban contra la JCA porque contrataba gauchos en lugar de darles a ellos trabajos que podían ayudar a su sustento; por ejemplo, colonos de Moisesville protestaron porque la tala de árboles en una zona de los alrededores destinada a colonización había sido entregada a gauchos. En 1914 hubo una catástrofe agrícola en el territorio nacional de La Pampa y el gobierno asignó una suma para la distribución de semillas a los afectados, con el objeto de no malograr la siguiente temporada agrícola. Colonos de Narcisse Leven fueron acusados de vender las semillas y a consecuencia de ello se interrumpió la distribución en la colonia y se inició una investigación. Veneziani y Starkmeth informaron a los directores de París y estos creyeron en la versión de los acusadores, porque en el párrafo de la

---

[547] MHCRAG, ASK, 8.12.1912, 22.12.1912, 25.1.1913; MHCRAG, AMA, 22.12.1912; JL426, 25.9.1913, 1.10.1913, 11.12.1913.

carta que hablaba del tema habían escrito en mayúsculas la palabra "expulsión". Finalmente se comprobó que era un rumor difundido por los estancieros influyentes para recibir más semillas. La consecuencia fue que 109 colonos quedaron sin semillas y la JCA intervino para que las recibieran en el segundo reparto, pues entretanto se había agotado el presupuesto.[548]

b. La que se debía a la actitud ante los extranjeros o la población en general, encuadrada en el esfuerzo por forjar y regular el Estado. En el grupo que ilustra el desarrollo de relaciones hostiles por la implementación de la ley se ha mencionado el cumplimiento de las leyes de Registro Civil (inscripción de nacimientos, bodas y defunciones) y la de Defensa Agraria cuando se aplicaba con más rigor a los judíos que se negaban a trabajar los sábados. Pero la hostilidad de la comisión era tristemente conocida por los agricultores de todos los credos, incluidos gauchos y criollos, y por eso no debe ser atribuida al odio antijudío; por el contrario, hemos visto que el empleado que exageraba en sus exigencias a los judíos fue sustituido gracias a los contactos de la JCA.

A la clase gobernante y parte de los intelectuales y políticos argentinos les disgustaba la formación de una sociedad y una cultura divididas como consecuencia de los numerosos inmigrantes que amenazaban los valores de los padres de la patria. En esta actitud subyacía el fundamento del conflicto entre la aspiración a la unidad nacional y el deseo de peculiaridad de los diversos grupos, incluido el judío. En varias ocasiones se mencionó el temor de que en las colonias del barón de Hirsch surgiera un país dentro del país. El presidente de la comisión de fomento de

---

[548] Goldman 1914, p. 180; Bab 1902, p. 26; Bargman 1991, pp. 8-12, 15-16; *Informe* 1900, p. 16; *Informe* 1901, p. 20; *Informe* 1909, p. 23; Bizberg 1947, pp. 89-90; JL427, 21.5.1914, 28.5.1914, 18.6.1914.

Palacios presentó una queja contra los colonos de Moisesville porque "quieren ser ellos y para ellos y esto, creo, no lo consiente la Constitución del país". Cabe señalar que se elevó una queja similar contra otros colonos extranjeros, como los galeses colonizados en una zona alejada en el sur del país, los alemanes del Volga asentados en varios lugares, etc. El activista sionista Yaakov Ben Yosef expresó tajantemente esta actitud cuando señaló que el amor al extranjero en la Argentina dependía de que este abandonara por completo a su pueblo y se adhiriera a la nueva patria "con todo el corazón y toda el alma".[549]

En esta época cundía la aspiración a instaurar una república con valores positivistas, liberales y laicos. Quienes apoyaban estas ideas las publicaban en la prensa cotidiana, exhortaban a impedir que los curas y otras personalidades eclesiásticas ejercieran influencia sobre los jóvenes y atacaban al gobierno nacional y las autoridades provinciales por descuidar su obligación de impartir los valores nacionales a los extranjeros y una educación laica y argentina a sus hijos. En 1908 el diario *La Prensa* acusó a un cura polaco de haber fundado una escuela sin autorización del gobierno y de enseñar en polaco. Por otra parte, los periódicos que defendían la postura de la Iglesia Católica publicaban ataques virulentos contra las escuelas públicas laicas. Ese año se entabló un debate público que en parte provenía de las luchas políticas entre las autoridades provinciales de Entre Ríos y las autoridades nacionales en la capital, por la esencia de las escuelas alemanas y judías. Esos colegios eran privados y la discusión giraba en torno del cumplimiento de la ley con respecto al programa de estudios y, en especial, a sus contenidos nacionales. Un

---

[549] Avni 1973, pp. 268-269; CP, ACFP, 16.5.1895; Yaakov ben Yosef, "Cartas de Argentina", *Haolam* 8.6.1911; Mirelman 1988, pp. 72-75, 78-79, 80; *La Nación*, 19.6.1914; Schopflocher 1955, p. 59.

ejemplo de ataques a los judíos con argumentos anticlericales puede encontrarse en las afirmaciones de Juan B. Justo, líder del Partido Socialista casado con una hija de colonos, que en una encuesta sobre el caso Beilis realizada en 1913 por la publicación judía *Schtraln* (rayo de luz) sostuvo que "si los judíos son capaces de practicar la circuncisión, no es extraño que observen otros ritos de sangre".[550]

c. La que tenía relación directa con la condición judía o con el comportamiento particular de los colonos. En el período estudiado hubo ataques a colonos por su condición judía, que a veces revestían un matiz "esclarecido" porque no se presentaban como un odio religioso sino como la defensa de valores liberales y laicos. En el debate por la educación en Entre Ríos se filtraron expresiones particularmente flagrantes referidas a los judíos, y el director del consejo provincial de educación defendió a las escuelas judías en las colonias, pero esto no significa que el entorno simpatizara, porque *La Prensa* publicó varias cartas hostiles de vecinos, entre ellos algunos doctores. Al cabo de dos años, Gómez Carrillo publicó un artículo en el diario *La Nación* en el que afirmaba que el odio a los judíos no se debía a la crucifixión de Jesús sino a las características de los judíos: su fortaleza y solidaridad interna y su condición de alborotadores y vengativos, y agregaba que la gente había cambiado en el mundo entero, pero que los judíos seguían siendo como en tiempos de Babilonia, Persia y Tito: pobres, banqueros, filósofos, comerciantes o poetas, todos esperaban el retorno a Sion y todos se afiliaban al Partido Sionista. Además, afirmó que en la Argentina, el país de la libertad en el que todos se mezclaban,

---

[550] *La Prensa*, 30.4.1904; 25.11.1908; 30.11.1908; 7.12.1908; 20.12.1908; 4.2.1909; 25.2.1909; 2.3.1909; 7.3.1909; *La Verdad*, 18.8.1908, Mirelman 1988, p. 97; Avni 1985, pp. 37-42; Schallman, 1970, p. 155.

los judíos conservaban la separación nacional y el odio a los otros; de ahí que la teoría de su fusión en la nación era falaz.[551]

Había malentendidos debido a que la mayor parte de los judíos provenía de Rusia. El dirigente sionista Ben Yosef sostuvo que a la acusación contra los judíos "buenos" por causa de los delitos de los "impuros" se añadía el nuevo problema del odio antirruso, y agregó que la prensa "estaba de fiesta" cuando en un informe sobre el asesinato del jefe de policía Ramón Falcón se señaló que "los rusos se destacan por 'su excesivo entusiasmo' y en todo momento están dispuestos a perpetrar actos terroristas". En opinión de Ben Yosef, esos periódicos que identificaban a los judíos como rusos no tomaban en cuenta que los judíos eran perseguidos en Rusia. También en diversos círculos gubernamentales cundía la ignorancia. En 1910, los chacareros del sur de la provincia de Buenos Aires y el territorio nacional de La Pampa se sublevaron en Macachín, y grupos de agricultores –en su mayoría rusos y alemanes– amenazaron con asaltar los comercios que se negaban a seguir vendiéndoles a crédito. El ejército fue enviado al lugar y se adoptaron medidas enérgicas para preservar el orden. El ministro de Agricultura Eleodoro Lobos exigió un encuentro inmediato con los directores de la JCA porque quería saber qué haría la sociedad con los rusos de allá; Moss y Veneziani le explicaron que los rusos de Macachín no eran colonos suyos y que la cantidad de judíos en ese lugar era ínfima. Al final de la entrevista el ministro pidió que se le enviaran

---

[551] *El Municipio*, 16.9.1910; *La Prensa*, 4.2.1909. El artículo de Gómez Carrillo fue traducido al ídish por Jedidio Efron y publicado en *Der Yudisher Colonist...*, 1.6.2012 y 14.6.1912.

copias del informe anual de la JCA y de los estatutos de las cooperativas y que lo invitaran a una reunión con los agentes de la sociedad, que se celebraría en la capital.[552]

Los colonos no sabían cómo reaccionar ante los ataques. Desde agosto de 1907 la comisión directiva del Fondo Comunal debatía las publicaciones que atacaban a la colonización judía. Algunos miembros propusieron publicar refutaciones, otros sostenían que no era deseable y que debían conformarse con los artículos de apoyo publicados en los periódicos no judíos que rechazaban los argumentos maliciosos. A veces elegían comisiones presididas por personalidades como Yarcho y empleados de la JCA y consideraban la posibilidad de dirigirse al gobernador de la provincia. En 1911, cuando la Sociedad Juvenil *Kadima* de Moisesville trataba de obtener cartas de ciudadanía para sus miembros, en la capital de la provincia se difundieron rumores de que actuaba en pro de un partido político determinado. Asimismo, se presentó una queja de que sus miembros se dedicaban presuntamente a actividades secretas y anarquistas. *Kadima* convocó a una asamblea general y junto con la comisión directiva de La Mutua decidió publicar una desmentida y designar una comisión integrada también por no judíos para ocuparse del tema, pero estas resoluciones no se pusieron en práctica. Cabe señalar que en 1909 algunos colonos de Moisesville ya se habían quejado a un periodista que visitaba la colonia de que, a pesar de su intenso deseo de nacionalizarse, en la capital de la provincia los demoraban con trámites prolongados.[553]

---

[552] Yaakov ben Yosef, "Cartas de Argentina", *Haolam* 15.2.1911, 23.2.1911, 29.3.1911; JL352, 1.12.1910, 8.12.1910, 15.12.1910; *La Prensa*, 29.11.1910. Para el movimiento agrario de Macachín, ver: Grella 1975, pp. 122-123.
[553] FC, AFC1, 28.8.1907, 23.12.1908; MHCRAG, ASK, 15.6.1911, 2.7.1911; *La Prensa*, 20.11.1909.

Según sus afirmaciones, algunas publicaciones atacaban a la JCA para proteger a los colonos de la explotación de una sociedad colonizadora extranjera que se aprovechaba de sus necesidades y perturbaba su integración económica y social. En una reunión de La Mutua, Cociovitch criticó a quienes sostenían que esos ataques no estaban dirigidos a la colonización sino a la JCA, y agregó que los motivos que impulsaban a los periódicos a oponerse a la JCA eran antisemitas y que los artículos y declaraciones de los colonos contra la sociedad jugaban a favor de esa clase de prensa. Ciertamente, hubo algunos casos en que colonos y otros pobladores se dirigieron a los periódicos con ataques contra la JCA o sus colonias. Por ejemplo, en 1912 un estudiante judío llegó a Clara y entró en conflicto con el inspector de escuelas de la JCA. El arbitraje realizado en el Fondo Comunal apoyó al inspector, y el estudiante, disgustado, criticó a las escuelas de la JCA y publicó en un diario judío en español un artículo que fue reproducido por varios periódicos argentinos. Uno de ellos, editado en Villaguay próxima a Clara, lo tituló: "Vean lo que dice de esas escuelas un joven hebreo".[554]

Resumen

Los judíos llegaron a la Argentina con un acervo cultural completamente diferente del local. En la comunidad que surgió en el seno de la sociedad periférica aún no consolidada existía una tendencia a preservar la identidad étnica. Parte del proceso de aculturación empezó a raíz de la adaptación a las condiciones físicas de las zonas periféricas, que influyeron sobre las formas de construcción,

---

554 MHCRAG, AMA, 4.4.1909; *Der Yudisher Colonist...*, 14.6.1912, p. 14.

vestimenta y alimentación, y a raíz de un intento sincero de integrarse a los marcos civiles locales a consecuencia de una actitud optimista ante la vida en el país de la libertad y el deseo de gozar de legitimación.

El proceso de legitimación constó de tres etapas básicas: a) la identificación del colono judío con el gaucho, cuya cristalización se puso generalmente de manifiesto en formas de vida y signos externos; b) el proceso formal de argentinización: obediencia a las leyes del Registro Civil y de nacionalización, que implicaban un avance paralelo a la introducción de regulaciones gubernamentales en áreas periféricas, y c) el aspecto cultural, el más problemático por la gran heterogeneidad de la población.

Por una parte, la heterogeneidad permitió entender que la gente tenía una madre patria cuyos valores querían seguir respetando tanto como los de la Argentina; por la otra, la preservación de la identidad anterior era considerada un obstáculo en la vía hacia la cristalización de la nación. Por eso había relaciones recíprocas a un tiempo correctas y hostiles. A la existencia de estas últimas, que a veces se debían a motivos generales, contribuyeron la ignorancia con respecto al origen ruso de la mayor parte de los judíos y el odio ciego hacia ellos en determinados círculos.

13

La educación y la joven generación

A fines del siglo XIX y principios del siglo XX la educación pública argentina estaba en proceso de conformación. En 1884 se promulgó la Ley 1.420 de Educación Común, que fijaba los principios generales de la enseñanza pública en las escuelas primarias: gratuita, obligatoria y laica. Los padres debían enviar regularmente a clases a sus hijos de 6-14 años; la organización de las escuelas estaba a cargo del gobierno nacional en la capital federal y los territorios nacionales, y de los gobiernos provinciales en sus respectivas jurisdicciones. En esa época descendió la tasa de analfabetismo, pero no en igual proporción en todo el país, y en 1914 solo la mitad de los niños en edad escolar asistían a la escuela en zonas periféricas. Diversos escollos obstaculizaban la implementación de un sistema educacional eficaz en las regiones alejadas; el primero de ellos era la gran dispersión de la población; el segundo, la escasez de recursos disponibles en las provincias. Por ejemplo, la situación económica en Santa Fe y Entre Ríos, donde se encontraba la mayoría de los colonos de la JCA, no permitía la creación de suficientes escuelas en las aldeas con población infantil creciente gracias a la inmigración. El tercer obstáculo era la falta de voluntad de enviar a los hijos a estudiar, un fenómeno difundido entre muchos padres que necesitaban el trabajo de sus hijos en el campo.[555]

Para superar esos inconvenientes se adoptaron diversas medidas; entre otras, se sancionó una ley que permitía la educación privada a condición de que impartiera el programa mínimo de estudios obligatorios. En 1902 había en la provincia de Buenos Aires 386 escuelas privadas y 943 escuelas provinciales y estatales, y en 1914 el 19% de los niños en la Argentina asistían a instituciones privadas autorizadas. Otra medida para mejorar la situación era la capacitación de maestros que pudieran implementar el programa de estudios; entre otras cosas se crearon escuelas normales (incluidas las de maestros rurales), algunas de ellos en Entre Ríos y también en San Cristóbal (cerca de Moisesville) en la provincia de Santa Fe. Para ayudar a las provincias cuyos escasos presupuestos no les permitían fundar escuelas, en 1905 se sancionó la Ley Láinez 4.874, que estipulaba la creación de escuelas estatales en dichas provincias. Durante el primer año de vigencia se crearon 64 de esas escuelas en Entre Ríos y en 1914 el 13% de todos los alumnos en las provincias estudiaban en escuelas Láinez. Paralelamente, en la educación general en todo el país empezaron a cristalizar pautas organizacionales, pero hasta la Primera Guerra Mundial no se habían construido suficientes colegios en zonas rurales.[556]

---

[555] Mirelman 1988, p. 243; Kühn 1930, p. 147; JL427, 7.1.1914, *Informe* sobre la escuela rural argentina del director de escuela Haim Jerushalmi (a continuación, Jerushalmi 1914).

[556] Kühn 1930, pp. 147-148; Jerushalmi 1914.

1. Los inicios de la educación judía en las colonias

La educación judía, fundamentalmente religiosa, era un valor muy apreciado por muchos padres, que habían llegado de comunidades con un sistema educacional relativamente organizado a un lugar en el que temían que sus hijos fueran ignorantes en cuestiones judías. Algunos trataban de impartir estudios bíblicos tal como ellos mismos los habían aprendido y cumplían este precepto en el hogar; otros no estaban capacitados para hacerlo o no tenían tiempo ni fuerzas anímicas para intentarlo y buscaban una solución acudiendo a personas con conocimientos bíblicos o hebraicos. Algunas de estas, que en el pasado habían enseñado en un *Talmud Torá*, creaban un *heder* (escuela tradicional elemental) en la colonia. Estas instituciones podían funcionar en una casa y eran una solución provisional, pero las condiciones físicas y sanitarias eran inadecuadas y los métodos de educación no estaban supervisados. En algunas los niños y las niñas estudiaban por separado, otras aceptaban solo varones. El nivel de los maestros no siempre era apropiado porque no necesitaban ningún diploma, algunos imponían castigos físicos y se limitaban a enseñar a leer el mínimo necesario para repetir versículos bíblicos y pronunciar algunas bendiciones.[557]

2. El barón de Hirsch decide crear una red educacional independiente

Aparentemente, la primera intención del barón era que los hijos de los colonos se integraran al sistema educacional general tal como lo prometían las leyes y confiaba en que

---

[557] Para *hadarim*, ver: Gorskin 1951, p. 49; Garfunkel 1960, p. 367.

de esa manera se aclimataran en el nuevo país. Después de un tiempo se convenció de que debía crear una red escolar privada tal como lo permitía la ley, para concretar lo que las autoridades no lograban cumplir. La cuestión educacional no era lo único que impulsaba al barón y al consejo de la JCA a desarrollar una red escolar independiente, también el problema de la educación judía contribuía a ello. Por una parte los padres empezaron a reclamar ayuda de la JCA y por la otra enviaban a sus hijos a los *hadarim* (plural de *heder*), a los que la sociedad colonizadora consideraba anticuados porque perpetuaban la situación de inferioridad de las comunidades judías y les impedían avanzar hacia la modernidad. Por eso, un sistema educacional integral privado debía incluir la instrucción general estipulada por la ley y la educación judía en su versión moderna, tal como de Hirsch la entendía.[558]

A fin de organizar la red escolar, en 1894 el barón se dirigió a la AIU, que contaba con gran experiencia en la gestión eficiente y ahorrativa de instituciones escolares, para que creara y dirigiera la red en la Argentina, con la promesa de compensar los gastos que le ocasionara la capacitación de los maestros necesarios. A pesar de la confianza que la AIU le inspiraba, el barón tomó algunas decisiones que no concordaban con sus normas; entre otras cosas resolvió que la enseñanza judía religiosa se impartiría en hebreo y la instrucción general en español y no en francés, como en las escuelas de la AIU. Después de la muerte del barón en 1896, Narcisse Leven presidió simultáneamente la JCA y la AIU, hecho que facilitó la cooperación entre ambas. En esa época se crearon muchas escuelas.[559]

---

[558] Levin 2011, p. 182.
[559] Ibíd., pp. 184-185.

Para la enseñanza primaria argentina se pensaba llevar maestros judíos que enseñaban en escuelas de la JCA en el Norte de África y el Imperio Otomano, y egresados que hablaban español o ladino. En cuanto a los estudios religiosos, se acordó que estarían incluidos en el plan de estudios de la red escolar de la organización, pero que no se contrataría a maestros de la AIU porque se temía que las diferencias de costumbres y estilos de plegarias causaran enfrentamientos innecesarios. Por eso, la JCA accedió al pedido de los padres que querían proponer maestros para las materias judaicas a condición de que los candidatos fueran aprobados también por ella.[560]

La población escolar primaria en las colonias de la JCA contaba con 1.287 alumnos; de acuerdo con la distribución geográfica se necesitaban 15 edificios y otros tantos maestros de la AIU, a los que se agregaban los maestros de hebreo. Al comienzo se actuó paso a paso; a principios de 1897 Cazès informó que en las colonias de Entre Ríos:

> Solo hay algunos maestros de hebreo que enseñan en *hadarim* tal como lo hacían en Rusia. [...] Lamentablemente, la AIU no ha logrado poner a nuestra disposición los maestros que se había comprometido a enviar.

Pocos meses después, el consejo debatió en presencia de S. Hirsch la situación educacional en Clara y decidió dirigirse a la AIU para acelerar el envío de los maestros. A fines del siglo XIX empezaron a llegar maestros y se construyeron edificios escolares, en especial en Clara. En 1900 había ya 20 escuelas y 1.200 alumnos; a partir de entonces la red siguió creciendo y en vísperas de la Primera Guerra Mundial la mayor parte de los niños en edad escolar estaban inscriptos en ella y no había menores analfabetos. Una

---

[560] Ibíd., p. 185.

prueba del ritmo de crecimiento se observa en el hecho de que en 1907 había 31 escuelas con 2.009 alumnos y 75 maestros; en 1913 había 68 escuelas, 4.638 alumnos y 219 maestros.[561]

La creación de una red privada era una obra costosa que incluía la construcción y mantenimiento de edificios, la compra de mobiliario y el pago de sueldos a los maestros. Muchos niños llegaban a la escuela a caballo, a veces dos o tres en cada animal, y por eso junto a las escuelas se cercaron predios de alfalfa y se organizó el suministro de agua a los animales que esperaban la finalización de los estudios para llevar a los niños de regreso a sus hogares. En algunos lugares los padres organizaban el traslado en carros, pero solían interrumpir este servicio en la temporada agrícola porque necesitaban los carros y los caballos.[562]

La planificación de las escuelas seguía las pautas de la época y cuidaba que los edificios fueran amplios, ventilados y con grandes ventanas para permitir el ingreso de aire y luz a las aulas. También se cuidaban las instalaciones sanitarias, especialmente importantes en las zonas alejadas. La casa del maestro solía estar adosada al aula de estudios. La construcción de edificios, su equipamiento y la contratación de maestros no eran adecuados al crecimiento de la población escolar y había quejas de padres y organizaciones que querían abrir nuevas clases cerca de sus viviendas, porque en muchas aulas había más de 50 alumnos. Por ejemplo, en 1899 la escuela del maestro Bitbol en Lucienville contaba con un promedio de 125 alumnos presentes de un total de 140 inscriptos, 40 en el grado superior y 85 en el inferior. Esta última clase contaba con 35 asientos y los alumnos se sentaban de manera rotativa.[563]

---

[561] Ibíd., pp. 185-186.
[562] Ibíd., p. 186.
[563] Ibíd., p. 187.

3. Las características del sistema educacional

Las clases de escuelas y el régimen de estudios

En las escuelas rurales, el programa de estudios de un grado se enseñaba en dos años. Estas escuelas eran de dos tipos: en uno, los alumnos cursaban dos o tres grados y permanecían en la escuela de cuatro a seis años; en el otro, había cuatro grados durante ocho años. Los grados de las escuelas de la JCA se abrían de acuerdo con las necesidades de la región y las posibilidades de la sociedad, y según eso se fijaba la cantidad de maestros y el programa de estudios. Por ejemplo, en 1904 la JCA pidió al rabino Halfón que preparara programas diferentes para escuelas con distinta cantidad de grados. Los niños de la zona de Algarrobo (Mauricio) estudiaban hasta cuarto grado y en otros grupos de la misma colonia lo hacían solo hasta segundo o tercer grado. La ley de educación obligatoria incluía a niños de 6-14 años y solo en Algarrobo cumplían la exigencia legal.[564]

Con respecto a los grados de dos años, durante años se prolongó una discusión entre el maestro Levi, posteriormente director de una escuela de Mauricio, y los directores de la JCA. Levi se quejaba de que el estudio de los temas de un solo grado en dos años era causa de cansancio y aburrimiento debido a las numerosas repeticiones, y sostenía que los alumnos llegaban a los grados superiores a una edad relativamente mayor y se ausentaban con frecuencia porque ayudaban a sus padres en el campo y no completaban el material de estudio, el progreso de los alumnos más capaces se demoraba y eso los afligía. Levi propuso implementar un método de cuatro grados de un año cada uno, pero los directores de Buenos Aires se opusieron porque no

---

[564] Ibíd., p. 187.

se debía pasar "el límite de lo que debe saber un paisano honesto". Levi no se amilanó y en 1911 realizó un experimento en Algarrobo: los alumnos completaron en un año el material de estudio que debían haber aprendido en dos y la mayoría obtuvo calificaciones excelentes. A partir de esta prueba los directores de la JCA aceptaron examinar su método, pero la lectura del material de archivo de la época no demuestra que se haya producido un cambio en el método de aprendizaje en las escuelas de la JCA.[565]

En las escuelas públicas rurales se estudiaba cuatro horas al día; en las escuelas pequeñas se impartían de corrido y en las más grandes se dividían en dos bloques, con un recreo en el medio. La diferencia se debía a la necesidad de repartir el trabajo de los maestros en distintas clases. Durante las horas de clase había ocho lecciones de 25 minutos con recreos breves. En las escuelas de la JCA los alumnos permanecían dos horas más, dedicadas a los estudios judaicos.[566]

El año de estudios se dividía en cuatro trimestres desiguales por los feriados argentinos y judíos y las interferencias climáticas. Los maestros entablaban una lucha sin cuartel a fin de asegurar la asistencia regular de los alumnos que tenían dificultades para llegar a la escuela por lluvias y tormentas, o que faltaban a clase para trabajar con sus padres. A veces las autoridades cooperaban distribuyendo entre los padres circulares que explicaban la ley de educación obligatoria y enviando inspectores para verificar su cumplimiento. Más ayuda llegaba de las comisiones de colonos creadas para apoyar a las escuelas; por ejemplo,

---

[565] Ibíd., pp. 187-188.
[566] Ibíd., p. 189.

la cooperativa de Clara debatió en 1907 la elección de una comisión de ese tipo, porque en la colonia había padres cuyos hijos asistían a clases menos de 50 días al año.[567]

A fines del año escolar se tomaban exámenes, generalmente en presencia de los padres e invitados de la zona, se llevaban a cabo fiestas en las cuales los alumnos demostraban sus logros con recitados y se entregaban premios a los más destacados. En 1904, el maestro Bitbol informó sobre un examen realizado en presencia del administrador de la colonia León Nemirowsky, maestros locales y personalidades de la región; los examinadores felicitaron a los alumnos por sus logros y Bitbol agregó que se había recaudado dinero para comprar premios y que había permitido fotografiar a los niños. En muchos lugares se elaboraban informes similares.[568]

Las metas de la educación

El maestro Sabah, uno de los primeros de las colonias, fue director de escuela e inspector en varias zonas y muy activo en la definición de las regulaciones educacionales. En 1897 redactó sus propios principios, que eran una traducción práctica de las metas educativas. Sabah pensaba que la preparación de los alumnos, que serían futuros colonos, debía consistir en: a) forjar el carácter y fortalecer el espíritu, b) prepararlos para ser buenos ciudadanos en el nuevo país, c) impartir educación judía religiosa, y d) capacitar a los varones para la agricultura y a las mujeres para el manejo de una casa modesta, enseñándoles costura, economía doméstica, horticultura y moral. Estos objetivos se conservaron, en diferentes versiones, hasta la Primera Guerra Mundial. En la segunda década del siglo XX, el inspector de

---

[567] Ibíd., p. 188.
[568] Ibíd., p. 188.

las escuelas de la JCA en el norte de Clara, Moisés Cohen, definió las tres metas de la educación como "saber, religión y patria". Asimismo, sostenía que se debía impartir una educación primaria adecuada a los niños de campo y clases de religión racional que respetasen la concepción de los padres. En las escuelas de la JCA se hacía hincapié en el aspecto nacional argentino; el maestro A. Elmaleh y también Cazès señalaron que la materia más importante era el español, para acostumbrar a los alumnos a expresarse con fluidez, escribir sin errores y acelerar de esa manera su integración al lugar. Por eso se daba prioridad al aprendizaje de ese idioma, no se enseñaba ídish y las clases de hebreo respondían solo a las necesidades religiosas.[569]

Los contenidos de estudio

Educación para la higiene y buenos modales

Uno de los objetivos educacionales era el aseo personal y los buenos modales. La insistencia en la educación para el aseo se debía también al deseo de evitar que las aulas se convirtieran en focos de contagio. El maestro I.D. Hurvitz propuso que los padres enviaran a sus hijos a la escuela bañados; S. Hirsch y Cazès se alegraron de la propuesta pero no le permitieron prohibir el ingreso de niños no bañados, como él quería. El maestro David Samuel Levi de Mauricio instaló un lavabo con jabón y toallas para que los alumnos se prepararan antes de entrar a clase y adquirieran hábitos de orden y aseo. El maestro M. Levi de Narcisse Leven señaló que gracias a la educación para el aseo había desaparecido la costumbre de las alumnas de la colonia de "perfumarse con queroseno" (aparentemente

---

[569] Ibíd., pp. 189-190.

para luchar contra los piojos, Y.L.) y que "habían aprendido que el agua, el jabón y el peine bastan para preservar la limpieza de la cabeza y el cuerpo". Nissim Cohen, maestro en la misma colonia, intentó convencer a los padres de que "la limpieza y la pobreza pueden convivir" y se alegró de que sus esfuerzos dieran frutos y que el inspector estatal elogiara a su escuela por la pulcritud y buena salud de los alumnos.[570]

En cuanto a la educación para los buenos modales, mencionaremos tres testimonios que presuntamente indican qué se consideraba un éxito al respecto. Un maestro de Clara habló de las buenas relaciones que reinaban entre sus alumnos, desarrolladas en los juegos que les enseñaba; la Sra. Sonnenfeld, esposa del director general de la JCA en París, que lo acompañó en su visita a las colonias de la Argentina, comprobó que tanto los niños como las niñas eran educados y muy amables y que hacían gala de modales naturales; Bitbol señaló que entre los alumno de ambos sexos reinaban relaciones puras y que sus buenos modales se debían en gran parte a la coeducación, a diferencia de la separación estricta y el control exagerado habituales en otros marcos, que en su opinión eran causa de perversiones.[571]

Educación para la agricultura y el trabajo

Los directores de París expresaron más de una vez su esperanza de que los hijos de los colonos fueran auténticos agricultores, no se dedicaran a la especulación y se ocuparan de la labranza. A fines del siglo XIX Sabah introdujo lecciones de horticultura práctica en las escuelas que supervisaba y dividió a las clases en grupos encabezados

---

[570] Ibíd., p. 190.
[571] Ibíd., p. 191.

por alumnos de los grados superiores. Sabah sostenía que a los alumnos les gustaba esa materia y que esa ocupación ayudaba a embellecer el entorno de la escuela. Recibió semillas y herramientas de trabajo y encargó libros de estudio, si bien las clases eran esencialmente prácticas. Al principio, los maestros de las materias generales impartían estas clases pero salvo algunas excepciones se limitaban a enseñar los rudimentos del cultivo de plantas en el jardín. En Lucienville, Bitbol intentó recurrir al administrador de la colonia, pero las clases de este último no eran serias. El tema gozó de un refuerzo considerable en 1898 con la llegada de tres egresados de la escuela agrícola *Mikveh Israel* que debían hacer una pasantía adicional en las colonias de la JCA en la Argentina. Su tarea consistía en realizar experimentos y observaciones, brindar asesoramiento práctico a los colonos y enseñar agricultura básica a los alumnos. Los pasantes crearon grupos de alumnos y asignaron a cada uno una pequeña parcela en la que los orientaban en el trabajo práctico. Las clases se interrumpieron con la finalización de la pasantía en las colonias.[572]

A principios del siglo XX hubo varios intentos de reanudar las clases de agricultura, pero sin demasiado éxito. Los inspectores regionales de la JCA fueron convocados en 1905 y recibieron instrucciones de asignar más importancia a la enseñanza de esa materia; se habló de clases prácticas y para alentarlos se trató de lograr el apoyo de los padres entregando a las familias las verduras cultivadas por sus hijos. En algunos lugares daban a los niños retoños y semillas para que cultivaran verduras junto a sus casas. A esta actitud se agregaba una dimensión ideológica y en el informe anual de la JCA se incluyó la afirmación de un

---

[572] Ibíd., p. 191.

maestro de Clara: "Nuestros alumnos no serán labradores ignorantes, sino agricultores curiosos que aplicarán la ciencia".[573]

La incorporación de las clases de agricultura al plan de estudios las legitimó, pero los maestros eran el punto débil: no eran expertos en el tema y algunos no tenían la suficiente fortaleza física para servir de ejemplo en la realización de trabajos concretos. En 1910 el rabino Halfón afirmó que el método de enseñanza de esa materia era defectuoso, que quienes la enseñaban estaban tan alejados de las labores de campo que podían aprender de sus alumnos y que los padres la veían como una pérdida de tiempo. En 1910 los miembros de la cooperativa Barón Hirsch se quejaron de que la escuela no preparaba a sus hijos para dedicarse a la agricultura y propusieron enmiendas: reducir el número de alumnos por clase a menos de 45, enseñar la materia en todas las edades, incluir cursos de botánica y zoología y, fundamentalmente, contratar a un experto supervisado por los maestros generales. No obstante, la enseñanza de agricultura era deficiente y en 1914 los directores de París reconocieron que "todavía queda mucho por hacer" al respecto.[574]

Entre los intentos de impartir enseñanza agrícola hubo algunos destinados a niñas y niños por igual. Se pensaba que los conocimientos prácticos de horticultura ayudarían a las alumnas en la economía doméstica y que además se les debían enseñar labores de costura, a las que se daba preferencia. Por ejemplo, el maestro Habib escribió en 1897 que las niñas, que "en el futuro serán las cónyuges de los colonos", deben aprender esas materias porque "¿de qué les servirá aprender a leer y escribir en español si no

---

[573] Ibíd., pp. 191-192.
[574] Ibíd., pp. 192-193.

saben arreglar la ropa o coser un vestido?". La tendencia era enseñar costura y, a veces, el uso de los alimentos, mientras los varones recibían clases de horticultura.[575]

A pesar de que en las escuelas de la JCA las niñas y los niños estudiaban juntos, se percibía oposición a contratar maestras debido a las posturas de género difundidas en aquella época en la sociedad argentina y, por lo visto, entre los directores de la sociedad colonizadora que vivían en Buenos Aires. Las clases de costura y labores eran impartidas por colonas y esposas de agentes y maestros. Por ejemplo, la esposa del maestro I.D. Hurvitz invitó a las alumnas mayores a su casa para preparar comidas elaboradas con los productos de la huerta y el corral y en la escuela aprendían a arreglar ropa usada y a coser ropa nueva. Asimismo, se entendía que también en esta materia hacía falta un programa de estudios sistemático y exámenes finales. Por ejemplo, en los exámenes en Clara, la comisión evaluó los logros de las alumnas y les otorgó certificados de estudios. Muchas mujeres se dedicaban a impartir esta materia, unas veces de manera voluntaria y otras por un salario bajo, y por eso no había discusiones con la JCA por su contratación. A fines de 1911 enseñaban en las colonias 118 maestros y 54 maestras de costura.[576]

Entre la enseñanza laica y la enseñanza religiosa

El programa de estudios de las escuelas de las colonias incluía dos áreas básicas: estudios generales según la Ley de Educación obligatoria y estudios judaicos. Los estudios generales aspiraban a cumplir hasta el mínimo detalle los requisitos legales y los contenidos eran generalmente

---

[575] Ibíd., p. 193.
[576] Ibíd., p. 193. Para la coeducación y el rechazo de maestras en las escuelas de la JCA, ver: Levin 2005b, pp. 64-65.

nacionales: lengua española, historia argentina, biografías de próceres, geografía de la provincia, civismo y recitado de poemas patrióticos. Además, el plan de estudios incluía aritmética, un poco de geografía general y a veces botánica u otra rama de las ciencias naturales; cuando se enseñaba agricultura, también esta formaba parte de los estudios generales. Los estudios judaicos incluían Biblia, religión (moral, preceptos y bendiciones), lengua hebrea (lectura, escritura, gramática, vocabulario) historia sagrada y, en algunas ocasiones, historia posbíblica. En la enseñanza del hebreo se intentaba introducir los programas de la AIU con ciertas adecuaciones, preservando el principio de elección de los maestros en consulta con los colonos.[577]

Las escuelas integrales de la JCA cumplían los requisitos de la educación primaria oficial a un nivel similar al de las escuelas rurales provinciales, pero el nivel de la educación hebraica no satisfacía a todos los padres y a veces tampoco a la JCA. En 1900 el maestro Elmaleh mencionó que algunos padres sostenían que se debía dedicar la mayor parte del tiempo a las materias judaicas; como la carga horaria total era fija, en caso de agregar horas a las materias religiosas disminuirían las horas dedicadas a las materias generales y la JCA se oponía a ello. En 1899 los directores de París opinaron que no se debía asignar a los estudios religiosos más de un cuarto de la carga horaria y rechazaron el pedido de aumentar las horas de clase de hebreo; no obstante, trataron de dar una respuesta respetuosa a los padres para evitar el regreso a los *hadarim*. Por ejemplo, en 1904 los padres de la colonia Clara se quejaron del maestro y de las pocas horas dedicadas al hebreo y S. Hirsch exigió no transigir en la cantidad de horas, pero mostrarse dispuestos a reemplazar al docente. Algunos padres de

---

[577] Levin 2011, p. 194.

Lucienville se dirigieron al rabino Halfón por un asunto similar y la respuesta fue que era preferible una sola hora de buena enseñanza a muchas horas de repeticiones. De esa manera la discusión por la cantidad de horas se desvió a los contenidos de estudios, los métodos de enseñanza y el nivel de los maestros.[578]

Tampoco se llegó a un acuerdo sobre el método de enseñanza de las materias judaicas ni sobre los contenidos. En 1903 los padres de una escuela de Clara se quejaron del nivel de enseñanza y el director los invitó a la clase para examinar a sus hijos. Los alumnos leyeron correctamente la Biblia y el *Sidur* (libro de plegarias) pero eso no satisfizo a los padres porque "según sus posturas entendían que debían leer rápidamente y si no lo hacían significaba que no sabían rezar" (subrayado en el original, Y.L.). El maestro Habib, que ese año enseñaba en una escuela de Clara, mencionó que los padres querían dejar a un lado los métodos modernos y continuar con los que se usaban en los *hadarim* de Rusia: "lectura rápida a coro y sin traducción, y expresión de un máximo de versículos en un mínimo de tiempo". En 1910 la Sociedad Cooperativa Barón Hirsch opinó que en las clases de religión debían participar solo los alumnos y que "las alumnas debían limitarse a aprender a leer y escribir en hebreo". Por consiguiente, el desacuerdo iba más allá de los contenidos y métodos de enseñanza.[579]

En algunas colonias traducían los versículos de la Biblia y las plegarias al ídish, y en otras al español. El director de la escuela de Clara, Yaakov Goldman, describió el método de enseñanza de un maestro: en primer lugar los alumnos traducían a su lengua materna (ídish), a continuación, de esta al español y por último analizaban cada

---

[578] Ibíd., p. 194.
[579] Ibíd., p. 195.

versículo. Este método lento, que hacía hincapié en la comprensión y la adquisición de conocimientos, no satisfacía a algunos padres. Para evitar conflictos, la JCA decidió reducir las horas dedicadas a gramática y ortografía hebreas y aumentar las asignadas a la repetición de las plegarias, si bien no siempre veía con buenos ojos esta clase de concesiones. En 1910, el maestro Levi de Mauricio entendió que los padres no estaban satisfechos con la enseñanza del hebreo porque no habían accedido a su pedido de crear una comisión supervisora:

> Nunca estarán satisfechos de la educación religiosa que impartimos a sus hijos. Si les prestamos atención deberemos imponer a nuestras aulas un carácter eclesiástico y enseñar preceptos y usos religiosos que exceden nuestro programa.

También Cazès afirmó que "no importa qué método adoptemos, siempre habrá pocos padres que nos apoyarán y muchos que nos criticarán".[580]

Las quejas de los padres se referían a lo siguiente: a) las escasas horas dedicadas a estudios hebraicos, b) los métodos y contenidos de enseñanza, y c) el nivel de los maestros. La JCA rechazó de plano la primera basándose en la ley argentina, pero se mostró dispuesta a considerar las otras dos y propuso que los colonos crearan comisiones que acompañaran a las escuelas y concentraran los pedidos y sugerencias de los padres. En algunos lugares se crearon comisiones que no perserveraron en su accionar.[581]

En 1910 la JCA expresó su insatisfacción por la enseñanza religiosa en las colonias y Halfón señaló que la enseñanza de estas materias estaba en manos de quienes parecían "personas famélicas reclutadas entre infames

---

[580] Ibíd., p. 195.
[581] Ibíd., p. 196.

que deambulaban por Buenos Aires", porque solo maestros carentes de recursos como esos "estarían dispuestos a aceptar las condiciones que se les ofrecían". A principios de 1912 el rabino Hirsch Ashkenazi, el inspector de estudios religiosos en las colonias después del retiro de Halfón, envió una serie de informes que generaron polémicas entre los directores de la JCA, en los que describía las deficiencias del programa de estudios, principalmente porque era demasiado amplio en relación con las horas asignadas. Para ilustrar la imposibilidad de los maestros de cumplir con él, señaló como ejemplo que en el tercer grado de las escuelas en las que fungían dos maestros debían enseñar la traducción de 121 capítulos de la Biblia en 36 horas de clase, es decir que los alumnos debían traducir y entender más de tres capítulos en una clase de alrededor de 25 minutos. Otra falla que veía en el programa era la falta de dedicación al estudio de los Profetas y los Salmos, que podían influir sobre el espíritu y los sentimientos de los alumnos. Como sabía que no había acuerdo para aumentar el tiempo dedicado a los estudios hebraicos, propuso reducir la cantidad de capítulos a traducir en cada clase, traspasar el estudio de los capítulos históricos de la Biblia a la materia Historia Sagrada y aprovechar el tiempo disponible en las clases de religión para enseñar capítulos de los Profetas y los Hagiógrafos.[582]

En respuesta al informe de Ashkenazi y antes de la siguiente reunión del consejo de la JCA sobre la educación hebrea, Claude Goldsmid Montefiore sostuvo que el objetivo principal de la educación hebrea debía ser impartir el espíritu religioso, mientras que el conocimiento religioso y la enseñanza de la lengua hebrea eran objetivos secundarios. También afirmó que el estatus de los maestros de

---

[582] Ibíd., p. 197.

hebreo era inferior al de los maestros generales, que se debía actuar para elevarlo reconociendo su legitimidad y capacitándolos para que fueran eficientes e interesantes, y agregó que su salario no debía ser menor porque "les exigimos todo su tiempo, tienen familias y deben ocuparse de su futuro igual que los otros maestros".[583]

Cazès, que en aquellos momentos era uno de los directores de la JCA en París, explicó que la religión judía en Rusia y Oriente tenía un carácter "ceremonial" que exigía fundamentalmente el cumplimiento de los preceptos, "a diferencia de nuestra visión en Europa", y agregó, al igual que Goldsmid Montefiore, que los maestros debían explicar a los alumnos la moral, el espíritu y la misión del judaísmo y solo después enseñar los principios religiosos y la historia judía. No obstante, discrepaba con Goldsmid Montefiore con respecto a los maestros; en su opinión, solo 19 maestros que enseñaban en las colonias provenían de la AIU y los otros 99 eran contratados en ellas. Estos últimos enseñaban materias judaicas pero también otras y por eso no se justificaba separar a los docentes en dos grupos según las materias que enseñaban. Cazès sostuvo que los maestros de la AIU tenían derecho a cobrar más porque habían invertido en su capacitación y porque debían trasladarse a otro país y separarse de sus familias y entornos cercanos. Goldsmid Montefiore admitió desconocer los hechos pero señaló que si se mejorara el salario y el estatus de esos maestros se produciría un cambio en el nivel de la educación religiosa en las colonias. Al cabo de un año se informó sobre una mejora en la enseñanza de las materias judaicas como resultado de las recomendaciones del rabino Ashkenazi, el aumento de los salarios de los maestros de hebreo que permitía formularles exigencias

---

[583] Ibíd., pp. 197-198.

pedagógicas y la introducción de un *Sidur* traducido al español por Cazès, que permitía saltear la etapa de traducción que tomaba mucho tiempo.[584]

La tolerancia religiosa en las escuelas

Los enfrentamientos entre la escuela y el *heder* existieron casi todo el tiempo. En 1899 las autoridades clausuraron uno en el que también se enseñaba español y ese mismo año se abrió en un grupo de Clara otro que competía con las escuelas de la JCA. El maestro de la escuela local de la JCA sugirió recurrir a las autoridades para interrumpir las actividades de dicho *heder*, pero S. Hirsch rechazó la idea, sostuvo que los padres debían convencerse por sí mismos de que era preferible la educación judía impartida por la JCA, prohibió atentar contra la libertad de elección de los padres y agregó que si las autoridades aprobaban las actividades del *heder*, "no hay razón para que la JCA sea menos permisiva". En 1904 Halfón propuso crear escuelas religiosas separadas en lugar de escuelas integrales, pero S. Hirsch se negó porque temía que eso fortaleciera a los *hadarim*. El maestro Meir Dobrovske de la colonia Barón Hirsch criticó en 1911 a algunos padres que enviaban a sus hijos a la escuela de la JCA solo dos veces a la semana y contrataban un maestro para completar la educación judía: "Los niños se hacinan en el *heder*, el maestro lee, los niños repiten y el padre está contento". No obstante, cabe mencionar que las escuelas de la JCA aceptaban a estos maestros porque los padres (que eran quienes proponían a los docentes de materias judaicas) los elegían más de una vez entre aquellos que enseñaban en los *hadarim*. No pocos de ellos pasaban a enseñar las materias generales y algunos eran muy apreciados, lo que significa que no todos

---

[584] Ibíd., p. 198.

los maestros de contenidos judaicos eran iguales y que la lucha de la JCA contra ellos no siempre se debía a razones basadas en la situación existente.[585]

También había padres, si bien aparentemente pocos, que no querían que sus hijos participaran en lecciones de hebreo, y el rabino Ashkenazi propuso en 1912 obligarlos a enviarlos a esas clases. Goldsmid Montefiore acordó con los directores de Buenos Aires que no se debía obligar a los padres y propuso permitir la inasistencia a las clases de la JCA solo en caso de que los padres declararan que lo hacían por motivos de conciencia, y denegar los pedidos basados en otras razones. Insistió en que la clave del éxito de la enseñanza religiosa radicaba en la capacidad del maestro y el rigor del director ante las ausencias a dichas clases.[586]

4. El entorno argentino

La adquisición de una nueva identidad local se destacaba en las escuelas que se dedicaban a la educación de los niños, tanto los que habían inmigrado con sus padres como los nacidos en la Argentina, para que incorporaran el idioma local y los valores deseados.

En los primeros años, la supervisión de las escuelas de la JCA, al igual que otras similares en zonas periféricas, era escasa; por ejemplo, se informó que un inspector provincial de Santa Fe llegaba a Moisesville de vez en cuando y que muy ocasionalmente el gobierno provincial enviaba algunos libros y útiles escolares. Del gobierno de la provincia de Buenos Aires se decía que no hacía nada por

---

[585] Ibíd., p. 199.
[586] Ibíd., pp. 199-200.

la educación pública en Mauricio. La supervisión era más estrecha en las colonias de Entre Ríos y el maestro Jerushalmi lo atribuía a la confusión generada por el origen ruso conjunto de los colonos judíos y los inmigrantes rusoalemanes que se negaban a enseñar español en sus escuelas. La JCA trataba de adaptar sus programas a las exigencias oficiales e intervenía al respecto entre sus maestros. Por ejemplo, los directores de la capital enviaron al maestro de Feinberg (Clara) una copia de la Ley de Educación para que actuara en consonancia y cuando se fundó una escuela en Dora informaron a los maestros Benoudiz y Victor Chilton que en los grados superiores debían enseñar civismo según el programa oficial y en los grados inferiores debían explicar la estrucutura de las autoridades locales, hablar de las fiestas nacionales, la bandera, etc.; también les ordenaron obedecer todas las indicaciones del inspector provincial sobre los estudios argentinos. En el último trimestre de 1913 los inspectores visitaron esa colonia tres veces. También se hacía referencia a los sentimientos patrióticos: la AIU de París envió a Miguel Aranias, un maestro de Mauricio, material didáctico que incluía imágenes del ejército francés, pero Aranias informó que no podría usarlo y pidió que le enviaran materiales con imágenes de flores, verduras o cualquier otro tema que no afectara los sentimientos nacionales de los habitantes de la región. También Sabah tomó en cuenta ese sentimiento cuando impidió la introducción de símbolos sionistas en su aula.[587]

Según la concepción de la AIU, el educador debía lograr hermandad y universalidad, trascender los límites del judaísmo para encontrarse con creyentes de otras religiones, aceptar niños de otros credos en las aulas y tratarlos con respeto, e impedir cualquier insinuación o palabra

---

[587] JL400, 1.6.1903; APER, Sección E, Gobierno, Sección Colón, Carpeta 16, 12.2.1908; Jerushalmi 1914.

que pudieran afectar los sentimientos religiosos o políticos de esos alumnos. Esta concepción fue adoptada por la JCA en la Argentina y sus escuelas estaban abiertas también a los hijos de los habitantes de la región y de esa manera cumplían una función integradora que no siempre era concretada por las autoridades. Por ejemplo, algunos niños no judíos fueron recibidos en 1899 por el maestro Habib en el grupo Günzburg 6 de Clara y en 1913 por el maestro Chilton de Dora.[588]

Paralelamente empezaron a crearse escuelas no judías privadas, provinciales y estatales en las zonas de las colonias. A veces se trataba de una medida planificada por el gobierno para influir sobre el proceso de argentinización de los habitantes de la región. Generalmente la JCA donaba la parcela en la que se construía el edificio (por la suma de $1) con la condición de no modificar el objetivo de la misma y permitir que los hijos de sus colonos asistieran a esa escuela y recibieran clases de religión después de las horas de enseñanza oficial. En 1899 se inauguró una escuela en el centro de Domínguez y Sabah señaló que la participación de algunos hijos de colonos, que asistían a ella junto con niños católicos, contradecía el reclamo de la mayoría de los padres de incrementar las horas de enseñanza religiosa en la escuela de la JCA, razón por la cual suponía que se debía a que la escuela se encontraba cerca de los lugares de residencia. S. Hirsch respondió que la escuela era privada y abierta y que por eso no tenía sentido intervenir en el asunto; no obstante, propuso considerar la organización de clases de religión para los alumnos

---

[588] JBEx7, 3.8.1905, 31.8.1905; AA, IO,2, 27.6.1899; AA, VIII, 16, 5.12.1911, 3.7.1913, 21.7.1913; *Informe* 1899, p. 22; *Informe* 1905, p. 48; Bargman 1991, pp. 13-14; Chouraqui, 1965, p. 188; Sigwald Carioli 1991, p. 124.

judíos. Se informó sobre casos similares en Carlos Casares (cerca de Mauricio), Basavilbaso (junto a Lucienville) y otros lugares.[589]

5. Los padres

Las comisiones de apoyo a las escuelas se crearon por iniciativa de maestros y padres; por ejemplo, Sabah mencionó que la comisión de madres lo ayudó a impartir clases de costura y recaudar fondos. Otra forma de apoyo era la operación de comedores escolares. Los niños se ausentaban de sus casas durante muchas horas y llevaban a la escuela algo para aplacar el hambre; en algunos lugares los maestros y padres organizaban la preparación de comida caliente, generalmente sopa, gracias a algunos alimentos y pequeñas sumas de dinero donadas por las familias. En algunas ocasiones las niñas se encargaban de cocinar y los maestros lo veían como parte de su formación para el trabajo. Una niña de Moisesville se quemó mientras se dedicaba a esa tarea y Halfón pidió a los padres que se interesaran por lo que sucedía en las escuelas, en especial las más alejadas, para evitar accidentes como ese. En muchos lugares las mujeres que vivían cerca de las escuelas se ofrecían a ayudar en la preparación de la comida. A veces la JCA pedía que se incrementara la participación de los padres o de las asociaciones de colonos en el mantenimiento total

---

[589] AA, IO,2, 5.6.1899, 9.6.1899, 10.7.1899, 10.10.1899; JLEx8, 2.8.1906, 27.9.1906, 22.11.1906; JL426, 27.11.1913; Avni 1985, pp. 37, 42; *Sesiones* IV, 2.2.1908, *Sesiones* V, 23.5.1910; *Sesiones* VI, 10.1.1914; Sigwald Carioli 1991, pp. 124-125.

o parcial de la escuela, a través del pago de un arancel, que difería de un lugar a otro y dependía de la situación económica y los resultados de la cosecha.[590]

Las relaciones entre maestros y padres eran variadas, desde una gran admiración hasta un odio que se ponía de manifiesto en incidentes. Por ejemplo, Cazès señaló que en Moisesville había un maestro joven que había estudiado en Alemania y había sido aceptado como socio de La Mutua; en su opinión era un ejemplo de "lo que podrían lograr nuestros maestros si entendieran su misión". La solicitud de un maestro de trasladarlo a otra escuela porque los padres no enviaban a sus hijos a clase por la hostilidad que él les inspiraba es un ejemplo de relaciones impropias. Los intentos de limar asperezas provenían tanto de la JCA como de las asociaciones; entre otras cosas se eligieron representantes de los padres, que trataban de mediar entre estos y los maestros. En algunas ocasiones la presencia de los representantes lograba una conciliación y en otras, ellos mismos daban origen a desacuerdos. Por ejemplo, uno de ellos rechazó la candidatura de un maestro de hebreo y según sus opositores lo hizo porque quería ese cargo para su propio hijo. Un ejemplo contrario es el de la comisión de la escuela de la colonia Barón Hirsch, que ofreció ayuda para evitar desavenencias entre padres y maestros.[591]

En 1908 el Fondo Comunal creó una comisión de padres para supervisar las materias judaicas (que, en su opinión, no llegaban al nivel deseado) y para hacer llegar

---

[590] AA, IO,2, 4.3.1897, 11.4.1903, 10.10.1903, 10.4.1908; AA, IIO,4, 29.10.1907, 27.11.1907; AA, VIIO,15, 12.10.1910, 3.12.1910; AA, VIIIO, 16, 5.12.1911; FC, AFC2, 23.3.1911; IWO, AC, 22.7.1904, 28.5.1912; MHCRAG, AMA, 26.7.1911; Shojat 1961, p. 26; *Sesiones* II, 29.4.1900; *Sesiones* IV, 19.12.1908.

[591] JBEx7, 6.4.1905; *Documentos*, 18.9.1911, I; AA, IO,2, 15.2.1899, 11.4.1899; AA, VII,15, 9.10.1910; ACHPJ, AR/2 (anexo), Carta de Isaac Kaplan al Fondo Comunal, 1911.

sus objeciones al inspector de educación local. Al cabo de dos años la asociación presentó a la JCA una queja por un aumento en el arancel escolar a pesar de que el nivel de enseñanza era bajo, y expresó a Veneziani la disposición a incrementar esa suma si la JCA transfiriera al Fondo Comunal la gestión de las escuelas, tal como había hecho con los servicios médicos. Veneziani les dio a entender que la JCA no estaba dispuesta a renunciar a sus atribuciones y propuso crear una comisión supervisora, que ciertamente surgió y actuó a fin de allanar los incidentes entre padres y maestros.[592]

Los padres no solían percibir las diferencias entre los maestros, en especial los que habían sido contratados por la JCA, y la sociedad colonizadora y sus objetivos. Por ejemplo, en 1911 hubo un conflicto entre el colono Schnitman y un maestro, y la JCA apoyó la negativa del maestro a presentarse al arbitraje que el colono había solicitado al Fondo Comunal de Clara. Por una parte, el incidente reforzó la tendencia a identificar a los maestros de la AIU con la JCA y por la otra fue interpretado por el Fondo Comunal como una ofensa, porque al negarse a juzgar al maestro en una comisión de arbitraje, la JCA aceptaba la postura de este, de que no cabía esperar justicia de la comisión. A consecuencia de la ofensa, los niños dejaron de ir a esa escuela y los directores del Fondo Comunal dieron a conocer una carta abierta en la que criticaban ácidamente la conducta de los directores de la capital, que se sorprendieron de una reacción tan enérgica.[593]

La discusión derivó en una crítica a la educación, en especial la judía, y al funcionamiento de las escuelas y directores tal como se veían desde la perspectiva de casi 20 años de permanencia en la colonia. La carta abierta

---

[592] FC, AFC1, 27.2.1908, 26.3.1908, 31.9.1908; FC, AFC2, 13.1.1910, 18.5.1912.
[593] JL355, 28.10.1911, 30.11.1911, 22.2.1912, 29.2.1912; ACHPJ, AR/2 (anexo), Carta abierta del Fondo Comunal (20.12.1911); *Der Yudisher Colonist...*, 15.8.1911, p. 10.

despertó ecos entre los colonos, los cuales fueron convocados a una asamblea realizada el 21.2.1912, que contó con la presencia de numerosos colonos de Clara y Lucienville. Sajaroff sostuvo que esa reunión era

> la primera en la que no se hablará de dinero, maquinaria, deudas, etc.; ahora todo queda a un lado para hablar de la vulneración de nuestra condición humana mancillada, que ha despertado el sentimiento que nos impulsa a protestar contra la injusticia moral que se ha cometido.

A continuación se quejó de la actitud de la JCA: "¿Qué ganancias esperan? ¿Parte de las inversiones o preparar a la generación venidera, que es la verdadera ganancia que se debe esperar?". La asamblea exhortó a elegir maestros instruidos para activar en el Fondo Comunal.[594]

El desagravio a la educación judía estuvo a cargo del miembro de la junta directiva S. Pustilnik, que recalcó el significado especial de esa reunión dedicada a "la educación de nuestros niños, para la cual nuestros padres estuvieron dispuestos a hacer toda clase de sacrificios a fin de transmitir a sus hijos la tradición de nuestro pueblo". Después de describir la historia de la educación judía sostuvo que "durante 18 años nuestros hijos, que son hijos de colonos judíos, transitaron un camino del cual no sabemos cómo regresar". No obstante, pensaba que en el alma de los colonos seguía oculto el espíritu judío que se había revelado con el despertar de la cuestión de la escuela judía. Esta discusión adquirió dimensiones públicas infrecuentes. La interrupción de los estudios prosiguió varios meses y se produjo una ruptura entre el Fondo Comunal y los directores de la JCA en la capital. Los directores de París se alinearon con sus representantes y amenazaron al Fondo

---

[594] FC, AFC, 21.2.1912 (reproducido en *Der Yudisher Colonist...*, 1.3.1912, pp. 9-10).

Comunal con cortar los lazos económicos y otros si no
dejaba de publicar en la prensa ataques virulentos contra
la JCA y su red escolar. Para suavizar un poco la situación
prometieron indicar a sus delegados en la Argentina que
entraran en conversaciones con los representantes de los
colonos a fin de aclarar los malentendidos. La amenaza
fue transmitida en un momento en que el Fondo Comunal
atravesaba una aguda crisis económica y sus representantes acudieron a las reuniones en la capital.[595]

Sajaroff se apartó de ellos desde un principio porque sus
compañeros se habían sometido a la exigencia de la JCA de no
publicar críticas y poco tiempo después renunció a la comisión
directiva del Fondo Comunal; de aquí que el poder económico de la sociedad colonizadora causó la división de los colonos. A pesar de eso, los directores de la JCA no pudieron ignorar la existencia del problema y, en especial, el hecho de que la
gestión de la educación en las colonias y la supervisión de las
escuelas y los maestros contratados y dispersos en las colonias
no eran el área de especialización de Moss y Veneziani, a quienes aparentemente les parecía una carga pesada e innecesaria. Por eso, los directores de París decidieron crear, junto a los
directores de Buenos Aires, una comisión directiva para cuestiones educacionales que estaría facultada para comunicarse
sin intermediarios con los directores de París, pero que estaría subordinada a Moss y Veneziani. Estos se congratularon al
delegar la carga en otras manos pero señalaron que "el derecho
a comunicarse directamente con ustedes no implica que estarán subordinados a nuestra autoridad". La idea fue recibida con
regocijo por los colonos y el periódico *Der Yudisher Colonist
in Arguentine* expresó satisfacción porque la JCA había aceptado sus opiniones de que la organización de la educación no
podía estar en manos de quienes conducían la agricultura y la

---

[595] Ibíd., p. 11; JL355, 8.2.1912, 22.2.1912, 26.3.1912, 11.4.1912.

economía de las colonias, es decir, los administradores y agentes. No obstante, la resolución no fue implementada, aparentemente por los interrogantes que se plantearon en aquel tiempo sobre la misma existencia de la red escolar.[596]

En la segunda mitad del período estudiado crecieron los gastos de la red de escuelas de la JCA. En 1908 se aprobó un presupuesto de $77.958; un año después la suma se acercaba a los $100.000 y en 1912 alcanzó los $216.000. Este aumento tan notorio se produjo en una época en la que la JCA estaba interesada en reducir los gastos, debido a sus dificultades económicas; por eso en 1913 el consejo resolvió examinar las ventajas e inconvenientes del traspaso de las escuelas a los gobiernos provinciales o al Estado argentino.[597]

La posibilidad de que la red fuera traspasada a las autoridades sorprendió a padres y maestros. Los padres y las asociaciones propusieron asumir parte de los costos para evitar el traspaso y el Fondo Comunal ofreció aumentar su participación y convocó a los maestros, padres y empleados de la JCA para estudiar la reducción de los gastos en educación. Los presentes acordaron que sería bueno para todos mantener la red existente porque respondía a las necesidades de la colonia, en especial en cuanto a la enseñanza religiosa. Para ello se sugirió incrementar notoriamente los aranceles que pagaban los colonos, reducir los gastos y rebajar los salarios de los maestros. Estos explicaron que la medida afectaría su capacidad de mantener a sus familias y se acordó que la rebaja sería menor. Al final de la asamblea se exhortó a la JCA a no entregar las escuelas; por ello y a pesar de las críticas a la red escolar, parecería que al menos al final de este período se la veía como un mal necesario. En aquel entonces los directores

---

[596] JL355, 24.4.1912; JL356, 9.5.1912, 16.5.1912; *Der Yudisher Colonist...*, 14.6.1912, p. 15.
[597] *Sesiones* IV, 4.1.1908, 19.12.1908; *Sesiones* VI, 14.12.1912, 28.6.1913.

de París rechazaron la propuesta de Starkmeth de delegar la gestión de la red escolar en los colonos, porque creían que no estaban capacitados para hacerlo.[598]

A pesar de la oposición de los padres y maestros, las escuelas fueron transferidas a las autoridades, pero el traspaso (a excepción de una escuela pequeña en la colonia Barón Hirsch) se concretó después del período estudiado y por ello no será abordado en la presente investigación.[599]

Más allá de las discrepancias y fricciones, durante la época analizada se desarrollaron pautas de cooperación entre los maestros por un lado y los colonos y sus organizaciones por el otro. En el contacto de los padres con los maestros de origen sefardí se producía una especie de fusión de diásporas en miniatura, mientras que las relaciones con los maestros asquenazíes ejercían una influencia cultural que, a su vez, se veía influida por la formación que habían recibido en la AIU y en los institutos de formación docente de la Argentina. Independientemente de la influencia cultural, la cantidad de maestros dispuestos a participar en actividades comunitarias superaba la habitual. Para la JCA, la cooperación entre padres y maestros (que eran sus empleados y por eso los defendía) era beneficiosa mientras no se orientara contra la sociedad colonizadora. La colaboración se puso de manifiesto en una época en la que se desarrollaba el diálogo entre los padres y la Liga de Maestros, cuando padres y maestros aunaban fuerzas para impedir el traspaso de la red a las autoridades, pero este es un tema que excede los límites de la presente investigación.

---

[598] *Documentos*, 9.5.1914, I, 3.7.1915, III; JL494, 9.7.1914; JL427, 23.7.1914; Avni 1985, p. 44; Gabis 1957, p. 101.
[599] Avni 1985, pp. 42-49.

6. Los alumnos

La población escolar

Los niños que se hacinaban en las clases eran un grupo heterogéneo; la causa de ello radicaba en la demora para construir más aulas, el recambio de colonos, las diferentes edades y el "pasado educacional" de los alumnos. Esta situación no permitía ofrecer diferentes niveles de estudio en un solo lugar. Lapine informó que los maestros de Mauricio tenían dificultades para enseñar a 50 alumnos de diferentes edades. En los lugares en los que había muchos niños funcionaban escuelas con más de un aula, pero resultaba difícil clasificar a los alumnos y definir a qué grado integrarlos porque un nivel determinado para hablar en español no garantizaba una capacidad similar para leer y escribir en ese idioma. En la escuela del grupo Carmel de Clara los dos grados superiores estudiaban juntos y el inspector Moisés Cohen consideró que esa situación era "ilógica, incómoda y perjudicial". Halfón estuvo de acuerdo, pero lo consideraba una cuestión técnica cuya solución excedía sus atribuciones.[600]

Las dificultades eran aun mayores en las colonias nuevas creadas con quienes habían permanecido en otras colonias antes de ser colonizados, o en aquellas a cuyas escuelas asistían hijos de inmigrantes cuya permanencia era temporaria. En una escuela el maestro no logró dividir a los alumnos en grupos por edades y lo hizo en tres niveles: en el primero, los que nunca habían estudiado; en el segundo y el tercero, según la capacidad de leer libros básicos. El maestro de Dora comprobó que una buena parte de los hijos de inmigrantes colonizados no habían estudiado

---

[600] Lapine 1896; AA, IO,2, 16.3.1896, 26.5.1899, 10.4.1900; AA, VIIIO,16, 5.12.1911; JL337, 16.4.1902; *Documentos*, 23.9.1905.

durante dos años y era imposible equipararlos al nivel de los otros alumnos en poco tiempo. El maestro de Narcisse Leven afirmaba que, "sin exagerar" se podía decir que a cada niño le correspondía otro grado. En 1910, el 40% de los niños en edad escolar de Algarrobo eran hijos de inmigrantes cuya presencia en el lugar era provisoria; ese mismo año 37 alumnos dejaron la escuela y otros tantos llegaron. En los lugares con pocos niños por abandono o ausencias frecuentes se cerraban grados y a los alumnos que quedaban se les proponía estudiar en grupos más alejados. La falta de homogeneidad no permitía impartir el programa de estudios de manera sistemática.[601]

La educación era mixta pero en los grados superiores había muchos menos alumnos que alumnas, porque al crecer se ausentaban de la escuela para trabajar en el campo o trasladarse a ciudades y aldeas para seguir estudiando o ganarse el sustento. En 1900 la escuela de Sabah tenía dos grados; en el inferior había 17 niños y 8 niñas; en el superior estudiaban 11 alumnos y 15 alumnas. Esta proporción inversa era habitual en muchas escuelas de la JCA en aquella época.[602]

La actividad social en la escuela

Más allá de las materias de estudio se desarrollaban también los inicios de una actividad social y cultural que tenía lugar fundamentalmente en las bibliotecas de las escuelas. En 1907 Sabah creó en su casa una de las bibliotecas de Moisesville, que tenía solo libros en español (textos de historia universal y judía, viajes, divulgación científica, teatro y literatura), destinados a la instrucción general y el

---

[601] AA, VIIO,15, 3.10.1910, 12.10.1910; AA, VIIIO,16, 9.8.1910, 5.12.1911, 6.12.1911, 13.4.1913; JL367, 30.5.1902.
[602] AA, IO,2, 10.4.1900; AA, VIIO,15, 12.10.1910, JL337, 16.4.1902; *Informe* 1907, pp. 123-124.

fortalecimiento de la moral. Sabah fijó días de apertura para niños y adultos, porque la biblioteca estaba al servicio de todos. Moisés Cohen señaló en 1907 que le gustaría ver una biblioteca pequeña en cada escuela porque valoraba la importancia de impartir hábitos de lectura desde la niñez, más aun porque esas bibliotecas no requerían un gran presupuesto y los libros podían convertirse en parte del inventario de las escuelas:

> Desde el momento en que la JCA asume la responsabilidad de la instrucción y valora la importancia de la educación que se debe impartir a los hijos de los colonos, debe y puede hacer todo lo necesario para que la iniciativa sea eficaz.[603]

En 1911 el maestro Moisés Bibasse creó un centro infantil; los alumnos recaudaban dinero por medio de una cuota social y las fiestas que organizaban con la esperanza de crear una biblioteca para niños. Oungre informó sobre la iniciativa y recomendó crear asociaciones similares en todas las escuelas. Se sabe de la creación de más asociaciones infantiles y de la publicación en 1912 de un mensuario llamado *Alborada*, fundado por los hijos de Yarcho, Sajaroff y Lifschitz.[604]

El rabino Ashkenazi trató de organizar con los alumnos actividades religiosas fuera del horario escolar, como la entonación a coro de plegarias con melodías recopiladas entre los encargados de las sinagogas, y confiaba en que el canto acercara a los jóvenes al servicio del Creador y desarrollara su sensibilidad estética. También introdujo la lectura de la Biblia, basada en un intento similar en las escuelas de Alemania. En Lucienville recurrió a Bratzlavsky, uno de los mejores maestros, y los alumnos conducían

---

[603] *Informe* 1907, pp. 114, 130-131.
[604] *Documentos*, 18.9.1911 II; *Der Yudisher Colonist...*, 1.3.1912; *Informe* 1911, p. 65.

ocasionalmente las ceremonias religiosas en la sinagoga. Ashkenazi señaló que este marco se limitaba a los centros sociales porque las reuniones se llevaban a cabo los sábados y solo aquellos niños que tenían posibilidades de llegar a pie podían participar en las actividades.[605]

Continuación de los estudios

Algunos jóvenes que permanecían en las colonias querían seguir estudiando después de la escuela primaria, pero tenían pocas posibilidades. En el ámbito de los estudios judaicos hubo algunos intentos de crear marcos adecuados: en 1896 el rabino Mazowiecki intentó fundar un *Talmud Torá* en memoria del barón de Hirsch junto a la primera escuela de Clara, para que fuera una especie de escuela rabínica en la que "recibirían lecciones tres jóvenes elegidos en todas las colonias que estuvieran capacitados para esos estudios", y propuso que, hasta la finalización de sus estudios, dichos jóvenes fueran subsidiados por la baronesa Clara de Hirsch; posteriormente se elegiría a otros tres que ocuparan esos lugares. El rabino dejó la colonia y aparentemente su iniciativa no prosperó. A principios del siglo XX se crearon en los grupos Feinberg y Belez de Clara dos *yeshivot* que tuvieron corta vida y en 1907-1908 se creó y mantuvo otra en Belez.[606]

Un marco de estudios que obtuvo el apoyo de la JCA fue la formación de maestros que pudieran enseñar en su red escolar. Al principio de esta época su actitud al respecto no era clara: unas veces proponía capacitación docente para los jóvenes y otras se oponía a ella porque le importaba más que los hijos estuvieran en las chacras

---

[605] JL355, 16.4.1912; JL357, 17.9.1912, 31.10.1912; *Documentos*, 27.9.1913.
[606] AA, VIIIO,16, 10.12.1911; Avni 1972, p. 74; Meiern Lazer 1947, pp. 148, 149; *Hatzefira*, 8.7.1896; Klein 1980, pp. 58, 60.

de sus padres. La oposición crecía cuando se trataba de candidatos a enseñar materias judaicas; por ejemplo, los directores de Buenos Aires se negaron a contratar a un hijo de colonos en Narcisse Leven y solo lo aceptaron cuando se comprobó que no había otros candidatos. Generalmente se los apoyaba y la JCA financiaba parte de los gastos de residencia de los jóvenes en los lugares de estudio. En 1903 el consejo decidió otorgar una beca a dos jóvenes de Mauricio que estudiaban en la capital.[607]

El envío de hijos de colonos a institutos de formación docente se sumaba al deseo de los jóvenes de seguir estudiando después de la escuela primaria de la JCA. Los informes de los directores de las escuelas se referían a ese anhelo y mencionaban a alumnos sobresalientes que podían ser enviados a dichos institutos. La JCA estaba interesada en formar futuros maestros para su red escolar debido al elevado costo de los que llegaban a la Argentina desde otros países. Por ejemplo, Moisés Cohen logró convencer a los directores de la Escuela Normal Alberdi de Paraná para que aceptaran a seis egresados de escuelas de la JCA sin que tuvieran que rendir examen de ingreso. El maestro Yaakov Goldman de Clara confiaban en que el envío de los hijos mejorara la actitud de los padres, que en su opinión era negativa, hacia las instituciones de la JCA. Ciertamente, los hijos de colonos se destacaban en las escuelas normales, lo que demostraba el éxito de los maestros de las colonias que los habían preparado convenientemente.[608]

Los maestros debían detectar a los candidatos adecuados y prepararlos para los estudios. Entre los elegidos se contaban los monitores, alumnos de los grados

---

[607] JBEx6, 17.12.1903; AA, IIO,4, 8.9.1904, 13.10.1904; AA, VIIO,15, 24.8.1910, 29.8.1910, 5.9.1910, 10.9.1910; *Sesiones* III, 27.4.1903; *Informe* 1897, p. 8.
[608] AA, IIO,4, 9.2.1902, 28.8.1904, 12.10.1904; AA, VIIO,15, 9.9.1910, 12.9.1910; AA, VIIIO,16, 10.12.1911; JBEx9, 24.12.1908.

superiores que ayudaban a los maestros y los reemplazaban ocasionalmente. El maestro Habib eligió tres candidatos: Rebeca Fingerman, que posteriormente fue maestra y directora de la escuela, y dos alumnos que eran demasiado jóvenes, pero que en su opinión serían adecuados cuando crecieran. Bitbol clasificó a los candidatos de su escuela en cuatro categorías: a) los que podían ser auxiliares de enseñanza, b) los que podían ser maestros de religión, c) los que podían enseñar en los dos ámbitos de la escuela, y d) las candidatas a enseñar corte y confección. Asimismo, detalló los logros de cada uno de ellos. Muchos de estos jóvenes estudiaron en la Escuela Normal Alberdi.[609]

Resumen

La red integral de la JCA estaba compuesta por dos ramas. La primera era la educación pública según los requisitos legales, cuya implementación en zonas alejadas imponía dificultades al gobierno nacional y las autoridades provinciales. Esta rama incluía estudios agrícolas. La segunda se dedicaba a la educación judía, fundamentalmente religiosa y totalmente diferente de la que se impartía en el *heder*. Las escuelas aplicaban el método de la coeducación.

En el proceso educacional tomaban parte:

a. Los alumnos, que eran una población heterogénea.
b. Los maestros de las materias generales que debían provenir de la AIU, pero esta tenía dificultades para enviarlos. Con el tiempo su número decreció y su

---

[609] AA, IO,2, 11.4.1903, 1.6.1905, 18.6.1905; HM135, 23.4.1898; JBEx9, 17.9.1908; *Informe* 1908, p. 12; López de Borche, 1988, pp. 191-202; Gabis 1957, p. 400.

lugar fue ocupado por otros que al principio eran, en parte, maestros de religión egresados de institutos de formación docente de la Argentina.
c. Los maestros de religión elegidos por los padres en consulta con la JCA.
d. Las maestras de corte y confección, algunas voluntarias y otras con un salario ínfimo.
e. Los padres, que discrepaban agudamente con la JCA por la esencia de la educación religiosa.
f. Las autoridades, a través de la supervisión de los programas de estudio y el nivel de los maestros, que en un principio era escasa y paulatinamente fue siendo más estricta.

Tal como hemos visto, los resultados eran:

1. La educación oficial era buena y ayudaba a los jóvenes que abandonaban la colonia a adquirir un oficio o profesión y proseguir estudios superiores.
2. La enseñanza de las materias hebreas y sus resultados estaban en discusión.
3. La enseñanza de la agricultura fracasó por completo.
4. La enseñanza de labores de costura tuvo éxito porque muchas mujeres estaban dispuestas a asumirla sin que la JCA debiera invertir fondos en ella.

La instrucción impartida en las colonias contribuyó a la inserción de los jóvenes en la ciudad y a su éxito individual; en cambio, la educación religiosa deficiente y el fracaso de la educación agrícola afectaron su integración en las colonias.

14

La vida cultural

Los primeros colonos estaban sumergidos en el trabajo pesado y el afianzamiento material y por eso relegaban a una etapa posterior la preocupación por la vida espiritual, a excepción del culto religioso y la tradición. Otro factor que la demoraba era la gran cantidad de colonos que se marchaban; en algunos lugares los abandonos reducían los grupos durante lapsos prolongados, situación que impedía la creación de instituciones culturales y planteaba un interrogante crucial a la vida social y económica. Entre quienes se iban se contaban también algunos intelectuales, hecho que contribuía al empobrecimiento cultural.[610]

La organización cultural empezó tardíamente y entre sus promotores había tres grupos básicos. El primero estaba integrado por maestros; por ejemplo, Tubia Oleisker demostró comprensión por los padres que empezaban a construir sus hogares y recurría a versículos bíblicos y dichos de los sabios para alentar a los hijos a crear bibliotecas, que en el pasado habían "otorgado fuerza a nuestra existencia". El maestro Haim Rinsky temía que la conquista del trabajo y el retorno a la tierra, que veía como un elemento fundamental para la recuperación del pueblo, llevaran al surgimiento de "una generación ajena a la espiritualidad", y exhortaba a desarrollar una cultura pro-

---

[610] Reznick 1946, pp. 53-55; Kritshmar 1969, p. 290.

pia con características nacionales, porque "eso es lo que necesitan los judíos en todo el mundo y mucho más en Moisesville".[611]

El segundo grupo incluía a colonos llegados en épocas tardías. En 1907 Halfón informó que en la colonia posteriormente llamada Barón Hirsch había colonos de mayor nivel cultural y Peretz Hirshbein sostuvo algo similar con respecto a los que conoció en Moisesville en 1914. En aquellos lugares en los que se incorporaban colonos nuevos existía la posibilidad de desarrollar actividades culturales. Cociovitch pensaba así al comprobar la decadencia cultural y social que, en su opinión, se había adueñado de Mauricio, donde habían quedado mayormente los fundadores, a pesar de que su situación económica era mejor que la de otras colonias. Por ello, la reanudación de la inmigración y la colonización después de 1904 implicó también más posibilidades de desarrollo cultural.[612]

El tercer grupo estaba compuesto por la generación joven, que junto con otros colonos creó asociaciones que desarrollaban actividades culturales generales, sociales y recreativas. Desde los principios de la colonización habían surgido varias asociaciones de jóvenes, como la Alianza Israelita Argentina fundada como una filial de la AIU en Mauricio, que contaba con 60 socios, y el grupo literario *Zihron Moshe* (en memoria del barón), creado por jóvenes de Clara a fines del siglo XIX. En 1908 se fundó en Mauricio la asociación La Juventud, que organizaba encuentros de intercambio de opiniones, realizaba actividades sociales y, siguiendo el consejo de S.D. Levi, creó una biblioteca comunitaria.[613]

---

[611] *Kadima, Boletín editado para su quinto aniversario 1909-mayo-1914*, pp. 5, 10.
[612] HM135, 29.4.1907; Kritshmar 1969, p. 290; Cociovitch, p. 233.
[613] JBEx9, 17.12.1908, 11.2.1909; JL367, 14.1.1909; ASC J41/219, 21.9.1897; Alpersohn 1930, pp. 93-94.

En 1909 los jóvenes de Clara fundaron una asociación con fines culturales y recreativos. El programa de actividades incluía conferencias, fiestas y veladas danzantes. Ese mismo año se creó en el grupo Doce Casas de Moisesville la Sociedad *Kadima*, que se convirtió en la más importante de las colonias. Entre los fundadores se contaban Tobías Trumper, David Kaplan, Tobías Kaller, Isaac Dolinsky y otros jóvenes. Rápidamente sus actividades excedieron las de una biblioteca. Un año después 30 jóvenes de Palacios fundaron la Juventud Progresista, cuyo objetivo era, como el de *Kadima*, crear una biblioteca. Otra asociación similar fue creada por 50 jóvenes de San Antonio, que organizaron fiestas y con el dinero recaudado compraron 800 libros, en su mayoría novelas francesas traducidas al ídish, español y hebreo.[614]

En 1912 se creó en Barón Hirsch el Club de la Juventud Israelita para Recreo y Desarrollo Intelectual, dirigido por los jóvenes Abraham Schlapacoff, Manuel Beiser, Jacobo Schpoliansky, F. Muchnik, Adolfo Sas y otros seis, con el agente Haïm Bassan como síndico, quienes decidieron crear una biblioteca y recaudaron $1.000, una suma muy grande para aquella época, que demuestra un gran entusiasmo. Por iniciativa del rabino Ashkenazi crearon la Sección Infantil Hebraica. Al principio se reunían en un depósito y después construyeron una casa que se usaba también para funciones de teatro presentadas por el grupo local u otros invitados a la colonia, y para conferencias y veladas literarias en las que participaron autores conocidos como Hirsch David Nomberg y P. Hirshbein. El Centro Juventud Israelita Argentina fue fundado por la cooperativa para responder a las aspiraciones de los jóvenes. En 1914 tenía 182 socios que, además de la biblioteca, crearon

---

[614] *Documentos*, 1.7.1911; 18.9.1911; JL367, 11.8.1910; Merkin 1939, pp. 280-281; Moisés Ville (1989), pp. 19, 66; *Informe* 1910, p. 15; *Informe* 1911, pp. 64-65.

un edificio para reuniones y representaciones teatrales. Starkmeth asistió allí a una conferencia del Dr. Abel Sonnenberg, el joven médico de la colonia, sobre higiene, y los asistentes le pidieron que también los maestros y agrónomos disertaran en su asociación.[615]

1. Las asociaciones culturales y las bibliotecas

Los colonos contaban con un acervo cultural basado en la tradición judía y muchos de los que llegaron después de 1904 tenían un bagaje ideológico adquirido en sus países de procedencia, que se nutría del iluminismo y de diversos movimientos políticos y revolucionarios. Los simpatizantes de todas las corrientes amaban los libros y los consideraban un medio de progreso y fortalecimiento de sus creencias. La mayoría dominaba el ídish y sabía suficiente hebreo como para leer periódicos y textos que profundizaban sus conocimientos religiosos y para leer la Biblia y las plegarias, y algunos sabían también otras lenguas. El nivel de lectura de las mujeres era más rudimentario, pero aparentemente superaba el de las otras campesinas de la región.[616]

La prensa hebrea de la época refleja el amor de los colonos a los libros. En algunas cartas a la redacción pedían a los escritores y al público en general que les enviaran libros para las bibliotecas; entre otras cosas, un colono aconsejaba a su familia abstenerse de llevar a la Argentina libros superfluos y munirse de textos sagrados y libros instructivos, otros señala-

---

[615] Verbitsky 1955, pp. 149, 151-153; Winsberg 1963, p. 21; JL427, 5.6.1914; JL494, 9.7.1914.
[616] Levin 2013, pp. 175-176.

ban la importancia de los libros. Se sabe también que había grupos de colonos suscriptos a periódicos, que eran leídos en grupos o pasados de mano en mano.[617]

La afición por los libros se manifestaba en la recolección de ejemplares de bibliotecas privadas, que en su mayor parte estaban también al servicio de los vecinos de los coleccionistas. Alpersohn refirió que después de haberse dirigido a los lectores de la prensa hebrea, recibió libros, los conservó en latas de queroseno en una barraca y "los viernes al anochecer me veía forzado a dejar el arado para volverme bibliotecario". Así fue como al principio se crearon pequeñas bibliotecas privadas. También los maestros promovieron la iniciativa y crearon bibliotecas para niños y adultos.[618]

Las dificultades económicas no permitían que las bibliotecas pequeñas crecieran y se expandieran; eso pudo suceder solo después de la creación de organizaciones y asociaciones culturales con capacidad para mantener bibliotecas públicas.

Los factores que contribuyeron a la fundación de las bibliotecas eran:

a. Los maestros.
b. Los colonos que llegaron después de 1904.
c. Los hijos de los colonos que desarrollaban actividades sociales y culturales; entre ellos se contaban los fundadores de la biblioteca *Kadima*.
d. Las cooperativas.
e. La JCA, que en 1907 resolvió apoyar la creación de una biblioteca en cada colonia, a condición de que fuera dirigida por organizaciones de colonos, en especial las cooperativas.[619]

---

[617] Levin 2013, pp. 176-177.
[618] Levin 2013, pp. 178-179.
[619] Levin 2013, pp. 180-183.

2. La Sociedad *Kadima*

Esta asociación fue creada en Moisesville en 1909 con el objeto de elevar el nivel moral e intelectual de los jóvenes, crear una biblioteca, realizar conferencias y organizar veladas de lectura sobre historia judía, literatura, ciencia, etc. Sus estatutos establecían las formas de financiar las actividades (cuota social, entrada a las veladas culturales y donaciones). Si bien fue fundada por jóvenes, admitía como socios a todos los mayores de 16 años dispuestos a colaborar en la promoción del progreso humano y judío y a pagar la cuota social. Asimismo, se basaba en principios democráticos (voz y voto en la asamblea y obligación de la comisión directiva de informar sus actividades a los socios). En 1910 los representantes de *Kadima* firmaron un acuerdo de fusión con una biblioteca creada por La Mutua, se redactaron los estatutos y se fijaron procedimientos administrativos (organización, horario y plantel). La biblioteca obtuvo la personería jurídica en 1911. Sus finanzas no eran sólidas debido a la situación económica de los colonos, que tenían dificultades para pagar la cuota social; según los documentos consultados, no solicitó ayuda oficial, aparentemente por desconocimiento de lo estipulado por la Ley nº 419 aprobada el 23.9.1870 y destinada a apoyar a las bibliotecas populares depositando sumas equivalentes a las que estas habían invertido en la adquisición de libros.[620]

---

[620] Levin 2013, pp. 184-187.

3. Las características de la asociaciones culturales y deportivas, y las preferencias de los lectores

Al principio las bibliotecas recibían libros aportados por los colonos y otros donantes; más adelante, cuando empezaron a comprarlos, se crearon comisiones encargadas de elegir los títulos. A veces se designaba a una persona que elegía libros en ídish y hebreo y otra para los demás idiomas. Uno de los temas debatidos fue si se debían comprar libros de géneros específicos, como novelas "para criadas", textos sensacionalistas y literatura de cordel, es decir, obras de difusión masiva consideradas de mal gusto, escaso provecho y muy alejadas de la literatura canónica.[621]

Las asociaciones culturales realizaban diversas actividades, como conferencias, veladas de lectura, cursos vespertinos para adultos y teatro, que a veces eran una fuente de ingresos para su existencia.[622]

4. Los gestores culturales y la intelectualidad

En aquella época se destacaban los gestores culturales al estilo de quienes se dedicaban a actividades públicas en Europa del Este, que en las difíciles condiciones existentes actuaban a fin de satisfacer la avidez de vida cultural de la población. Cabe mencionar, por ejemplo, a Shejna Reznik, llegado a la Argentina a los ocho años, que a partir de 1913 fue maestro en Narcisse Leven y se puso en contacto con los jóvenes de la colonia. Junto con otros, generalmente maestros, impulsó una actividad cultural intensiva y durante tres años organizó veladas literarias, conferencias

---

[621] Levin 2013, pp. 188-189.
[622] Levin 2013, pp. 190-193.

y obras de teatro. A estos eventos asistían también judíos de diferentes lugares, como Villa Alba y otros. Después del período estudiado empezó a traducir al español obras maestras de autores judíos. Estos activistas y organizadores culturales contaban con conocimientos de cultura judía y universal, a veces tenían inclinaciones artísticas y algunos escribían. Algunos podían ser considerados paradigmas de la intelectualidad judía.[623]

Este concepto hace referencia a las capas ilustradas (maestros, escritores, poetas, dramaturgos, artistas, empleados, médicos, periodistas, etc.) que influyen sobre la comunidad, sin hacer hincapié en los títulos universitarios sino en el discernimiento, la inteligencia y una actitud comprensiva. La intelectualidad judía en Rusia, el país de origen de la mayor parte de los colonos, se había desarrollado como un subgrupo que reclamaba funciones organizativas y orientadoras en las comunidades según su propia ideología, e incluía el deseo de aprovechar la instrucción, el estudio de idiomas, el trabajo manual y las ciencias para impulsar la "enmienda" de los judíos.[624]

A diferencia de ello, en las colonias de la JCA en la Argentina no se desarrolló un estrato ilustrado consolidado; no obstante, no faltaban individuos que respondían a esa definición y que actuaban y creaban en sus respectivas comunidades. Al principio la JCA se mostraba renuente a aceptar colonos instruidos y cultos pero no podía oponerse a la presencia de médicos, enfermeros, parteras, maestros y otros profesionales en las colonias y las aldeas que se desarrollaron junto a ellas. Más aun, estaba interesada en su presencia porque respondían a una necesidad y la eximían de la preocupación de proporcionarlos. Entre ellos había algunos que, además de haber estudiado, habían

---

[623] Kritshmar 1947, pp. 156-157.
[624] ECS, 1, pp. 194-195.

asimilado las ideas de la intelectualidad judía y la influencia de corrientes de pensamiento difundidas en los círculos de intelectuales rusos, en especial los seguidores de León Tolstói y parte de los *naródniki* (movimientos populistas revolucionarios rusos), que idealizaban la vida rural, describían la ciudad como la encarnación de la decadencia y la injusticia, y exigían que los intelectuales se acercaran a las masas y estuvieran al servicio de todo el pueblo, para pagar de esa manera una deuda de larga data con aquellos cuyo trabajo y sufrimientos les habían permitido instruirse.[625]

Un ejemplo típico de un intelectual judío que adoptó estas posturas era el médico Noé Yarcho, nacido en Slutsk, Bielorrusia, en 1864. Provenía de una familia muy religiosa y sus padres querían que se dedicara a los estudios rabínicos, pero él se sintió atraído por el Iluminismo y cursó estudios universitarios en Rusia. Cuando los completó, trabajó en un hospital en Kiev y en diversas aldeas de Rusia, pero no aspiraba a una carrera profesional sino a ayudar a la gente común. En 1893 oyó hablar del proyecto del barón de Hirsch en la Argentina, viajó a ese país y se unió a los colonos de Entre Ríos no como colono sino como un médico que llegaba para ayudar a su pueblo. Su accionar en bien de los colonos superó las tareas de un médico: estaba involucrado en la vida social y colaboraba con las actividades económicas y de beneficencia, desde la dirección del hospital hasta la participación activa en el movimiento cooperativista.[626]

Otro ejemplo era Miguel Sajaroff, nacido en Mariúpol, Crimea y criado en una familia tradicionalista de ricos comerciantes que le brindó una educación a un tiempo

---

[625] Avni 1973, pp. 178-182; Bizberg 1953, pp. 24-30. Para *naródniki*, ver: EH, 25, pp. 371-372.
[626] Avni 1973, p. 181; Bizberg 1953, pp. 13, 15, 21, 34-36; Bizberg 1940, pp. 29-32.

religiosa y secular. Uno de sus maestros privados, Noé Yarcho, lo alentó a estudiar agronomía. Después del servicio militar en Rusia no logró ingresar a la universidad en Rusia debido al *numerus clausus* (limitación del número de estudiantes judíos) y viajó a Wittenberg, Alemania. Paralelamente a sus estudios trabajaba como obrero en una granja y leía con entusiasmo a Tolstói, cuyas ideas adoptó: quería dedicarse al trabajo físico, estar al servicio del pueblo, alejarse de los placeres cotidianos y vivir una vida sencilla. Como parte de ese proceso aprendió carpintería y herrería, decidió hacer el bien al prójimo y no comer productos animales. Posteriormente viajó a Lille, Francia, donde trabajó en agricultura. En 1899 volvió a Rusia y planeó la emigración con su esposa Olga, tolstoiana como él.[627]

Sobre su decisión de viajar a la Argentina influyó el hecho de que Yarcho y su esposa, que era hermana de Sajaroff, los habían precedido en ese acto revolucionario y los convencieron de unirse a ellos. Yarcho les describió las colonias como un lugar con pocas comodidades y muchos sufrimientos, inserto en un país de vastas dimensiones en el que había mucho por hacer. Miguel era un agrónomo de 26 años y cuando llegaron a la Argentina, no como inmigrantes sino como hijos de un comerciante adinerado que se costeaban el viaje, vivieron en casa de Yarcho hasta que la JCA aceptó venderles una parcela de 500 hectáreas. Al principio Sajaroff tuvo poca relación con los colonos porque no dominaba el ídish, pero al cabo de unos años inició una intensa actividad, en especial en el ámbito cooperativista.[628]

Aarón Brodsky, un representante del grupo Bogidarowka (uno de los que crearon la colonia Barón Hirsch), había conocido en Kiev y Odesa grupos de intelectuales

---

[627] Ibíd., pp. 21-25.
[628] Ibíd., pp. 25, 28; Bizberg 1953, pp. 48-49; JL332, 23.3.1900.

que se inspiraban en la lucha contra el régimen zarista, leía libros de Tolstói y aspiraba a la solidaridad social. No era un revolucionario militante pero lo emocionaba la esperanza de que el liberalismo depusiera a la autocracia rusa. El fracaso de la revolución de 1905 puso fin a esa ilusión y buscó la forma de emigrar.[629]

Los egresados de escuelas agrícolas que llegaron a las colonias habían recibido otra clase de educación: sobre ellos influyeron las concepciones de la AIU, los estudios de agronomía y las clases de ciencias y estaban habituados a escribir informes detallados y sistemáticos de lo que veían. Por ejemplo, Yosef Ganon describió en una carta a Yosef Niego, director de *Mikveh Israel*, los trabajos agrícolas y el clima excelente; Eli Crispin se interesó por la geografía y la historia de la Argentina, las describió extensamente y dedicó considerable atención a la flora y la fauna de la pampa y de la provincia de Entre Ríos. Otro informó sobre los datos del clima en Clara: "Tomé los datos de las oficinas de la JCA, nadie los pone en duda". M. Guesneroff se interesó por el progreso agrícola, señaló que "nuestras parcelas son fábricas de trigo y lino", aconsejó a Niego cultivar lino en la Tierra de Israel y explicó la forma de hacerlo. También se dedicó a leer en francés y español, estaba suscripto al diario *La Prensa* y a la revista *Anales Políticos y Literarios* y se quejó de que su deseo de suscribirse a la revista *Archives Israelites* para estar al tanto de lo que pasaba en otros círculos judíos no podía concretarse porque "nuestro dinero no vale nada en Francia".[630]

Muchos intelectuales llegados a las colonias de la JCA habían recibido instrucción judía antes de cursar estudios generales y al orientarse a nuevos rumbos no se desvincularon de sus raíces judías. Así sucedió con Boris Garfunkel

---

[629] Verbitsky, 1955, pp. 40-41.
[630] ASC, J41/214, 8.11.1896, 5.12.1896; ASC, J41/219, 18.1.1897, 6.4.1897.

de Mauricio, que estudió Talmud desde una edad temprana hasta los 18 años y leía libros de Tolstói, Pushkin y Gogol en ruso. En la casa de Israel Ropp en Lucienville, la familia y los amigos se reunían en las veladas sabáticas para cantar, leer textos de filosofía griega y de Karl Marx, hablar de política argentina y del caso Beilis. Su hija señalaba que su padre creía que Dios se encuentra en cada hoja y cada flor, en el corazón y la conciencia de cada ser humano: "No era fanático pero no habría perdonado a quien se hubiera convertido a otra religión".[631]

Jedidio Efron llegó a Clara con sus padres en 1895, a los 17 años. Se había criado en una familia de clase media en la que reinaba un ambiente tradicionalista y en la Argentina dejó los estudios talmúdicos por el trabajo en el campo. En 1903 la JCA lo contrató como maestro en el grupo Las Moscas de Clara, posteriormente estudió en la Escuela Normal Rural y empezó a enseñar también materias en español. En 1912 fue nombrado inspector de las escuelas de la JCA en Lucienville.[632]

Entre las personas que más podían influir en la comunidad, además de las ya mencionadas, se destacaban los médicos a los que nos hemos referido en el noveno capítulo, quienes organizaban conferencias y debates literarios, los amantes del teatro, músicos y otros artistas, y los escritores: narradores, poetas, dramaturgos, periodistas, etc.

---

[631] Alpersohn 1930, p. 213; Shijman 1980, p. 105; Ropp 1971, pp. 39-40.
[632] Goldman 1914, p. 37; Meiern Lazer 1947, p. 146; Hurvitz 1932, pp. 54-55; AA, IIO,4, 4.3.1903; Efron 1973, pp. 8-9, 17.

5. Los escritores

La literatura y la escritura en general testimonian e informan sobre las acciones de la comunidad como grupo desde el prisma de quien la describe. En algunas ocasiones, la literatura llena parte del vacío dejado por los miembros de la sociedad, que no siempre conservaron los documentos del período estudiado, agregando memorias (biografías, autobiografías, etc.), testimonios basados en sentimientos y, a veces, en información comprobada. En este tipo de obras se suelen ver dos aspectos relacionados con la comunidad: la influencia de esta sobre el creador y su obra, y la influencia del autor sobre la sociedad.[633]

Al examinar estos temas en las colonias surgen varios problemas relacionados con la época estudiada. El primero de ellos era la gran influencia de la literatura y la prensa del antiguo hogar sobre el alma de los colonos. Ya hemos mencionado los lazos espirituales y la nostalgia por la madre patria, entre cuyas expresiones se contaba la lectura de libros y periódicos recibidos de aquella. El contacto no se agotaba con la lectura del material conocido del viejo hogar, sino también de la nueva literatura difundida después de la llegada a la Argentina; por ejemplo, los primeros colonos de Moisesville partieron de Rusia antes de conocer al escritor Sholem Aleijem, pero después de algunos años sus libros gozaron de gran difusión en las colonias. Por su influencia, los colonos que se dedicaban al comercio y el regateo eran apodados Menajem Mendl, como uno de sus célebres personajes.[634]

---

[633] ECS, 4, p. 248; Ralesky 1964, pp. 131-132.
[634] Kritshmar 1969, p. 293.

El segundo problema, tal vez relacionado con el primero, era la escasa cantidad de textos escritos por colonos y publicados en esa época. Parecería que los primeros autores no lograban liberarse de la tradición literaria y los contenidos del antiguo hogar, ni de la nostalgia por él. *Los gauchos judíos* de Gerchunoff se publicó en el período estudiado, pero más de 20 años después de la llegada del autor a la Argentina, y el libro de Alpersohn que describe la historia de Mauricio en aquella época se publicó después de la Primera Guerra Mundial. En ese tiempo se editaron también libros dedicados a temas locales de las colonias, de los que a veces emanaba el aroma de los paisajes argentinos; entre sus autores cabe mencionar a Cociovitch, que describió los inicios de Moisesville, y a S.I. Hurvitz, que narró la historia de Lucienville. Dichos textos fueron redactados solo después de años de relación con el nuevo terruño; por consiguiente, estas obras se impregnaron del entorno de sus autores y sus experiencias de vida en las colonias, pero no pudieron influir sobre el medio circundante en el período investigado.[635]

El tercer problema importante era que, en la época estudiada, parte de los escritores e intelectuales de las colonias escribieron sobre ellas después de abandonarlas, cuando ya vivían en las ciudades; por eso dichos libros, además de ser generalmente tardíos, expresaban las posturas de personas desconectadas del contacto cotidiano con la comunidad sobre la que escribían. También ellos habían recibido la influencia de las colonias, pero sus obras –si bien describían la realidad de manera vívida y veraz– no podían ejercer gran influencia sobre lo que pasaba en ellas. En esta categoría se ubican los textos de Boris Garfunkel, colono de Mauricio; Adolfo Leibovich, hijo de colonos y

---

[635] Ver: Hurvitz 1932; Cociovitch 1987; Alpersohn 1930 y Alpersohn s/f. Ver también: Shallman 1971, pp. 181-182.

administrador de la JCA; Enrique Dickmann, José Liebermann y Nicolás Rapoport, que llegaron a la capital desde Clara, y otros cuyas obras hemos citado abundantemente. Una característica interesante de estos autores es que sus obras se publicaron en español (mientras que las de Alpersohn, Cociovitch, Gorskin y Hurvitz fueron escritas en ídish), como si quisieran señalar que su público potencial era diferente del de las colonias.[636]

A partir de los tres aspectos mencionados se puede concluir que estas obras reflejaban la realidad de las colonias pero no podían ser un factor influyente, activador y acelerador de procesos y tendencias. Esto no significa que los intelectuales carecieran de influencia, sino que esta provenía de una escritura de dimensiones reducidas y no de una creación literaria de vastos alcances. Por ejemplo, Alpersohn se destacaba por los textos polémicos, cartas y artículos publicados en la prensa judía de las colonias y las ciudades, entre ellos un opúsculo de 1911 firmado con el seudónimo de "un agricultor", en el que describía las vicisitudes de los colonos de Mauricio. Parte de esta literatura se daba a conocer en publicaciones como *Der Yudisher Colonist in Arguentine*, que también difundía artículos de I. Kaplan, el Dr. Yarcho, Bratzlavsky, Zvi Shneider, Alpersohn y otros intelectuales.[637]

Asimismo, aportaban artículos Hacohen Sinai, que publicó el libro *Zihron Moshe* como elogio fúnebre al barón de Hirsch; Baruj Bendersky, llegado en 1894 a los 14 años, quien escribía relatos sobre la vida en el campo; Kalman Farber, proveniente de Besarabia en 1904, que vivía en Carlos Casares (a la que apodaba "Katriel") y escribía crónicas. Ese mismo año llegaron Abraham Zaid, cuyos relatos

---

[636] Ver Dickmann 1949; Garfunkel 1960; Leibovich, 1946; Liebermann 1959 y Rapoport 1957.
[637] Alpersohn 1911; *Der Yudisher Colonist...*, 15.8.1911, 1.3.1912, 1.4.1912, 14.6.1912.

describían la vida de los colonos y los jóvenes, y Z. Shneider, que escribía en la prensa judía sobre la colonización y que en 1916 dirigió la revista *Riverer Vogenblatt* (semanario de Rivera).[638]

Parte de esta obra no se conservó. Se representaban piezas breves, folletines, canciones y obras musicales compuestas por los colonos que eran miembros de grupos dramáticos. Entre otras, se menciona la obra de Bratzlavsky *Una pequeña bolsa de harina*, que era muy popular porque reflejaba la dura vida de los colonos, pero el texto se perdió. Cabe suponer con bastante certeza que muchas otras obras, como cuentos folclóricos y canciones, se extraviaron porque a nadie se le ocurrió recopilarlas y publicarlas. Por otra parte se conservaron cuentos y canciones del repertorio de los colonos, pero no los nombres de sus autores.[639]

Los textos sobre las colonias escritos por colonos o excolonos pueden clasificarse en tres grupos: a) la literatura autobiográfica que, en parte, cumple una función documental (Garfunkel, Alpersohn, Gorskin, Hurvitz, Cociovitch); b) la literatura apologética (Gerchunoff, Liebermann), y c) la literatura costumbrista, paisajística, etc. (Bendersky, Gerchunoff). Nicolás Rapoport intentó unificar todas las tendencias en *La querencia*, publicado en 1922. Samuel Eichelbaum, hijo de un inmigrante llegado en el vapor Pampa, publicó en 1926 *El judío Aarón*, una pieza teatral que describe a un colono judío que trata de introducir los principios proféticos de justicia e igualdad en sus relaciones con los trabajadores judíos y nativos de la chacra.[640]

---

[638] Goldman 1914, p. 52; Verbitzky 1955, pp. 154-156. Para relatos de Bratzlavsky publicados en la prensa, ver: *Der Colonist*, 14.9.1916; *Der Yudisher Colonist...*, 1.3.1912, 14.4.1912.
[639] Hurvitz 1932, pp. 51-54.
[640] Senkman 1983, pp. 60-64; Rapoport 1929.

Además de los géneros ya mencionados, cabe señalar los textos periodísticos difundidos en publicaciones en las colonias y fuera de ellas, en los cuales los colonos participaban como autores y editores. Se han mencionado varios colonos, como I.D. Finguermann, A.I. Hurvitz, N. Cociovitch y A. Bratzlavsky, que escribían en el periódico *Hatzefira*. Entre los más destacados se contaban Fabián Halevi, maestro en Belez y San Antonio (Clara) y en el grupo Bialystok (Moisesville). Era un gran conocedor del Talmud y la historia judía, publicaba artículos en *Hatzefira*, dominaba el hebreo, alemán y francés y aunque sabía poco ídish, desde 1898 fue el primer director de *Der Yudisher Fonograf* (el fonógrafo judío), un semanario de orientación sionista que se publicó durante seis meses. A continuación y mientras seguía enseñando en las colonias, Halevi dio a conocer en publicaciones judías y argentinas artículos en los que predicaba a favor de la instrucción. Cabe recordar también a Manuel Eichelbaum, un dibujante llegado en el vapor Pampa que abandonó la colonia y se convirtió en un conocido caricaturista e ilustrador, entre otros, de *Schtraln*, una bella revista de la que solo se editaron cinco números a partir de octubre de 1913.[641]

En las colonias se difundieron diversas publicaciones de vida breve, como *Der Colonist* (el colono), editada durante dos meses por Rafael Grinberg y dirigida por Salmen Brojes; *Der Onfang* (el comienzo) en Moisesville, de la cual se publicaron dos números en 1913; *Di Yuguend* (la juventud) en Carlos Casares, dirigida por un comité de redacción, etc. Los directores del Fondo Comunal de Clara acudieron en 1907 a Abraham Vermont, editor del peródico *Di Folkshtime*, y le solicitaron un presupuesto para

---

[641] Schallman 1971a, p. 45; Goldman 1914, pp. 38, 44, 46; Schallman 1970, pp. 150-151; Mirelman 1988, pág. 284 (nota); AA, IO,2, 15.8.1898; AA, IIO,4, 28.8.1904; *Informe* 1900, p. 32; *Informe* 1902, p. 24; *Informe* 1907, pp. 117-118.

incluir en su publicación una hoja mensual de la asociación. Miguel Sajaroff y Moisés Pustilnik fueron nombrados directores del mismo y se decidió que los socios podrían publicar artículos sobre cualquier tema, excepto discusiones sobre asuntos personales. A fines de 1908 cristalizó la idea de editar una publicación conjunta con el *Farein* de Lucienville, llamada *Der Yudisher Colonist*, y a tales fines se creó una imprenta.[642]

El periódico empezó a publicarse en Clara en noviembre de 1909 y fue considerado no solo el vocero del Fondo Comunal y el *Farein* sino de la mayor parte de las cooperativas de las colonias; Oungre sostenía que se leía en todas las colonias de la Argentina. Su primer director fue I.D. Finguermann, que escribía en un ídish germanizado. El lema del quincenario era "el que labra su tierra se saciará de pan" (Proverbios XII, 11). Si bien era un periódico de colonos, fue acusado de no defenderlos en la medida necesaria ante la JCA. Alpersohn (con el seudónimo de Ben Israel) recibió una aguda respuesta del comité de redacción cuando preguntó por qué este no se hacía oír. En este aspecto, fue insólita la publicación de un artículo de Alpersohn titulado "Callao 216" (dirección de la sede de la JCA en Buenos Aires), que criticaba a la JCA por sus intentos de hacer fracasar La Confederación. La consecuencia fue la sustitución de Finguermann, en primer lugar por un comité de redactores y más adelante por M. Pustilnik, y el periódico recuperó sus características. En septiembre de 1911 se resolvió transferirlo a La Confederación y su sede se trasladó a la capital.[643]

---

[642] FC, AFC1, 31.7.1907, 28.8.1907, 23.12.1908; FC, AFC2, 30.5.1909; Goldman 1914, pp. 44, 46; Liebermann 1959, p. 57; Gabis 1957, p. 95.
[643] *Documentos* 11.11.1911, II (Informe de la visita de Oungre a las colonias 2.9.1911); *Informe* 1909, p. 28; *Informe* 1911, pp. 52, 77-78; Goldman 1914, p. 46; Gabis 1957, p. 217.

Entre los periodistas más destacados se contaban Samul I. Hurvitz, Baruj Bendersky, Isaac Kaplan, Simón Pustilnik, Alter Bratzlavsky, Jedidio Efron, Zvi Shneider, Noé Yarcho y muchos otros. Los artículos difundían principios cooperativistas, transmitían información agrícola y abordaban cuestiones educacionales, culturales y comunitarias; había también textos literarios y poéticos, una sección de cartas de lectores, información sobre otras colonias y el mundo judío en general y anuncios publicitarios.[644]

La publicación existió hasta 1912; la falta de una base económica sólida afectó sus posibilidades de subsistir. El editor S. Pustilnik expresó a Jacques Philippson sus temores al respecto y luchó para obtener recursos entre las cooperativas, cuyo vocero era el periódico. Cuando se propuso reducir sus alcances, Pustilnik sostuvo que esa medida afectaría el prestigio de la publicación pues no podría responder a las necesidades espirituales, como la difusión de literatura y noticias de todo el mundo, "tal como lo exigen justificadamente nuestros lectores". Después de muchos meses en los que los obreros de la imprenta no cobraron sus salarios y no se pagaron las deudas a los acreedores, el diario se cerró, para reabrirse cinco años después, con otro nombre.[645]

En 1911 empezó a publicarse en Carlos Casares el quincenario *Der Farteidiguer*, dirigido por los hermanos Fidel y Herman Krasilovsky, dueños de una imprenta en español que decidieron editar una revista en ídish para defender a los colonos de los prestamistas y de la JCA. Según Alpersohn, él y otros colonos de Mauricio se conta-

---

[644] Ver ejemplos en *Der Yudisher Colonist...*, 15.8.1911, 1.3.1912, 1.4.1912, 14.6.1912; Gabis 1957, pp. 217-218.
[645] IWO, AMSC2, 6.2.1912, 29.3.1912; 20.6.1912; 23.6.1912, 24.7.1912, 10.11.1912; Goldman 1914, p. 67; Gabis 1957, p. 218; *Documentos*, 26.10.1912, I, Informe de Jacques Philippsohn.

ban entre los miembros del comité de redacción. Un testimonio señala que Herman Krasilovsky había sido condenado a varios meses de prisión por la publicación de un artículo contra un prestamista.[646]

En los periódicos y revistas que se editaban en las ciudades había no pocas referencias a lo que sucedía en las colonias. Sus páginas albergaban cartas de colonos y artículos sobre las colonias, y algunos directores eran colonos o excolonos; por ejemplo, a partir de agosto de 1898 empezó a publicarse el semanario *Di Folkshtime*, cuyo fundador y director durante 16 años fue Abraham Vermont, que también era corresponsal de *Hamelitz*. Vermont era un director talentoso que solía desacreditar a quienes no lo ayudaban y en especial a la JCA, a cuyos directores atacaba con insolencia. Entre los colonos tenía lectores entusiastas que lo veían como defensor y protector e incluso el Fondo Comunal consideró conveniente, tal como ya se ha señalado, publicar una hoja mensual en su periódico. En 1911 añadió un suplemento con un artículo de Alfredo Palacios, líder del Partido Socialista, después de su visita a Moisesville.[647]

El periódico *Broit un Ehre* (pan y honor), de corta vida, era una publicación proletaria fundada por León Jazanovich que empezó a difundirse en 1909, después de una campaña de propaganda contra la JCA en las colonias. Apoyaba al partido sionista *Poalei Tzion*, pero en su comisión había también colonos. Atacaba a la JCA y escribían en él muchos autores de la época. Según Pinhas Katz, maestro en una colonia y director del periódico, Jazanovich quería crear un frente unido de los obreros de la ciudad y los colonos.[648]

---

[646] Alpersohn 1930, pp. 164, 198; Goldman 1914, p. 46; *Der Farteidiguer*, 24.9.1913; Botoshansky 1954, p. 172.
[647] Schallman 1971b, p. 201; Schallman 1970, pp. 149, 151, 171 (nota).
[648] Botoshansky 1954, p. 172; Schallman 1971b, pp. 202-203; Katz 1947, pp. 23-24, 32.

Otro periódico obrero que empezó a publicarse en 1908 fue *Der Avangard* (la vanguardia), vocero del Bund (movimiento judío de orientación socialista y no sionista) que, por consiguiente, casi no se ocupaba de la colonización; no obstante, defendía a los asalariados que trabajaban en las colonias. Por ejemplo, publicó un informe de Zelner de Carlos Casares, sobre el maltrato que padecían los asalariados judíos, inclusive en las chacras de sus correligionarios. El autor lo atribuía a la dificultad de los trabajadores para organizarse debido a la gran dispersión y las condiciones de vida. En 1908 empezó a aparecer el mensuario sionista *Di Ídishe Hofenung* (la esperanza judía), que con el tiempo se convirtió en semanario, que publicaba fundamentalmente temas relacionados con el Movimiento Sionista en la Tierra de Israel e informaba sobre las actividades de las asociaciones sionistas en las colonias en pro de los fondos nacionales, etc. En algunas ocasiones publicaba otra información sobre las colonias, como un artículo en memoria del Dr. Yarcho.[649]

Resumen

Después de años de afrontar problemas materiales y luchar para lograr el afianzamiento económico, los colonos empezaron a ocuparse de las cuestiones espirituales. Esta población se convirtió en consumidora de una cultura que iba más allá de su cultura original. En la segunda generación y entre los colonos llegados después de 1905 surgió también la necesidad social de desarrollar una cultura del tiempo libre de carácter más general. Las sinagogas y

---

[649] Botoshansky 1954, p. 172; *Der Avanguard*, 10.1009; *Di Ídishe Hofenung*, 1.4.1911, 1.9.1912; Maidanek 1954, pp. 13-14.

las personalidades religiosas estaban a cargo de la cultura religiosa y para la cultura general los colonos recurrían a bibliotecas en las que se realizaban actividades educacionales, clubes juveniles y medios artísticos, como grupos de teatro, música, etc. Había algunos marcos sociales compartidos por las dos generaciones, como las festividades judías y no judías y las bibliotecas en las que cada uno encontraba lo que quería, según su idioma, gusto y preferencias, y en las que padres e hijos podían asistir a conferencias y veladas literarias conjuntas.

Paralelamente a la necesidad de los colonos de desarrollar una vida cultural y a la creación de instituciones dedicadas a esos fines, surgieron fuerzas organizativas, educacionales, artísticas y literarias que empezaron a actuar en el marco del quehacer cultural en las colonias. En el período estudiado se concentraban más en las colonias que en las ciudades y el entorno judío en el que actuaban era un suelo propicio, a pesar de las dificultades y limitaciones económicas.

Análisis y evaluación

A principios de los años ochenta del siglo XIX, León Pinsker (médico, pensador y activista sionista) comparó la salida de Rusia con el éxodo de Egipto y se quejó de que "hoy andamos errantes, fugitivos y expulsados, pisoteada la cerviz, con la muerte en el corazón, sin un Moisés que nos guíe y sin una Tierra Prometida por conquistar mediante nuestro propio valor".[650]

A pesar de la queja, confiaba en encontrar un alivio:

> Pero la clara conciencia de lo que nos es menester, el conocimiento de la necesidad perentoria de una patria propia despertará entre nosotros algunos amigos del pueblo enérgicos, honorables y elevados, en grado de asumir a un tiempo la dirección de su pueblo y capacitados quizá, no menos que aquel único, para redimirnos de la ignominia y la persecución.[651]

Unos diez años después, el barón de Hirsch promovió una iniciativa que, en apariencia, concretaba la aspiración de Pinsker, ya que proponía a los judíos de Rusia un destino de inmigración y colonización agrícola en un entorno judío, que surgiría en un país que les prometía libertades civiles y religiosas. El plan tenía vastas dimensiones, estaba racionalmente gestionado y era esencialmente autónomo. La buena nueva de este segundo Moisés implicaba un desafío al movimiento *Hovevei Tzion*; algunos líderes se pusieron de su lado y propusieron a la Argentina como país de refugio hasta que la Tierra Santa estuviera preparada, o como país de tránsito –una especie de segundo Desierto

---

[650] Pinsker 1882, p. 180.
[651] Ibíd., p. 182.

de Sinaí– en el cual el pueblo modificaría su estilo de vida y se prepararía para la Tierra de Israel. Así surgió el lema atribuido al rabino Shmuel Mohilever que veía la "A" de Argentina como el primer paso hacia la meta principal, la "Z" de *Zion*.[652] Pero aunque la Argentina compitiera potencialmente con Sion, de hecho la mayor parte de los judíos que emigraban de Rusia optaban por los Estados Unidos y la posibilidad que la JCA ofrecía atrajo a un número relativamente pequeño del gran flujo de inmigrantes.

Al principio se fundaron algunas poblaciones que tenían dificultades para subsistir. Pocos años después de la creación de la JCA, de Hirsch comprobó que los supuestos que lo habían impulsado a invertir una considerable parte de su fortuna y sus esfuerzos en esa iniciativa no tenían base de sustentación y decidió limitarse a un objetivo mucho más reducido: un proyecto pequeño que demostrara que los judíos podían ser agricultores si se encontraban en igualdad de condiciones con quienes los rodeaban. Mauricio de Hirsch murió en 1896 y el destino de las colonias pasó a depender de las acciones del consejo, en cuyas manos quedó la ejecución del testamento del barón en las cuestiones relacionadas con la JCA.

Este consejo era más amplio que el que actuaba en vida del barón y no estaba sujeto a algunos supuestos sostenidos por este con respecto a un gran proyecto de colonización en la Argentina; por eso podía aprender de los fracasos del pasado y recurrir a la experiencia acumulada por los directores de Buenos Aires y París. En un comienzo, el consejo dependía del nivel administrativo, que era el único que se ubicaba en un plan tan complejo. Más adelante, sus miembros tomaron conocimiento con el accionar de la sociedad, si bien de manera indirecta y alejada porque

---

[652] Ver nota en Avni 1973, p. 123.

no visitaban la Argentina, daban a los directores locales más libertad de acción que en el pasado y se nutrían de los informes del plantel burocrático que manejaba una correspondencia lenta y copiosa.

Los miembros del consejo eran representantes de comunidades y asociaciones judías de Europa Central y Occidental en un tiempo en el que en esas regiones prosperaba la visión de los judíos aceptados en sus países de recepción, que les otorgaban igualdad civil a cambio de reducir el judaísmo solo a religión. También fueron testigos del despertar del sueño, con las manifestaciones de un nuevo antisemitismo, fundamentalmente social y político, cuya expresión más flagrante fue el *affaire* Dreyfus.

Entre ellos había juristas, científicos y personalidades públicas involucrados en la sociedad general de fin de siglo, una época que simbolizaba por una parte un tiempo de decadencia y por la otra un momento de magnífica evolución, debida también al impulso tecnológico que reducía la dependencia de la naturaleza, elevaba el nivel de vida, incrementaba el tiempo libre en las ciudades y disminuía la importancia de las poblaciones rurales. Asimismo, se produjo un cambio en los valores, surgieron nuevas ideas y la concepción de mundo cambió; entre otras cosas se reforzó la inclinación al pragmatismo, el positivismo, el utilitarismo y el racionalismo, ideas que influyeron sobre la forma de pensar y de actuar de los miembros del consejo.[653]

Al iniciar sus actividades, el consejo aceptó la propuesta de los funcionarios administrativos de interrumpir la colonización, consolidar y reorganizar las colonias, y solo después retomar el proyecto paulatinamente, basándose en el atractivo debido al "encanto" de las colonias. Al mismo tiempo, la JCA buscaba vías de acción en Rusia y

---

[653] Ver ampliación del tema en Teich & Porter 1990.

después de muchos debates empezó a operar allí. La iniciativa en la Argentina, si bien oficialmente era considerada el principal proyecto de la sociedad colonizadora, debía limitarse en un comienzo a preservar lo existente, para avanzar más adelante paso a paso con el arribo de algunos grupos organizados y la incorporación de miles de personas que llegaban individualmente. Durante el período estudiado se agrandaron las colonias creadas en tiempos del barón y se crearon las colonias Barón Hirsch y Narcisse Leven en el sur, y Dora y Montefiore en el norte.

La creación de colonias agrícolas en la Argentina no seguía las tendencias de la época. En primer término, el abandono de la ciudad para vivir en el campo contradecía el proceso de urbanización característico de esos tiempos; en segundo lugar, la elección de un método de colonización de pequeños agricultores en la Argentina en momentos en que esa opción se reducía y aumentaba, por una parte, el arriendo temporario de tierras, y por la otra, la creación de grandes estancias que daban empleo a trabajadores estables y estacionales, y que en algunas ocasiones recurrían al uso de maquinaria agrícola, cuya adquisición se justificaba porque el terrateniente era dueño de extensiones mucho mayores que las de un colono promedio.

La tercera contradicción estaba relacionada con las posturas de la JCA con respecto a la implementación de un método económico autárquico. Este rumbo fue abandonado rápidamente porque estaba destinado al estancamiento y el deterioro progresivo en una sociedad cuya economía se basaba en la producción para mercados. Cabe señalar que las chacras de los colonos estaban permanente, vital y geográficamente ligadas a toda la región. La exigencia de la JCA de que los colonos realizaran todos los trabajos por sí mismos como un principio educativo no era adecuada para el método de agricultura extensiva, en especial en la temporada de cosecha. La sociedad colonizadora debió renunciar a este requisito y permitió la contratación de trabajadores asalariados en esas temporadas, si bien se mantuvo firme en su oposición a entregar tierras en arriendo.

Pero más allá de las resoluciones de la JCA sobre la importancia del proyecto en la Argentina, sus alcances, ritmo de desarrollo y características, resulta particularmente interesante examinar los aspectos relacionados con los colonos. Ni la JCA ni ninguna otra sociedad colonizadora, sean cuales fueren sus orígenes, recursos y funcionarios, habrían podido concretar sus planes si miles de familias no hubieran decidido integrarse a la iniciativa. Los factores que llevaron a los futuros colonos a pensar en la emigración eran los mismos que impulsaron a millones de judíos a concretarla: dificultades económicas, desigualdad civil, temor a un servicio militar prolongado en el ejército zarista, y persecuciones religiosas y otras. Una vez tomada la decisión, cada individuo debía optar por alguno de los destinos posibles. La Constitución Argentina y el deseo de sus gobernantes de atraer inmigrantes parecían responder a las expectativas, pero esto solo no bastaba para que miles de familias pensaran en inmigrar a esa tierra legendaria.

Para los judíos de Rusia y para muchos otros, la Argentina era un país misterioso. Algunos creían que Buenos Aires era la capital de Brasil y otros pensaban que estaba en los Estados Unidos (es decir, "América"), con todo lo que ello implicaba. Solo después de que los primeros colonos llegaron y empezaran a escribir a sus conocidos comenzaron a aclararse los datos geográficos y las diferencias entre la realidad y la imaginación, porque el punto de destino resultaba más conocido y las descripciones de los allegados inspiraban confianza. Por supuesto y en la misma medida, las cartas de los decepcionados y los relatos de quienes regresaban los disuadían de viajar a las colonias.

Además de las leyendas sobre la Argentina, había hechos concretos y verdades a medias que podían inducir a los judíos a no elegirla como lugar de inmigración y residencia. No estaba claro si las condiciones de vida les permitirían seguir observando la *kashrut* y temían que en ese país católico trataran de convertirlos a otra fe. El recelo ante los judíos de Buenos Aires, con un estilo religioso y costumbres de Europa Central y Occidental, aumentaba sus preocupaciones; no es casual que la mayor parte de los grupos llegados en la primera mitad del período estudiado confiaban solo en las personalidades religiosas que viajaban con ellos. Los hechos y los rumores sobre los "impuros" (tratantes judíos de mujeres, que se dedicaban a importar, vender y explotar jóvenes judías) encontraban eco en la prensa judía mundial, y en 1909 el escritor Sholem Aleijem escribió un cuento sobre un tratante, titulado "El caballero de Buenos Aires".[654]

La idealización de la aldea rural y el entusiasmo por la idea de la productivización, que eran convicciones de la intelectualidad, penetraron también en otros estratos sociales. La colonización de la JCA en la Argentina ofrecía una posibilidad de concretar sus ideas, mejorar su triste situación y recibir una parcela grande y libre de prohibiciones, con la promesa de libertad de culto e igualdad cívica; la ayuda material proporcionada por la JCA les facilitaba la toma de decisiones. La iniciativa del barón alimentó su imaginación, brindó una dimensión más real a sus sueños y reforzó la fe de muchos en la capacidad de la Argentina de concretar sus expectativas. La muerte del barón ensombreció a las colonias, pero cuando se comprobó que la JCA seguía existiendo, revivió la confianza en el proyecto

---

[654] Ver ampliación del tema en Mirelman 1984.

en la Argentina y, en términos generales, la cantidad de solicitantes que querían integrarse a las colonias superaba ampliamente la que la JCA podía, o quería, aceptar.

El traslado a la Argentina implicaba un largo viaje, la distancia entre los países de origen y las pampas argentinas era grande y el cambio no era meramente geográfico. Las zonas periféricas de la Argentina, alejadas del centro y menos desarrolladas a nivel de gobierno, seguridad, sanidad, etc., les ofrecían condiciones de vida muy duras. Los colonos judíos vivían en el campo como los demás agricultores, el gobierno no les imponía cargas económicas especiales y las dificultades se debían a las condiciones periféricas, los medios de producción disponibles, la forma de desarrollo capitalista de la agricultura en la Argentina y la falta de financiación que aquejaban al campo en general. Contra la seguridad personal atentaban atracadores, asesinos y otros elementos violentos que aprovechaban el aislamiento de los colonos y la impotencia de las escasas fuerzas del orden dispersas por regiones alejadas. En este aspecto, los colonos judíos no se diferenciaban de los demás pobladores y no se sabe de daños especiales por su origen o creencias religiosas.

Tanto la JCA como los colonos desconocían las características generales de esas regiones (el clima, la calidad del suelo, los métodos de trabajo, etc.) y por eso los primeros años fueron un tiempo de búsquedas y experimentos que no prosperaban. Por ejemplo, las parcelas parecían grandes, pero en las condiciones existentes no bastaban para el sustento familiar. Por una parte se daba importancia a los cultivos de secano porque se pensaba que esa era la verdadera agricultura, y por la otra se descuidaban otros cultivos y, sobre todo, la cría de ganado. Más adelante se reconoció la importancia de otras ramas y métodos de producción y se empezó a rotar cultivos e incorporar ganado en las chacras. Cuando se crearon las colonias Dora, Barón Hirsch y Narcisse Leven en zonas nuevas, se repitieron la toma de conocimiento con condiciones ignoradas y las grandes inversiones de dinero y energía. Muchos perjuicios se debían a causas imprevisibles, como langostas, inundaciones, sequías y epizootias que afectaban al ganado. Todas las ramas de actividad estaban expuestas a daños, que eran particularmente severos cuando la actividad afectada era la principal.

Al principio, el nivel de vida era muy bajo, muchos colonos tenían dificultades para satisfacer sus necesidades de alimentos y vestimenta y las viviendas no ofrecían protección del frío en invierno ni del calor en verano. Paulatinamente mejoraron las condiciones básicas y también otras, como cultura, religión, etc. Estas últimas, aunadas a la experiencia de vida traída de Rusia y al bagaje espiritual y social de que disponían, influyeron sobre su historia personal y comunitaria y sobre el desarrollo de su identidad como judíos que querían ser agricultores en la Argentina

El traslado a la Argentina estaba acompañado por la apertura de nuevas opciones, la salida del aislamiento judío y el descubrimiento del mundo no judío. El país de origen en Europa del Este era la patria; sus paisajes, idioma y cultura formaban parte de la identidad de los nuevos colonos y era también el lugar en el que había cristalizado su judaísmo y en el que se había desarrollado la vida de la comunidad a la que pertenecían. El viaje a la Argentina no los obligó a renunciar a su pasado y conservaron las señales de identidad anteriores y los lazos familiares y otros con el antiguo hogar, pero debieron adaptarse a nuevos códigos de comportamiento, aprender un idioma desconocido, etc. Por la variedad de procedencias de los habitantes de la Argentina, era habitual que cada individuo conservara su cultura aunque adoptara la ciudadanía local, pero había quienes lo veían como algo que demoraba la cristalización de la nación.

Para ser legitimados como argentinos raigales, los colonos judíos trataban de ciudadanizarse, cumplían las leyes y adoptaban características, a veces externas, de los gauchos. La Argentina, que también intentaba definir su identidad, era un país de refugio y muchos estaban dispuestos a adoptar sus símbolos nacionales como componentes de su propia identidad. Algunos colonos judíos encontraban semejanzas y puntos de contacto entre estos símbolos y los que habían traído consigo.

Con respecto a los primeros colonos, la argentinidad era un componente adicional a su identidad anterior, pero más adelante empezó a ser más notoria, especialmente entre los jóvenes. El período estudiado abarca menos de 20 años y, por lo tanto, en las colonias había un amplio espectro de edades, pero no personas que hubieran pasado todo el ciclo vital en ellas; por eso, el vínculo histórico con la colonia abarcaba solo una parte de la vida de los colonos, aunque vivieran en ella desde su creación. Los mayores habían pasado la juventud en su país de procedencia y los más jóvenes aún no habían llegado a la edad de experimentar la madurez en el nuevo hogar. Por eso, los componentes de la identidad en las diversas edades no pueden ser comparados con el mismo parámetro, porque los jóvenes carecían de las experiencias que habían vivido sus padres fuera de la Argentina y estos no habían vivenciado la infancia y la adolescencia en el nuevo país.

Algunos padres trataban de transmitir las tradiciones y costumbres judías educando a sus hijos en el hogar, pero muchos preferían –por falta de tiempo o de posibilidades– hacerlo a través de los *hadarim*, si bien estos se debilitaban paulatinamente. La red de escuelas integrales creada por la JCA actuaba según las exigencias del gobierno en todo lo que atañe a la educación argentina oficial y según los programas de la AIU y la JCA en los temas judaicos. La actitud de los padres hacia la escuela era polémica, entre otras cosas, porque ese era un cruce de caminos en temas de identidad. Aunque los padres lograran mantener los *hadarim* o influir sobre los contenidos y métodos de la educación judía en la red, cabe dudar de que pudieran transmitir a sus hijos la identidad judía en la versión rusa, porque su experiencia de vida era totalmente diferente. También la época era distinta y cambiante, y se caracterizaba por la modernización, las comunicaciones en desarrollo, la movilidad y la atracción hacia la ciudad y sus placeres. Todo esto difería de las condiciones de encierro en las que vivían los judíos en Rusia e impedía que la joven generación de las colonias copiara la vida judía de sus padres en su país de procedencia.

Con el tiempo se produjeron cambios en el componente judío de la identidad de los colonos, que se observaron también en los judíos de Rusia y que se hicieron notar en las nuevas olas inmigratorias; no obstante, el elemento judío seguía siendo el hilo conductor en la personalidad de los judíos de ese origen. La situación de los hijos nacidos en la Argentina era distinta: la pampa era su patria y Rusia era un recuerdo atesorado en la memoria de sus padres; para todos, la Argentina era el lugar en que vivían y no podían obviar sus paisajes, su clima, su economía ni su idioma.

La agricultura se revelaba como el componente más problemático de su identidad, tanto para los judíos como para los italianos, españoles, belgas, franceses, escoceses y otros que habían abandonado sus campos después de años de sufrimiento y fracasos. Algunas tierras de la JCA habían sido compradas después de ser abandonadas por colonos empobrecidos de otro origen.[655] Después de un período de aprendizaje de las condiciones y el oficio, los colonos de la JCA empezaron a acostumbrarse a la agricultura extensiva. Muchos araban a la profundidad necesaria y las veces recomendadas, clasificaban las semillas escrupulosamente, sembraban en el momento adecuado y esperaban con amor y esperanza que las plantas llegaran a la altura óptima. Pero a pesar de la dedicación y los cuidados, sus cultivos estaban expuestos, al igual que los de otros agricultores, a sequías prolongadas, lluvias intensas o mangas de langostas.

La esperanza del colono era convertirse en propietario de una parcela; al firmar el contrato con la JCA, esta le prometía venderle la tierra al terminar de pagar todas las cuotas y demostrar que era un agricultor que vivía de su trabajo y el de su familia. Estas condiciones estaban destinadas a lograr que el colono se arraigara. La sociedad no permitía anticipar los pagos anuales para evitar la entrega de la tierra antes de que expirara el lapso señalado en el contrato, a fin de impedir su venta.[656] Los 20 o 30 años durante los cuales se pagaban las cuotas anuales eran también un lapso de espera hasta el surgimiento de una nueva generación que debía continuar la labor de sus padres. Pero ¿cómo concordaba esto con las expectativas de vida en aquella época y con el surgimiento de la joven generación?

Una expectativa de vida de 50 años significaba que quien había firmado el contrato para asegurar la compra y cumplido con todas sus obligaciones podía morir antes de que llegara el momento de recibir la tierra. Alpersohn lo expresó en su respuesta a las propuestas de la JCA de aumentar el número de cuotas anuales:

---

[655] Ver ejemplos en *Informe* 1902, p. 14; Liebermann 1959, pp. 95-96; Bosch 1978, pp. 266, 275.
[656] Ver ampliación del tema en Levin 2007, passim.

¡Quieren retenernos a la fuerza otros 20 años! Durante 30 años seremos esclavos de estos bandidos, de administradores y opresores! Así se lamentan los colonos de edad avanzada, porque, ¿quién vivirá hasta lograr salvarse de ellos?.[657]

Efectivamente, a fines del período estudiado, es decir, 25 años después de haber recibido la parcela, unos pocos colonos obtuvieron los títulos de propiedad. Eso significaba que el colono trabajaba para la siguiente generación y que no había seguridad de que esta prefiriera quedarse en el campo. Aparentemente, esta situación llevó a que algunos colonos vieran su permanencia en las colonias como algo pasajero. Por todo lo señalado, la generación de los padres apoyaba la tendencia creciente de la generación joven a estudiar, para que la instrucción les abriera las puertas de la sociedad, lo cual permitiría al resto de la familia integrarse a ella.

La agricultura era la aspiración de muchos, pero quienes se dedicaban a ella tropezaban con numerosas dificultades y bastaba con comprar un billete de ferrocarril para partir y dejar esa etapa atrás, como un capítulo más en sus vidas. En la segunda mitad de ese período se percibió un crecimiento lento, pero continuo, de colonos, pero por detrás subyacía el desplazamiento de las familias que pasaban del campo a las aldeas y ciudades. La llegada de inmigrantes que querían integrarse a la colonización y ocupaban el lugar de quienes se marchaban impidió el vaciamiento de las colonias y aportó nuevas fuerzas culturales y sociales; por esta razón, a pesar del flujo de abandonos surgió una población local que había ligado su destino a las tierras de la pampa, vivía de su trabajo y adoptaba el estilo de vida y las costumbres del campo.

---

[657] Alpersohn 1930, p. 76.

Paralelamente fueron diversificándose los estratos sociales de la colonia: por una parte los adinerados y por la otra los pobres, entre los que se contaban ancianos, discapacitados y huérfanos. La diferenciación creció con la llegada de trabajadores a las colonias y con el surgimientos de centros urbanos en los que se concentraban artesanos, comerciantes, empleados y profesionales. Estos estratos no cristalizaron de manera sistemática y se puede decir que esa época se caracterizaba por una gran movilidad social. La jerarquía social no estaba definida pero había algunos colonos, como los médicos y maestros, que gozaban de gran prestigio, y otros, adinerados, que disfrutaban de un trato especial de la JCA y del aprecio de los colonos.

La colonización era fundamentalmente de familias encabezadas por el padre; tal como era habitual en aquel tiempo y lugar, la mujer y los hijos trabajaban junto a él. En una casa pequeña se hacinaba una familia numerosa y, en algunas ocasiones, dos familias; la estrechez crecía cuando las hijas e hijos creaban sus propias familias. Los colonos luchaban por el sustento pero no había posibilidades de que una chacra pudiera mantener a todos sus moradores. El hacinamiento generaba conflictos y agravaba los que provenían de las diferencias generacionales naturales. La JCA aceptaba colonizar solo familias; aparentemente, esta preferencia influyó para que las hijas de los colonos contrajeran matrimonio a temprana edad con trabajadores judíos que llegaban a las colonias y confiaban en recibir una parcela. El ritmo de colonización de los hijos era lento y por eso muchos preferían tentar suerte en otros lugares.

El deseo de estar en contacto era una forma de sobreponerse al aislamiento y de continuar la vida comunitaria a la que los colonos estaban habituados en Rusia. Algunos grupos llegaron consolidados en torno de un líder reconocido pero no formal, en otros no había ningún tipo de liderazgo. En muchas zonas las casas estaban aisladas y tenían pocos vecinos cercanos, también aislados, que pertenecían al mismo grupo pequeño o a la misma línea de chacras, y con quienes se mantenían las relaciones sociales primarias. Alrededor de ellos estaba el grupo pequeño y más allá el grupo grande y su centro rural. La JCA y las pequeñas asociaciones creadas por los colonos se ocupaban al principio de las necesidades educacionales, los servicios médicos, la ayuda a los necesitados, etc., pero tenían dificultades operativas por la gran dispersión que no permitía relaciones frecuentes por la falta de recursos económicos y la escasez de líderes, debida también a la reducción de la población.

Con el crecimiento de las colonias, la variedad de población y la diversificación de ocupaciones, creció el deseo de responder a las carencias agrícolas, sociales, culturales y otras y surgió la necesidad de institucionalizar las relaciones formales creando asociaciones que pudieran ayudar a alcanzar las metas y lograr una cooperación amplia. Las organizaciones funcionaban según estatutos y otras vías formales que aspiraban a obtener reconocimiento oficial y definir qué estaba permitido y qué estaba prohibido en ellas, limitar el poder de los dirigentes y asegurar el cumplimiento de los objetivos. Estos procesos fueron posibles en la segunda mitad del período estudiado a raíz del crecimiento de la población, que permitió la formación de un núcleo estable a pesar de los abandonos, gracias a la creación de centros rurales que se convirtieron en los lugares de actividad de las organizaciones. En este proceso cristalizó una dirigencia que en parte provenía de los líderes veteranos y en parte surgió durante la actividad de las asociaciones. Algunos líderes veteranos no se integraron a esta actividad, otros se retiraron de ella y se convirtieron en "formadores de opinión pública", es decir, figuras públicas aceptadas por parte de la sociedad que actuaban para ella a fin de incrementar la solidaridad.

La organización en la colonia era vasta. Las asociaciones se dedicaban a ayudar a los necesitados, dar créditos a sus socios, mediar en desavenencias y satisfacer las necesidades económicas, sanitarias, culturales y religiosas. Sus características eran variadas: sociedades funerarias generalmente independientes, organizaciones femeninas, comisiones de padres en las escuelas, asociaciones de comercialización y cooperativas que originariamente se limitaban a cuestiones agrícolas pero que posteriormente pasaron a ser una especie de comunidades con múltiples propósitos y dificultades operativas debidas a la gran dispersión geográfica que afectaba uno de los fundamentos básicos del cooperativismo –la confianza mutua, la actividad educativa de los líderes y el carácter democrático– porque estos se basaban en la capacidad de los socios de mantener relaciones estrechas e íntimas. Por eso, el Fondo Comunal de Clara (la asociación más grande) inició un proceso de subdivisión en organizaciones más pequeñas basadas en la cercanía regional.

Además de eso, la gran cantidad de metas que las cooperativas asumían superaba sus posibilidades económicas y administrativas, y hacia fines de este período se hizo notar una tendencia a reducir sus actividades. El desarrollo de la región y la mejora en los servicios públicos en las áreas periféricas permitían transferir a instituciones estatales, provinciales y privadas parte de los servicios prestados por las asociaciones judías, como la atención médica y la capacitación agrícola. Paralelamente a estas tendencias hubo intentos de ampliación en dos dimensiones: la actividad en el movimiento cooperativista, no necesariamente judío, a nivel nacional y la creación de una confederación de cooperativas de las colonias de la JCA. En ambos casos había brotes de colaboración y relaciones fructíferas, pero La Confederación tenía dificultades operativas similares a las de las cooperativas que la habían creado, en especial por la falta de recursos y la dificultad de reclutar activistas que generalmente eran voluntarios.

Las asociaciones eran un laboratorio de vivencias sociales para los colonos que a veces provenían de lugares diferentes, y para el surgimiento de un liderazgo formal que no tenía poder real pero actuaba entre los socios por medio de la persuasión y la educación. Su actividad era voluntaria y eran infrecuentes los casos en los que recibían una retribución monetaria por su labor, lo que más de una vez afectaba sus intereses personales. Los voluntarios gozaban de la confianza de los colonos pero también estaban expuestos a críticas, a veces injustificadas. Esto, junto a la dificultad para liberarse de sus ocupaciones cotidianas y dedicar tiempo a la actividad voluntaria en las asociaciones, explica el hecho de que casi no hubiera pedidos de recambio, más aun porque las asociaciones eran relativamente jóvenes y todavía no había surgido una nueva generación que reclamara el liderazgo. Lo que sí había eran reclamos de otorgar más representación a los grupos aislados de los centros, porque la distancia limitaba las posibilidades de disfrutar de los servicios proporcionados por las asociaciones.

Con el paso del tiempo se produjeron cambios a nivel económico personal, en especial en los ámbitos no directamente relacionados con la JCA, como el comercio de ganado y otros productos. También contribuyeron a ello las diferencias de estratos y la variedad de ocupaciones desarrolladas con el crecimiento de los centros rurales y las comunicaciones con las grandes ciudades, que permitían alternativas económicas. Los colonos promovían transacciones comerciales, planificaban su trabajo por sí mismos y se acostumbraron a no recurrir a los agentes de la JCA por cualquier asunto. La igualdad civil y la libertad de que gozaban los colonos en la Argentina les permitieron crear asociaciones y tomar contacto con quienes quisieran sin necesitar la autorización de nadie, y al mismo tiempo formar parte de la colonia, mientras cumplieran sus compromisos contractuales con la JCA. Las comunidades se consolidaban a nivel económico y se generaban relaciones sociales entre quienes vivían en lugares diferentes, en un proceso de formación de una identidad comunitaria conjunta. Los logros eran evidentes e impresionantes: campos en flor, bienes de producción y de consumo, un patrimonio cultural y espiritual que se expresaba en asociaciones, bibliotecas, escritores, gestores culturales, etc.

Pero las deudas de la comunidad la obligaban a recurrir a la JCA. La autogestión de las chacras individuales implicaba que tanto los individuos como las cooperativas dependían financieramente de la sociedad colonizadora. Eso sucedía también en un tema no agrícola: los colonos querían una educación judía diferente y sus críticas a los contenidos y métodos de enseñanza en las escuelas de la JCA eran duras, pero no estaban en condiciones de ofrecer una alternativa y finalmente aceptaron la existencia de la red escolar y aun la defendieron. Las distintas posturas se mantuvieron: por una parte empezaron a surgir organizaciones comunitarias conducidas de manera independiente por colonos, si bien entre sus dirigentes había algunos empleados de la JCA, y por la otra las asociaciones más grandes necesitaban la ayuda económica de la JCA para subsistir, aunque esta no podía ser significativa.

En vísperas de la Primera Guerra Mundial la JCA estaba sumida en una crisis económica y gerencial; la contienda no la generó pero la profundizó y redobló la dependencia de los colonos: con el cese de la ayuda monetaria, las cooperativas entraron en situación de estancamiento y algunas interrumpieron sus actividades. En vísperas de la guerra vivían en las colonias 3.400 familias con un total aproximado de 19.000 almas (tres veces más que en 1896), a las que se sumaban más de 7.000 trabajadores judíos y sus familias que esperaban colonizarse o trabajaban temporariamente en las colonias. Estas cifras eran un récord alcanzado después de varios años de crecimiento lento y continuo. También las áreas pobladas crecieron notoriamente y en 1913 llegaban a unas 550.000 hectáreas de un total de cerca de 600.000 que la JCA poseía en la Argentina. El estallido de la guerra en Europa evidenció también que la colonización dependía de los inmigrantes que se incorporaban a ella y ocupaban el lugar de los que se iban, porque durante la guerra descendió el número de colonos. El hecho de que las comunidades dependieran del apoyo financiero de la JCA y de los recién llegados indica que el notorio crecimiento de numerosas áreas implicaba inconvenientes para lograr la independencia deseada, cuyas consecuencias deben ser evaluadas en una época que excede el presente trabajo.[658]

Esta colonización sirvió de base para la creación de una diáspora judía en el nuevo país, cuyos miembros se enorgullecían de ella y la exhibían como carta de presentación y como dote que aportaban a los habitantes nativos y a los inmigrantes que construían la República Argentina. A pesar de todas las dificultades, el país de acogida permitió la integración de parte de los oriundos de Rusia, al tiempo que disfrutó del aporte de estos judíos para colonizar zonas periféricas, poblarlas y desarrollar la agricultura y la economía en esas regiones.

---

[658] *Informe* 1913, passim.

Bibliografía

1. Libros y artículos

Adler, Rudel, S. (1963), "Moritz Baron Hirsch, Profile of a great Philanthropist", en *Year Book*, 8, London: Leo Baeck Institute, pp. 29-69.

Alpersohn, Marcos (s/f), *Colonia Mauricio. Memorias de un colono judío*, Carlos Casares.

- (1911) ((a) Ahad haicarim), *Halutzim rishonim – dos veigueshrei fun di tzvantzig yorique kolonisten bai der JCA in Arguentina* (Primeros pioneros, el lamento de los colonos veinteañeros de JCA en Argentina, ídish), Mauricio.

- (1930), *30 shenot hahityashvut hayehudit beArguentina* (Treinta años de la colonización judía en la Argentina, hebreo), 2, Tel-Aviv.

Ansaldi, Delia y Cutri, Adriana (1991), "Problemas psicológicos de la migración", en *Congreso sobre inmigración en la Argentina: Ayer y hoy del inmigrante*, Rosario 26-28.9.1991.

Aranovich, Demetrio (1991), "Liberémonos de la bandera rusa", en Gersenobitz, Juan Mario (coord.), *Colonia Mauricio 100 años* (a continuación, *Colonia Mauricio...*), Buenos Aires: Comisión Centenario Colonización Judía en Colonia Mauricio (a continuación: XXX), pp. 104-105.

Avni, Haim (1973), *Arguentina haaretz hayeudá, mifal hahityashvut shel haBaron de Hirsch beArguentina* (Argentina, tierra de destino: la empresa colonizadora del Barón de Hirsch en la Argentina, hebreo), Jerusalén: Magnes.
- (1985), *Emantzipatzia vehinuj yehudi: mea shenot nisiona shel yahadut Arguentina, 1884-1984* (Emancipación y educación judía: la experiencia de 100 años del judaísmo argentino, 1884-1984, hebreo), Jerusalén: Shazar.
- (1982a), *Mibitul hainqvizitzia ad le "jok hashvut"* (De la anulación de la Inquisición a la "Ley del Retorno", hebreo), Jerusalén: Magnes.
- (1972), *Yahadut Arguentina* (El judaísmo argentino, hebreo), Jerusalén: Ministerio de Educación y Cultura.
Bab, Arthur (1902), "Mein Leben und meine Tätigkeit in der Kolonie Mauricio (11 Februar 1897 biz 2 September 1902)" (Mi vida y actividades en la colonia Mauricio, 11.2.1897-2.9.1902), Kolonie Baron Hirsch, en *IWO*, AB/10.
Bargman, Daniel F. (1991), "Un ámbito para las relaciones interétnicas: Las colonias agrícolas judías en la Argentina", en *Congreso sobre inmigración en la Argentina...*
Bar Shalom, Teodoro (2014), *La desconocida colonización urbana de la JCA en Argentina 1900-1930*, Jerusalén: Zur Ot.
Bauer, Jules (1931), *L'École Rabbinique de France (1830-1930)*, Paris: Presses Universitaires de France.
Benyacar, Oscar R. (comp.) (1982), *Las colonias judías en la Argentina: El informe 1942*, Buenos Aires: Libreros y Editores del Polígono.
Berenshtein, Mordejai (1953), "*Fun undzerer colonistishn bereshis*" (De nuestra génesis colonista, ídish), en *El Colono Cooperador*, 455, pp. 8-9.

Berger, P. L. y Berger B. (1972), *Sociology, a Biographical Approach*, Basic Books: New York, pp. 66-75.

Bizberg, Pinjas (1953), *Amol is gueven a dokter, vor un leguende vegn doktor Noaj Yarhi* (Había una vez un médico: realidad y leyenda sobre el doctor Noé Yarcho, ídish), Buenos Aires: Kaufman.

– (1947), "Konfliktn tzvishn di idishe colonistn in Arguentine un der lokaler JCA administratzie (Conflictos entre los colonos judíos en la Argentina y la administración local de la JCA, ídish)", en *Arguentiner IWO Shriftn*, 4, Buenos Aires, pp. 85-107.

– (1940) (coord.) *Miguel Sajaroff, Fertzik yor tzu dinst der cooperatzie* (Miguel Sajaroff, 40 años al servicio del cooperativismo, ídish), Buenos Aires: Cultura.

– (1945), "Oif di shpurn fun idisher einordenung in Arguentine, 1898-1902" (Tras los rastros de la colonización judía en la Argentina, 1898-1902, ídish), en *Arguentiner IWO Shriftn*, 3, pp. 23-49.

– (1942), "Oif di shpurn fun idisher vanderung in Arguentine, 1899-1902" (Tras los rastros de la inmigración judía a la Argentina, 1899-1902, ídish), en *Arguentiner IWO Shriftn*, 2, pp. 7-46.

Bosch, Beatriz (1978), *Historia de Entre Ríos, 1520-1969*, Buenos Aires: Plus Ultra.

Botoshanky, Yaakov (1954), "Itonut idit vesifrut beArguentina" (Prensa en ídish y literatura en la Argentina, hebreo), en *Darom*, Buenos Aires.

Bronshtein, Zvi (1969), "Tzu der geshijte fun der hebreisher bavegung in Arguentine" (Historia del movimiento hebraísta en la Argentina, ídish), en *Pinkes fun der kehile in Buenos Aires, 1963-1969* (Anuario de la colectividad en Buenos Aires, ídish), pp. 367-375.

Bublik, Armando; Trumper, Nora y Waxenberg, Isaac (ed.) (1989), *La colonización judía en la Argentina y fundación de Moisés Ville, 1889-1989*, Buenos Aires: Panim.

Bucich Escobar, Ismael (1934), *Historia de los presidentes argentinos*, Buenos Aires: Anaconda.

Bursuck, Meir (1961), "Der cooperativism" (El cooperativismo, ídish), en *Arguentiner IWO Shriftn*, 8, pp. 109-174.

Cárcano, Miguel Ángel (1917), *Evolución histórica del régimen de la tierra pública 1810-1916*, Buenos Aires: Mendesky.

Chouraqui, André (1965), *Cent ans d'histoire. L'Alliance Israélite Universelle et le renaissance juive contemporaine (1860-1960)*, Paris: Presses Universitaires de France.

Cociovitch, Noé (1987), *Génesis de Moises Ville*, Buenos Aires: Milá.

Cohen, Lucy (1940), *Some Recollections of Claude Goldsmid Montefiore 1858-1938*, London: Faber and Faber.

Davis, Moshe (1967), *Comunidades judías en el hemisferio occidental*, Buenos Aires: AMIA.

Dickmann, Enrique (1949), *Recuerdos de un militante socialista*, Buenos Aires: La Vanguardia.

Dubnow, Simón (1950), *Divrei Yemei Olam* (Historia del pueblo judío, hebreo), Tel Aviv: Dvir.

Eidt, Robert C. (1971), *Pioneer Settlement in Northeast Argentina*, Madison, Milwaukee and London: University of Wisconsin Press.

Elkin, Judith Laikin (1980), *Jews of the Latin American Republics*, Chapel Hill: The University of North Carolina Press.

Enoch, Yael (1985), *"Kehila"* (comunidad, hebreo), en *Adam bahevra* (El hombre en la sociedad), Tel Aviv: Universidad Abierta.

Erikson, Erik H. (1964), *Insight and Responsibility*, New-York: W. W. Norton.
Gabis, Abraham (1955), *"50 yor colonie Baron Hirsch"* (50 años de la colonia Barón Hirsch, ídish), en *Yorbuj fun der kehile in Buenos Aires 1954-1955* (Anuario de la comunidad en Buenos Aires, 5715), pp. 191-211.
– (1957) (coord.), *Fondo Comunal, cincuenta años de su vida 1904-1954*, Domínguez: Fondo Comunal, Sociedad Cooperativa Agrícola Ltda.
Gallo, Ezequiel; Cortés Conde, Roberto (1972), *Argentina, la república conservadora*, Colección Historia Argentina, 5, Buenos Aires: Tulio Halperin Donghi ed.
Garfunkel, Boris (1991), "Conocer a la novia el día del casamiento", en Gersenobitz, Juan Mario (coord.), *Colonia Mauricio...*, pp. 145-147.
– (1960), *Narro mi vida*, Buenos Aires: Optimus.
Gerchunoff, Alberto (1950), *Los gauchos judíos*, Buenos Aires: Sudamericana.
– (1939), "Noticia sobre la inmigración judía a la Argentina. El Barón Mauricio de Hirsch", en *50 años de colonización judía en la Argentina*, Buenos Aires: DAIA, pp. 43-64.
Gianello, Leoncio (1951), *Historia de Entre Ríos (1520-1910)*, Paraná: Ministerio de Educación de la Provincia.
– (1978), *Historia de Santa Fe*, Buenos Aires: Plus Ultra.
Goldman, Aarón (1981), *Sheelot uteshuvot, Divrei Aharon al arbaa helkei Shulhan Aruj* (*Responsa* sobre cuatro preguntas de *Shulhan Aruj*, hebreo), Jerusalén: ed. de la familia.
Goldman, David (1914), *Di yuden in Arguentine* (Los judíos en Argentina, ídish), Buenos Aires: Krasilovsky.

Goodman, Robert Alan (1972), *The Image of the Jew in Argentine Literature as Seen by Argentine Jewish Writers*, Tesis de doctorado, Universidad de Nueva York.

Gorbato, Viviana (1991), "Apuntes de una viajera", en Gersenobitz, Juan Mario (coord.), *Colonia Mauricio...*, pp. 60-80.

Gorskin, David (1951), *Zijroines veguen Santa Isabel* (Recuerdos de Santa Isabel, ídish), Buenos Aires: Optimus.

Greiss, Isaac (1950), "1900-12 de agosto-1950, fecha memorable para el movimiento cooperativo argentino", en *El Colono Cooperador*, 419-420, pp. 3-6.

Grella, Plácido (1975), *Alcorta, origen y desarrollo del pueblo y de la rebelión agraria de 1912*, Rosario: Litoral ediciones..

Grunwald, Kurt (1966), *Türkenhirsch, A Study of Baron Maurice de Hirsch Entrepreneur and Philanthropist*, Jerusalén: Israel Program for Scientific Translations.

Guber, Rosana (1983), "Identidad cultural y tradición en el folklore", en *Coloquio*, 4, 9, Buenos Aires: Congreso Judío Latinoamericano, pp. 67-85.

Herman, N. Shimon (1979), *Zehut yehudit* (Identidad judía, hebreo), Jerusalén: Organización Sionista Mundial.

Hoijman, Baruj (1946), "Di tzveite groise tkufe fun JCA colonizatzie in Arguentine" (La segunda época prolongada de colonización de JCA en Argentina, ídish), en *Yorbuj fun idishn yshuv in Arguentine*, Buenos Aires, pp. 58-65.

– (1961), *Idishe colonizatzie un agrar cooperatzie in Arguentina* (Colonización y cooperación agraria judía en Argentina, ídish), Buenos Aires: ed. de la familia.

Huret, Jules (1911), *En Argentine, de Buenos Aires au Gran Chaco*, Paris: Eugène Fasquelle éditeur.

Hurvitz, Samuel I. (1932), *Colonie Lucienville* (La colonia Lucienville, ídish), Buenos Aires.
– (1941), "Di cooperativn in di idishe colonies in Arguentine" (Las cooperativas en las colonias judías en Argentina, ídish), en *Arguentiner IWO Shriftn*, 1, pp. 59-116.
Itzigsohn, José A. (1993), "La atención médica en las colonias agrícolas judías de la Argentina", en *Judaica Latinoamericana*, 2, Jerusalén: Magnes, pp. 17-27.
Jarovsky, Adolfo (1990), "Recuerdos de mi pueblo", en *Palmeras en el círculo de Moisés Ville*, Buenos Aires: IWO, pp. 33-38.
Kahn, Zadoc (1898), *Souvenirs et regrets, Recueil d`oraisons funèbres prononcées dans la communauté israélite de París (1868-1898)*, París: A. Durlacher.
Kaplan, Itzjak (1955), "A bisl gueshijte fun idisher kolonizatzie un frier kooperatzie" (Un poco de historia sobre colonización judía y cooperativismo temprano, ídish), en *Yorbuj fun idisher kehile...*, pp. 167-189.
– (1950), "1900-Sociedad Agrícola Lucienville-1950", en *El Colono Cooperador*, 417, pp. 7-8.
– (1961), "*Shverikeitn, shvung un fantazie* (Dificultades, impulso y fantasía, ídish), en *Arguentiner IWO Shriftn*, 8, Buenos Aires, pp. 99-108.
Katz, Pinhas (Pinie) (1947), *Gueklibene shriftn*, 7 (Selección de escritos, ídish), Buenos Aires: ICUF.
Knaani, David (ed.) (1967), *Entziklopedia lemadaei Hahevra* (Enciclopedia de Ciencias Sociales, hebreo, a continuación ECS), Merjavia: Sifriat Poalim.
Klein, Alberto (1980), *Cinco siglos de historia argentina, crónica de la vida judía y su circunstancia*, Buenos Aires: Germano Artes Gráficas.

Kritshmar, Najum (1969), "Der itztiker matzev fun di idishe colonies" (La situación actual de las colonias judías, ídish), en *Pinkes fun der kehile in Buenos Aires...*, pp. 282-294.
- (1947) "Shejna Reznick", en *Arguentiner IWO Shriftn*, Buenos Aires, pp. 154-160.

Kühn, Franz (1930), *Geografía de la Argentina*, Barcelona: Labor.

Leibovich, Adolfo (1946), *Apuntes íntimos 1870-1946*, Buenos Aires: Imprenta López.

Levin, Yehuda (2013), "Bibliotecas y lectores en la aurora de la colonización judía en la Argentina", en Bejarano, Margalit et al. (coord.), *Judaica Latinoamericana*, 7, Jerusalén: Magnes, pp. 173-195.
- (1997), "Cuatro egresados de *Mikveh Israel* en Colonia Clara (1896-1899)", en Bejarano, Margalit et al. (coord.), *Judaica Latinoamericana*, 3, Jerusalén: Magnes, pp. 35-44.
- (2011), "Jinuj hador hatzair bemoshavot JCA beArguentina" (La educación de la joven generación en las colonias de JCA en la Argentina, hebreo), en *Dor leDor*, 31, Tel Aviv, pp.179-202.
- (2009), "Justicia y arbitraje en los albores de la colonización judía en la Argentina (hasta la Primera Guerra Mundial)", en Bejarano, Margalit et al. (coord.), *Judaica Latinoamericana*, 6, Jerusalén, pp. 35-55.
- (2007), "Labor and Land at the Start of Jewish Settlement in Argentina", en *Jewish History*, 21, Springer, pp. 341-359.
- (2005a), "MiTunisia leArguentina" (De Túnez a la Argentina, hebreo), en *Peamim*, 101-102, Jerusalén: Instituto Ben Zvi, pp. 39-62.

- (2005b), "Posturas genéricas en las colonias de la Jewish Colonization Association (JCA) en la Argentina a principios del siglo XX", en Goldberg, Florinda et al. (coord.), *Judaica Latinoamericana*, 5, Jerusalén: Magnes, pp. 50-67.
Lewin, Boleslao (1969), "Los judíos en el agro argentino", en *Índice, revista de ciencias sociales*, 6, Buenos Aires, pp. 101-118.
Liebermann, José (1959), *Tierra soñada, episodios de colonización agraria judía en la Argentina 1889-1959*, Buenos Aires: Luis Lasserre y Cía.
Livneh, Eliezer (1974), "Naródniki", en Prawer, Joshua (ed.), *Haentziklopedia Haivrit* (Enciclopedia Hebrea, hebreo, a continuación EH), 25, Jerusalén-Tel Aviv: Schocken Publishing House, pp. 371-372.
López de Borche, Celia Gladys (1988), "Dos curiosas experiencias educativas en el marco de la colonización judía entrerriana", en *Octavo encuentro de Geohistoria Regional 7-8.8.1987* (separata), pp. 191-202.
- (1991), "El culto a los valores y la tradición", en *Congreso sobre inmigración en la Argentina...*
Lucca de Guenzelovich, Élida (1988), *La Mutua Agropecuaria Coop. Ltda., una trayectoria de 80 años 1908-1988*, Moisés Ville: La Mutua Agropecuaria Coop. Ltda.
Maidanek, Mordejai (1954), "*Meein hakdama*" (A manera de prólogo, hebreo), en *Sefer Arguentina* (Libro de la Argentina), Buenos Aires: Darom, pp. 9-17.
Martone, Francisco José (1947), *Higiene y medicina rural*, Buenos Aires: Ergon.
Mebashan, M. (1955), "Tzionizm in Arguentine" (Sionismo en Argentina, ídish), *Yorbuj fun der idisher kehile...*, pp. 63-95.

Meiern Lazer, Mendl (1947), "Di JCA shuls in di colonies (1895-1912)" (Las escuelas judías en las colonias 1895-1912, ídish), en *Arguentiner IWO Shriftn*, 4, pp. 139-153.

Mellibovsky, Benjamín (1957), "Maine 51 yor tzu dinst bai der JCA, HICEM-HIAS un SOPROTIMIS" (Mis 51 años al servicio de la JCA, HICEM-HIAS y SOPROTIMIS, ídish), en *Arguentiner IWO Shriftn*, 7, pp. 91-167.

Merkin, Moisés (1939), "Panorama de la colonia Moisesville", en *50 años de colonización judía...*, pp. 263-299.

Mirelman, Víctor A. (1988), *En búsqueda de una identidad. Los inmigrantes judíos en Buenos Aires 1890-1930*, Buenos Aires: Mila.

– (1984), "The Jewish Community Versus Crime: The Case of White Slavery in Buenos Aires", en *Jewish Social Studies*, 46, 2, pp. 145-168.

Norman, Theodore (1985), *An Outstretched Arm*, London: Routledge & Kegan Paul.

Ortiz, Ricardo M. (1955), *Historia económica de la argentina 1850-1930*, 2, Buenos Aires: Raigal.

Öttinguer Akiva (1942), *Im haklaim yehudíim batefutzot* (Con agricultores judíos en la diáspora, hebreo), Merjavia: Sifriat Poalim.

Penna, Mario (1991), "Inmigración y cooperación", *Congreso sobre inmigración en la Argentina...*

Pinsker León (2012), "Autoemancipación", en *Araucaria, revista iberoamericana de filosofía, política y humanidades*, 14, 27, Sevilla: Universidad de Sevilla, Universidad Autónoma de Ciudad Juárez y Miño y Dávila, pp. 180, 182.

Posesorsky, Hebe (1991), "Los refranes de mi bobe", en Gersenobitz, Juan Mario (coord.), *Colonia Mauricio...*, pp. 90-93.

Quiroga, Osvaldo César (1990), *Villa Dominguez... 100 años de historia, 1890-23 de setiembre-1990*, Entre Ríos.
Ralesky, Arminda (1964), "La colonización judía en la República Argentina a través de su literatura", *Davar*, 102, Buenos Aires, pp. 131-137.
Rapoport, Nicolás (1957), *Desde lejos hasta ayer*, Buenos Aires: ed. del autor.
– (1929), *La Querencia (entre arroyos y cuchillas)*, Buenos Aires: J. Samet.
Reznick, Baruj (1946), "Cultur und dertziungs problemen fun der ídisher colonizatzie in Arguentine" (Problemas de cultura y educación en las colonias judías de la Argentina, ídish), en *Yorbuj fun ídishn yshuv...*, pp. 54-57.
– (1987), *Haklai yehudi bisdot Arguentina* (Un agricultor judío en los campos argentinos, hebreo), Tel Aviv: Yad Tabenkin.
Rivera Campos, Julián (1961), *El secreto de Rochdale*, Buenos Aires: Plaza & Janes.
Romero, José Luis (1956), *Argentina: Imágenes y perspectivas*, Buenos Aires: Raigal.
Ropp, Tuba Teresa (1971), *Un colono judío en la Argentina*, Buenos Aires: IWO.
s/a (1987), *Basavilbaso, síntesis histórica, 1987 año del centenario*, Córdoba: Comisión de Recopilación Histórica.
s/a (1990), *Centenario Monigotes 1890-1990*, Rafaela: Rivis.
s/a (1965), *Guía de la agricultura argentina*, Buenos Aires.
s/a (1990), *Las Palmeras en el círculo de Moisés Ville a los 100 años de la colonización judía en la Argentina* (a continuación, *Las Palmeras...*), Buenos Aires: IWO.

Salomón, Mónica (1987), "Investigación histórica, testimonios orales y gráficos", en *Suplemento del diario La Calle* en homenaje al centenario de la fundación de Basavilbaso, Concepción del Uruguay.

Salvadores, Antonino (1941), "Carlos Casares", en Ricardo Levene (comp.), *Historia de la provincia de Buenos Aires y formación de sus pueblos*, 2, La Plata: Archivo Histórico de la provincia de Buenos Aires, pp. 129-131.

Schallman, Lázaro (ed.) (1973), *Amdur, mi pueblo natal*, Buenos Aires: Comité de homenaje a la memoria de Jedidio Efron.

– (1971), "*Hasifrut hayehudit beAmerica halatinit*" (La literatura judía en América Latina, hebreo), 3-4, Tel Aviv.

– (1971), Historia de los "pampistas", Buenos Aires: Congreso Judío Latinoamericano.

– (1970), "Historia del periodismo judío en la Argentina", en *Comunidades judías de Latinoamérica*, Buenos Aires: Candelabro, pp. 149-173.

Schapira, Saúl (1991), "Memorias de un colono", en Gersenobitz, Juan Mario (coord.), *Colonia Mauricio...*, pp. 34-43.

Schenderey, Moisés (1990), "Di ershte korbones" (Las primeras víctimas, ídish), en Liamgot, Alberto (ed.), *Las Palmeras...* pp. 65-66.

Schopflocher, Roberto (1955), *Historia de la colonización agrícola en Argentina*, Buenos Aires: Raigal.

Schpall, Leo (1954), "David Feinberg's Historical Survey of Colonization of Russian Jews in Argentina", en *American Jewish Historical Society*, 43, pp. 37-69.

Schwarz, Ruth (1982), "Migración y desarraigo", en *Coloquio*, 4, 7, Buenos Aires, pp. 61-72.

Scobie, James R. (1971), *Argentina: A City and a Nation*, Nueva York: Oxford University Press.

– (1967), *Revolution on the Pampas*, Austin: University of Texas Press.
Senkman, Leonardo (1983), *La identidad judía en la literatura argentina*, Buenos Aires: Pardés.
Shijman, Osías (1980), *Colonización judía en la Argentina*, Buenos Aires: ed. del autor.
Shitnitzky, Lazar, (1964), "Di capitalizirung fun der idisher agrar cooperatzie in Arguentine" (La capitalización de la cooperación agraria judía en Argentina, ídish), en *Arguentiner IWO Shriftn*, 9-10, pp. 109-170.
Shojat, Yejezkel (1961), "Bernaskonier cooperatives" (Cooperativas de Bernasconi, ídish), en *Arguentiner IWO Shriftn*, 8, pp. 185-226.
– (1953), *Bletlej tzu der geshijte fun Narcisse Leven* (Páginas de la historia de Narcisse Leven, ídish), Buenos Aires: IWO.
Shosheim, A. L. (1954), "Letoldot hayshuv hayehudi beArguentina" (Historia de la comunidad judía en la Argentina, hebreo), en *Sefer Arguentina*, Buenos Aires: Darom, pp. 27-65.
Sigwald Carioli, Susana (1991), "Colonia Mauricio: Revalorización de su trascendencia", en Gersenobitz, Juan Mario (coord.), *Colonia Mauricio...*, pp. 14-21.
– (1976), *Historia de barbas y caftanes*, Carlos Casares: Editora del Archivo.
Sigwald Carioli, Susana y Almirón, Ester (1991), "Reportaje a Dorita Jacuboff" en Gersenobitz, Juan Mario (coord.), *Colonia Mauricio...*, p. 67.
Sinai, Mijl Hacohen (1947), "Di ershte idishe korbones in Moisesville" (Las primeras víctimas judías en Moisesville, ídish), en *Arguentiner IWO Shriftn* 4, pp. 57-84.
– (1912), "Higuiene" (Higiene, ídish), en *Der Yudisher Colonist*, 1.4.1912, pp. 6-8.

Spector, Graciela (1993), "Ser diferente: Lenguaje e identidad étnica en los inmigrantes argentinos en Israel", en *XI Congreso Mundial de Ciencias Judaicas*, Jerusalén.

Stadelmann, Claudia (coord.) (1990), *Palacios 100 años de historia*.

Tartakower, Arie (1959), *Hahityashvut hayehudit bagola* (La colonización judía en la diáspora, hebreo), Tel Aviv-Jerusalén: M. Noiman.

Teich, Mikuláš y Porter, Roy (ed.) (1990), *Fin de siècle and its legacy*, Cambridge, New York, Port Chester, Melbourne, Sydney: Cambridge University Press.

Terán, Oscar (1991), "La invención de una tradición", en Gersenobitz, Juan Mario (coord.), *Colonia Mauricio...*, pp. 86-88.

Verbitsky, Gregorio (1955), *Rivera, afán de medio siglo, 1905-1955*, Buenos Aires: Comisión del Cincuentenario.

Villiers Tapia, Leopoldo y Roth Carlos (1903), *Legislación rural argentina*, Buenos Aires: Imprenta europea de M. A. Rosas.

Weill, Simón (1939), "Las colonias agrícolas de la Jewish Colonization Association. Reseña geográfica, económica e histórica", en *50 años de colonización judía...*, pp. 145-198.

– (1936), *Población israelita en la República Argentina*, conferencia 23.10.1935, Buenos Aires: Bene Berith.

Winsberg, Morton D. (1963), *Colonia Baron Hirsch, A Jewish Agricultural Colony in Argentina*, Florida: Johns Hopkins University Press.

– (1968-1969), "Jewish Agricultural Colonization in Entre Rios, Argentina", en *The American Journal of Economics and Sociology*, 1, 27, 3, pp. 285-295; 2I, 27, 4, pp. 423-428; 3, 28, 2, pp. 179-191.

Wright, Ione S. y Nekhom, Lisa M. (1978), *Historical Dictionary of Argentina*, N. J.-London: The Scarecrow Press.
Yanover, Héctor (1986), "Tras el centenario de Alberto Gerchunoff", en *Rumbos* 15, Jerusalén: OSM, pp. 196-198.

2. Periódicos y revistas

Allgemeine Zeitung des Judentums (Diario general del judaísmo, alemán), Berlín.
Boletín Kadima editado para su quinto aniversario 1909-mayo-1914, Moisesville.
Coloquio, Buenos Aires.
Darom (Sur), Buenos Aires.
Der Colonist (El colono, ídish), Domínguez.
Der Farteidiguer (El defensor, ídish), Carlos Casares.
Der Yudisher Colonist in Arguentina (El colono israelita argentino, ídish), Domínguez.
Di Idishe Hofenung (La esperanza judía, ídish), Buenos Aires.
El Colono Cooperador, Buenos Aires.
El Municipio, Buenos Aires.
Hamelitz (El intercesor, hebreo), San Petersburgo.
Haolam (El mundo, hebreo), Vilna.
Hatzefira (La alerta, hebreo), Varsovia.
Havatzelet (Lirio, hebreo), Jerusalén.
La Agricultura, Buenos Aires.
La Capital, Rosario.
La Nación, Buenos Aires.
La Prensa, Buenos Aires.
La Provincia, Rosario.
La Verdad, Rosario.
The Jewish Chronicle, Londres.

3. Archivos, siglas y abreviaturas

JCA: Correspondencia, publicaciones, informes corrientes y periódicos

Archivo de JCA, Londres (JL): en el Archivo Central de la Historia del Pueblo Judío, Jerusalén (ACHPJ):
Correspondencia de Buenos Aires a París: 326, 327, 328, 329, 332, 333, 334, 335, 346, 357, 427, 428.
Correspondencia de París a Buenos Aires: 363, 365, 367, 494.
Correspondencia en el interior argentino: 310, 312, 314, 397, 399, 400, 401.
Correspondencia mixta, de Buenos Aires a París y en el interior argentino: 336, 337, 351, 352, 355, 356, 357, 425, 426.
Correspondencia con los concejales de la JCA: 456, 474.
Correspondencia París-Rusia-París: 4b, 6a, 6c, 29a, 29b, 29c, 29d, 30a, 30b, 30c, 30d, 31a, 72(10).
Archivo de JCA- Buenos Aires (JB): en el Archivo Central de la Historia del Pueblo Judío, Jerusalén:
Copiador interior: In1.
Copiador exterior: Ex4, Ex6, Ex7, Ex8, Ex9, Ex10, Ex11.
Microfilmes: HM134, HM135, HM136.
Documents Submitted to the JCA Council Meetings, 1896-1914 (Documentos): En las oficinas de JCA, Londres.
Atlas des colonies et domaines de la Jewish Colonization Association en République Argentine et au Brésil, París 1914 (Atlas, 1914).
Eusebio Lapine, *Rapport sur la reorganisation de la Colonie Mauricio*, 11/1896 (Lapine 1896).
Louis Oungre, *Notre Colonisation dans la République Argentine, Rapport d'inspection*, 12.10.1928 (Oungre 1928).
Segismund Sonnenfeld, Informe (Delegación 1902).

Rapport de l'administration centrale au conseil d'administration pour l'année... París. [1896-1913] (Informe + año)
Recueil de matériaux sur la situation économique des Israélites de Russie d'après l'enquête de la JCA, I, París 1906 (Recueil 1906)
Séances du conseil d'administration proces-verbaux: (Sesiones):
I, 1896-1899
II, 1900-1902
III, 1903-1905
IV, 1906-1908
V, 1909-1911
VI, 1912-1916
VII 1917-1921

Otros archivos

Archivo Central de la Historia del Pueblo Judío, Jerusalén (ACHPJ)
Diario de Adolfo Trajtemberg, Moisesville, microfilme (HM2/355).
Memorándum de la delegación a Londres redactado por Isaac Kaplan, 1948 (AR/2).
Archivo Sionista Central, Jerusalén (ASC)
Mikveh Israel (J41/214, J41/219, J41/230, J41/459).
Keren Kayemet LeIsrael (Fondo Nacional Agrario) (KKL), Viena, Colonia y La Haya, 1902-1920 (KKL1).
Archivo del Instituto Científico Judío (IWO), Buenos Aires
Archivo de Arthur Bab (AB).
Archivo de Noé Cociovitch (AC).
Archivo de Isaac Kaplan relacionado con la Confederación Agrícola Argentino-Israelita (AKC).
Archivo de S.I. Hurvitz (AH).

Archivo de Miguel Sajaroff relacionado con la Confederación Agrícola Argentino-Israelita (AMSC).
Archivo de Miguel Sajaroff relacionado con el Fondo Comunal (ASF).
Archivo de L'Alliance Israélite Universelle, París (AA)
Correspondencia de los maestros de la colonia Clara (IO,2; IIO,4).
Correspondencia general sobre la educación en las colonias (VIIO,15; VIIIO,16).
Djedaïda (microfilme): HM2/6915.
Museo histórico comunal Rabino Aarón Goldman, Moisesville (MHCRAG)
Actas de la Mutua Agrícola (AMA).
Actas de Socorro Fraternal de Moisesville (ASFM).
Actas de la Sociedad *Kadima*, Moisesville (ASK).
Archivo de la Provincia de Entre Ríos (APER)
Gobierno XV (1894-1902).
Sección E, Gobierno, Sección Colón, Carpeta 16.
Archivo de la Federación Agraria Argentina, Rosario (FAA)
Órgano oficial:
En 1912: *Boletín*.
Desde 1913: *La Tierra*.
Archivo de la Sociedad Agrícola Israelita, Basavilbaso (ASAIB)
Registro de la *Hevra Kadisha* (sociedad funeraria) de Basavilbaso (HKB).
Actas de la Primera Sociedad Agrícola Israelita (APSAI).
Archivo de la Comuna de Palacios (CP)
Actas de la Comisión de Fomento, Palacios (ACFP).
Material suministrado por Abraham Berenstein, Palacios
Unión Fraternal Israelita de Palacios (UFIP).
Archivo Fondo Comunal (FC)
Actas del Fondo Comunal (AFC).
Museo Histórico de la Colonia Dominguez (MHCD)

Serie 1, Pueblo.
Actas de la Sociedad Sanitaria Israelita para el Hospital Clara (ASSIHC).

4. Reglamentos, informes y publicaciones de organizaciones

Confederación Agrícola Argentino-Israelita, *Estatutos*, 1911 (Confederación, *Estatutos*).
Fondo Comunal de la Colonia Clara, *Estatutos de la sociedad anónima por acciones*, Coronado y Alier, Paraná 1906 (Fondo Comunal, *Estatutos*).
La Mutua Agrícola, sociedad anónima de la Colonia Moisésville, *Estatutos aprovados por el Excelentísimo Gobierno de la Provincia de Santa-Fé por decreto fecha 22 de Marzo y 9 de Noviembre de 1909*, Buenos Aires 1909 (La Mutua, *Estatutos*).
Primera Sociedad Agrícola fundada por los colonos de la Jewish Colonization Association el 12 de agosto de 1900, *Primera memoria correspondiente al ejercicio de los dos primeros años*, Basavilbaso-Entre Ríos, Buenos Aires 1902 (ASAIB, *Primera memoria*).
Sociedad Agrícola Israelita fundada por los colonos de la Jewish Colonization Association el 12 de agosto de 1900, *Reglamento*, Coronado & Alier, Paraná 1906 (ASAIB, *Reglamento*).
Sociedad cooperativa agrícola Barón Hirsch Lim., *Estatutos aprobados por el Superior Gobierno de la Provincia*, Rivera 1911 (Barón Hirsch, *Estatutos).*
Sociedad *Kadima*, Estatutos, 1909 (*Kadima, Estatutos*).

Este libro se terminó de imprimir en enero de 2017 en Imprenta Dorrego (Dorrego 1102, CABA).

www.ingramcontent.com/pod-product-compliance
Lightning Source LLC
Chambersburg PA
CBHW020633300426
44112CB00007B/104